The human body and the diseases illustrated

우리 몸 사전

일본의과대학 학장 · 명예교수
아사노 고로(浅野伍朗)

정문호 감수
(서울대학교 보건대학원 교수)

김종대 · 주경복 옮김

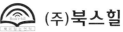 (주)북스힐

KARADA NO SHIKUMI JITEN
by ASANO Goro (supervision)
Copyright © 2002 SEIBIDO SHUPPAN
All rights reserved.
Originally published in Japan by SEIBIDO SHUPPAN, Tokyo.
Korean translation rights arranged with SEIBIDO SHUPPAN,
Japan through The SAKAI AGENCY and BOOKPOST AGENCY.

우리
몸
사전

우리 몸 사전

원저자 ● 成美堂

감 수 ● 아사노 고로

옮긴이 ● 김종대 · 주경복

감 수 ● 정문호

펴낸이 ● 조 승 식

펴낸곳 ● (주) 도서출판 북스힐

등 록 ● 제 22 - 457호

주 소 ● 서울시 강북구 한천로 153길 17

전 화 ● (02) 994-0071(代)

팩 스 ● (02) 994-0073

www.bookshill.com

E-mail : bookswin@unitel.co.kr

2005년 1월 25일 제 1판 1쇄 발행
2014년 9월 20일 제 1판 7쇄 발행

값 24,000 원
ISBN 89-5526-124-1

역자 머리말

우리가 살고 있는 현대사회는 온갖 질병이 난무하고 있습니다. 과학기술의 발달로 의료 환경과 기술이 개선되고 우리의 생활공간 또한 과거에 비해 청결해졌지만, 현대인들은 질병의 위협으로부터 자유롭지 못합니다.

오늘날 인류가 겪고 있는 질병은 그릇된 식생활, 운동 부족, 스트레스, 흡연·음주 등이 주요 원인이 되어 발생하는데, 특히 질병의 주류를 이루고 있는 암, 순환기병, 뇌혈관장해, 당뇨병, 고지혈증, 고혈압, 알코올성 간장 장해 등은 생활습관과 밀접하게 연관되어 있습니다. 하지만 기억해야 할 점은, 이들 질병들은 생활습관 개선만으로도 예방할 수 있다는 점입니다.

이 책은 인체에 대한 이해와 이를 통한 건강 증진을 돕고자 집필된 책입니다. 다소 어렵다고 생각하는 의학 분야를 다루고 있지만, 신체에 대한 기본 지식과 실생활에서 찾아볼 수 있는 관련 지식을 함께 묶어 흥미를 높이고 있습니다. 따라서 독자는 질병이 우리의 신체 어느 부분에서 어떠한 변화를 거쳐 나타나는지 등을 해당 기관과 관련된 최신 정보를 통해 이해할 수 있을 것입니다. 또한 설명과 함께 제시된 풍부한 그림 자료는 개념을 구체화하는 데 도움을 줄 것입니다.

이 책이 우리말로 나오기까지는 거의 2년 정도의 세월이 투자되었습니다. 삽화를 모두 새로 그리고, 원어는 하나이지만 우리말 표현에서는 재래식 한자풀이와 순우리말 표기가 섞여 있어서 두 가지로 표현하는 것이 복잡하여 일상에서 쓰고 있는 우리말 표기를 우선하였습니다. 처음에는 다소 생소할 수 있지만 원어를 보면 바로 그 뜻을 알 것이라고 생각합니다.

다양한 접근과 흥미로운 소재를 이용한 책이니 만큼, 저자의 집필 목적과 책을 우리말로 옮기며 가졌던 생각처럼, 사람들의 우리 몸에 대한 이해를 높이고, 건강한 삶을 살아가는 데 도움이 되길 기대해봅니다.

2005년 1월
서울대학교 보건대학원 교수 정문호

머리말

우리 몸은 크게 세포, 조직, 기관으로 구성되어 있습니다. 어느 한 곳이 유전자 이상이나 세균감염으로 피해를 입으면 기능은 저하되어 건강에 치명적인 결과를 가져 올 수 있습니다.

현재 우리의 생활은 의식주에서 많은 변화를 가져 왔습니다. 그로 인해 많은 질병을 예방할 수도 있었지만 마음이나 신체에 또 다른 나쁜 현상들이 나타나고 있습니다.

일본의 "21세기에 있어서의 국민건강 만들기 운동"에서는, 특히 식생활 개선, 운동 습관, 스트레스 회피, 흡연, 음주 등으로의 유의가 요구되고 있습니다. 암, 순환기병, 뇌혈관장해, 당뇨병, 고지혈증, 고혈압, 알코올성 간 장애 등 많은 질병은 생활습관과 깊게 관여하고 있습니다. 그러나 생활습관을 개선하는 것으로서 질병을 예방할 수 있습니다.

그러면 이들의 질병은 신체의 어느 부분의 어떠한 변화로 생겨나는 것일까요? 이 책은 그것에 대한 이해를 돕고자 신체 기관의 구조나 작용과 그 이상에 대해 해설·편집하고 있습니다. 도해에서 신체의 구조를 알기 쉽게 해설하여, 이들 기관과 관련한 관심이 높은 질병에 대해서 최신의 정보를 칼럼에 첨가하여 기술하였습니다. 우리들의 신체가 어떠한 조직·기관으로 구성되어, 각각 어떠한 작용을 담당하여, 그 부분의 장애로 어떠한 질병이 발증하는가 등을 쉽게 이해할 수 있으리라 생각합니다.

이 책이 여러분의 질병의 예방이나 건강 증진, 그리고 질 높은 생활을 영위하는 데 조금이나마 도움이 되길 바랍니다.

일본의과대학 학장·명예교수
아사노 고로오

차 례

4장　호흡기관

6장　비뇨기관

5장　소화기관

7장　생식기관과 내분비

8장 혈액과 순환기

9장 세포와 유전

뇌의 구조

■ 뇌 전체상

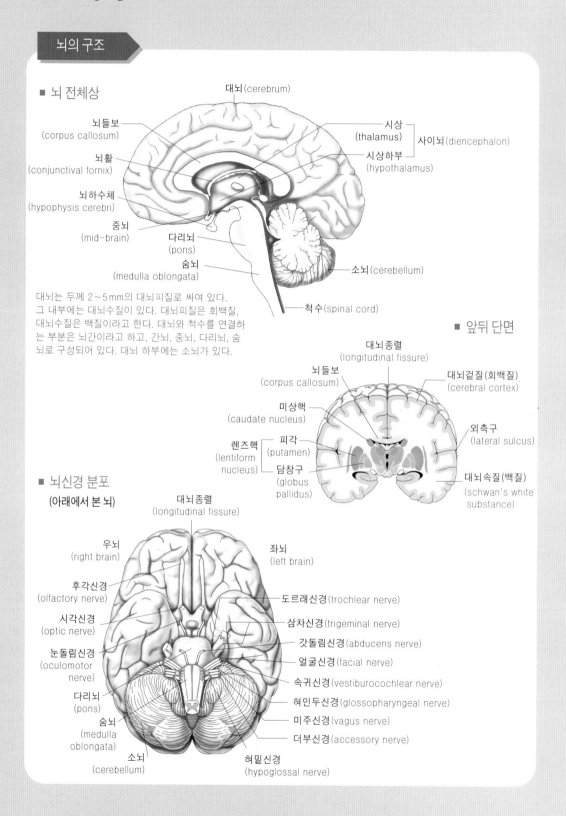

대뇌(cerebrum)

뇌들보
(corpus callosum)

뇌활
(conjunctival fornix)

뇌하수체
(hypophysis cerebri)

중뇌
(mid-brain)

다리뇌
(pons)

숨뇌
(medulla oblongata)

시상
(thalamus)

시상하부
(hypothalamus)

사이뇌(diencephalon)

소뇌(cerebellum)

척수(spinal cord)

대뇌는 두께 2~5mm의 대뇌피질로 싸여 있다.
그 내부에는 대뇌수질이 있다. 대뇌피질은 회백질,
대뇌수질은 백질이라고 한다. 대뇌와 척수를 연결하
는 부분은 뇌간이라고 하고, 간뇌, 중뇌, 다리뇌, 숨
뇌로 구성되어 있다. 대뇌 하부에는 소뇌가 있다.

■ 앞뒤 단면

대뇌종렬
(longitudinal fissure)

뇌들보
(corpus callosum)

미상핵
(caudate nucleus)

렌즈핵
(lentiform
nucleus)

피각
(putamen)

담창구
(globus
pallidus)

대뇌겉질(회백질)
(cerebral cortex)

외측구
(lateral sulcus)

대뇌속질(백질)
(schwan's white
substance)

■ 뇌신경 분포
(아래에서 본 뇌)

대뇌종렬
(longitudinal fissure)

우뇌
(right brain)

좌뇌
(left brain)

후각신경
(olfactory nerve)

시각신경
(optic nerve)

눈돌림신경
(oculomotor
nerve)

다리뇌
(pons)

숨뇌
(medulla
oblongata)

소뇌
(cerebellum)

도르래신경 (trochlear nerve)

삼차신경 (trigeminal nerve)

갓돌림신경 (abducens nerve)

얼굴신경 (facial nerve)

속귀신경 (vestiburocochlear nerve)

혀인두신경 (glossopharyngeal nerve)

미주신경 (vagus nerve)

더부신경 (accessory nerve)

혀밑신경
(hypoglossal nerve)

신경계의 구조

■ 온몸의 신경계

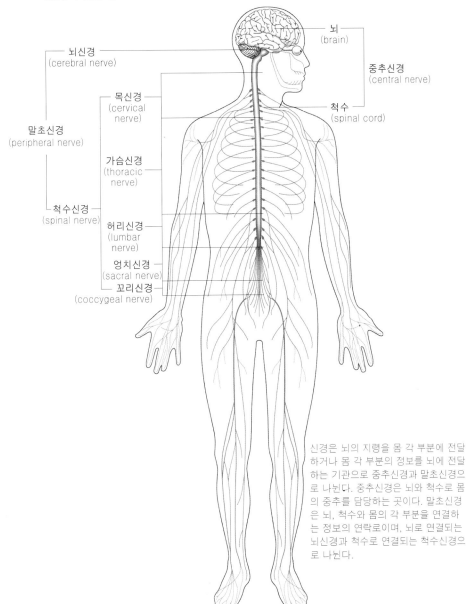

뇌신경
(cerebral nerve)

뇌
(brain)

중추신경
(central nerve)

목신경
(cervical
nerve)

척수
(spinal cord)

말초신경
(peripheral nerve)

가슴신경
(thoracic
nerve)

척수신경
(spinal nerve)

허리신경
(lumbar
nerve)

엉치신경
(sacral nerve)

꼬리신경
(coccygeal nerve)

신경은 뇌의 지령을 몸 각 부분에 전달
하거나 몸 각 부분의 정보를 뇌에 전달
하는 기관으로 중추신경과 말초신경으
로 나뉜다. 중추신경은 뇌와 척수로 몸
의 중추를 담당하는 곳이다. 말초신경
은 뇌, 척수와 몸의 각 부분을 연결하
는 정보의 연락로이며, 뇌로 연결되는
뇌신경과 척수로 연결되는 척수신경으
로 나뉜다.

골격계의 구조

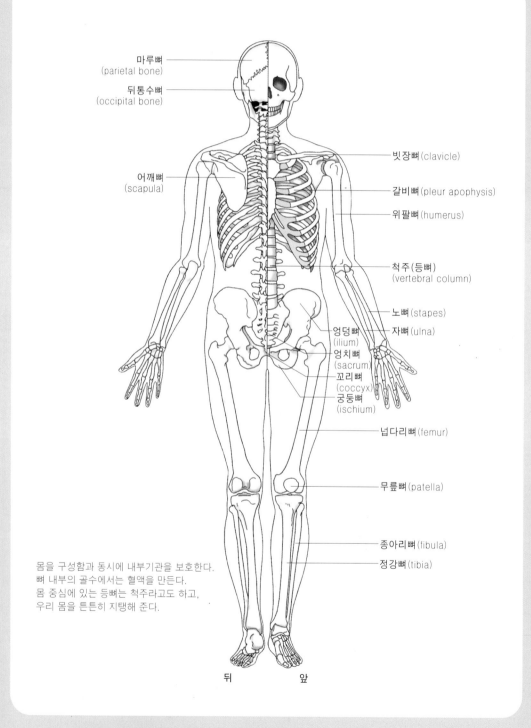

마루뼈
(parietal bone)

뒤통수뼈
(occipital bone)

어깨뼈
(scapula)

빗장뼈 (clavicle)

갈비뼈 (pleur apophysis)

위팔뼈 (humerus)

척주(등뼈)
(vertebral column)

노뼈 (stapes)

자뼈 (ulna)

엉덩뼈
(ilium)

엉치뼈
(sacrum)

꼬리뼈
(coccyx)

궁둥뼈
(ischium)

넙다리뼈 (femur)

무릎뼈 (patella)

종아리뼈 (fibula)

정강뼈 (tibia)

몸을 구성함과 동시에 내부기관을 보호한다.
뼈 내부의 골수에서는 혈액을 만든다.
몸 중심에 있는 등뼈는 척주라고도 하고,
우리 몸을 튼튼히 지탱해 준다.

뒤   앞

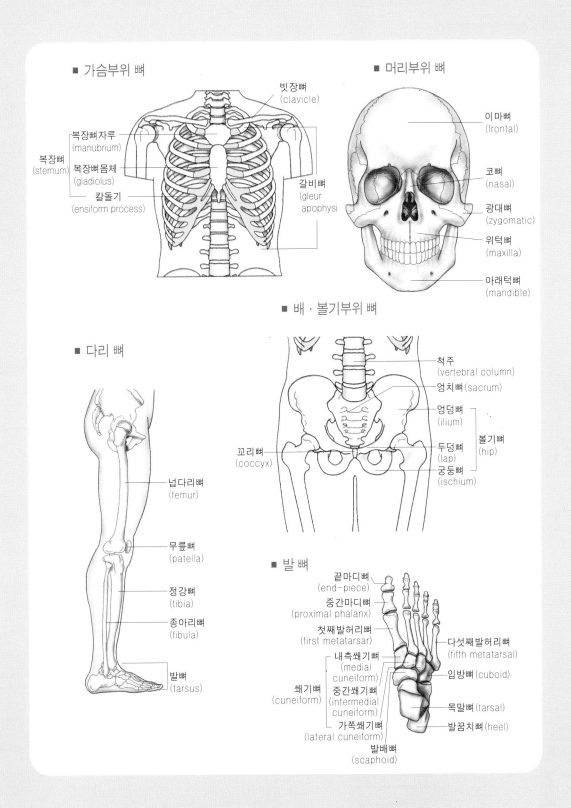

■ 가슴부위 뼈

빗장뼈
(clavicle)

복장뼈 자루
(manubrium)

복장뼈
(sternum)

복장뼈몸체
(gladiolus)

칼돌기
(ensiform process)

갈비뼈
(gleur
apophysi)

■ 머리부위 뼈

이마뼈
(frontal)

코뼈
(nasal)

광대뼈
(zygomatic)

위턱뼈
(maxilla)

아래턱뼈
(mandible)

■ 다리 뼈

넙다리뼈
(femur)

무릎뼈
(patella)

정강뼈
(tibia)

종아리뼈
(fibula)

발뼈
(tarsus)

■ 배 · 볼기부위 뼈

척주
(vertebral column)

엉치뼈 (sacrum)

엉덩뼈
(ilium)

볼기뼈
(hip)

꼬리뼈
(coccyx)

두덩뼈
(lap)

궁둥뼈
(ischium)

■ 발 뼈

끝마디뼈
(end-piece)

중간마디뼈
(proximal phalanx)

첫째발허리뼈
(first metatarsar)

내측쐐기뼈
(medial
cuneiform)

쐐기뼈
(cuneiform)

중간쐐기뼈
(intermedial
cuneiform)

가쪽쐐기뼈
(lateral cuneiform)

발배뼈
(scaphoid)

다섯째발허리뼈
(fifth metatarsal)

입방뼈 (cuboid)

목말뼈 (tarsal)

발꿈치뼈 (heel)

근육계의 구조

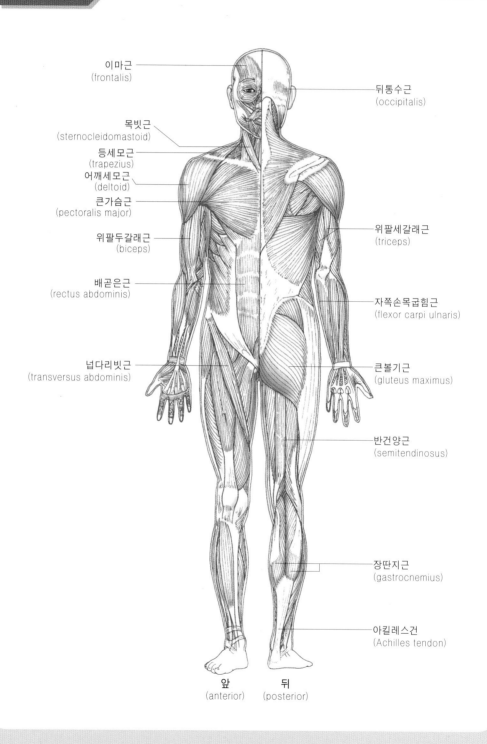

이마근
(frontalis)

뒤통수근
(occipitalis)

목빗근
(sternocleidomastoid)

등세모근
(trapezius)

어깨세모근
(deltoid)

큰가슴근
(pectoralis major)

위팔세갈래근
(triceps)

위팔두갈래근
(biceps)

배곧은근
(rectus abdominis)

자쪽손목굽힘근
(flexor carpi ulnaris)

넙다리빗근
(transversus abdominis)

큰볼기근
(gluteus maximus)

반건양근
(semitendinosus)

장딴지근
(gastrocnemius)

아킬레스건
(Achilles tendon)

앞
(anterior)

뒤
(posterior)

■ 가슴부위 근육

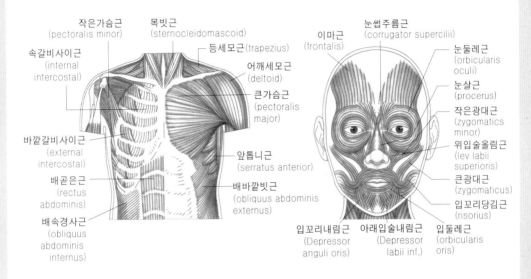

작은가슴근
(pectoralis minor)

목빗근
(sternocleidomascoid)

속갈비사이근
(internal
intercostal)

등세모근 (trapezius)

어깨세모근
(deltoid)

큰가슴근
(pectoralis
major)

바깥갈비사이근
(external
intercostal)

앞톱니근
(serratus anterior)

배곧은근
(rectus
abdominis)

배바깥빗근
(obliquus abdominis
externus)

배속경사근
(obliquus
abdominis
internus)

■ 머리부위 근육

이마근
(frontalis)

눈썹주름근
(corrugator supercilii)

눈둘레근
(orbicularis
oculi)

눈살근
(procerus)

작은광대근
(zygomatics
minor)

위입술올림근
(lev labii
superioris)

큰광대근
(zygomaticus)

입꼬리당김근
(risorius)

입둘레근
(orbicularis
oris)

입꼬리내림근
(Depressor
anguli oris)

아래입술내림근
(Depressor
labii inf.)

■ 다리 근육

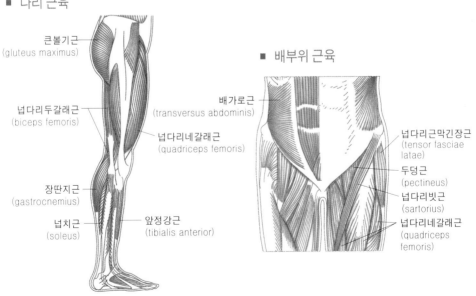

큰볼기근
(gluteus maximus)

넙다리두갈래근
(biceps femoris)

넙다리네갈래근
(quadriceps femoris)

장딴지근
(gastrocnemius)

넙치근
(soleus)

앞정강근
(tibialis anterior)

■ 배부위 근육

배가로근
(transversus abdominis)

넙다리근막긴장근
(tensor fasciae
latae)

두덩근
(pectineus)

넙다리빗근
(sartorius)

넙다리네갈래근
(quadriceps
femoris)

동맥의 구조

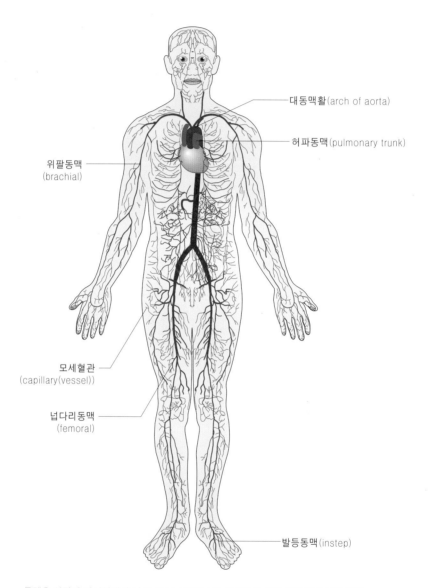

대동맥활(arch of aorta)

허파동맥(pulmonary trunk)

위팔동맥
(brachial)

모세혈관
(capillary(vessel))

넙다리동맥
(femoral)

발등동맥(instep)

동맥은 심장의 좌심실에서 나온 산소나 영양소를 온몸으로 운반하기 위한 혈관이다.
심장에서 나온 직후의 굵은 동맥을 대동맥이라고 한다. 각자 각 기관의 동맥, 나아가
소동맥, 세동맥, 모세혈관과 온몸으로 갈라져서, 마지막에는 정맥이 되어 심장으로 돌아온다.
심장에서는 허파동맥이 뻗어있고, 온몸을 둘러싼 혈액이 폐로 보내져서, 이산화탄소와
산소를 가스교환하여 허파정맥을 지나 심장으로 돌아와, 다시 온몸으로 보내진다.
동맥은 수축·확장운동을 하여 혈액을 온몸으로 보낸다.

정맥의 구조

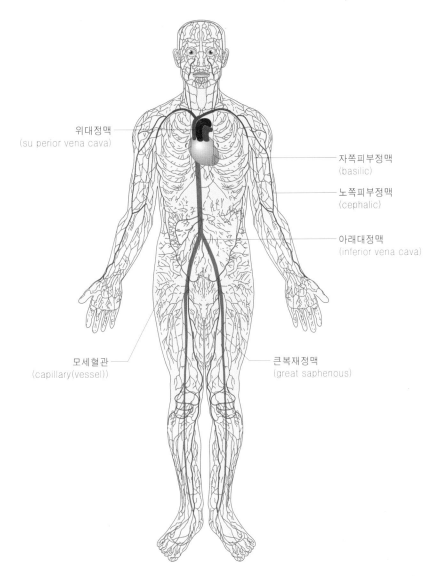

위대정맥
(su perior vena cava)

자쪽피부정맥
(basilic)

노쪽피부정맥
(cephalic)

아래대정맥
(inferior vena cava)

모세혈관
(capillary(vessel))

큰복재정맥
(great saphenous)

정맥은 심장에서 온몸으로 보낸 혈액이 심장으로 돌아올 때 지나가는 혈관이다.
동맥은 가늘게 갈라져 뻗어있는 데 비해, 정맥은 소정맥에서 대정맥으로 합류하여 굵
어져 심장으로 연결된다.
심장에서 온몸으로 보낸 혈액은, 모세혈관에서 산소나 영양소와 교환하여, 이산화탄소
나 노폐물을 가지고 정맥을 경유하여 심장으로 돌아온다.
정맥은 동맥처럼 혈액을 보내는 작용은 하지 않고, 심장보다 위에 있는 혈액은 중력으
로, 심장보다 아래에 있는 혈액은 팔이나 다리를 움직일 때 정맥밸브의 작용에 의해 심
장으로 돌아온다.

몸의 장기 (앞)

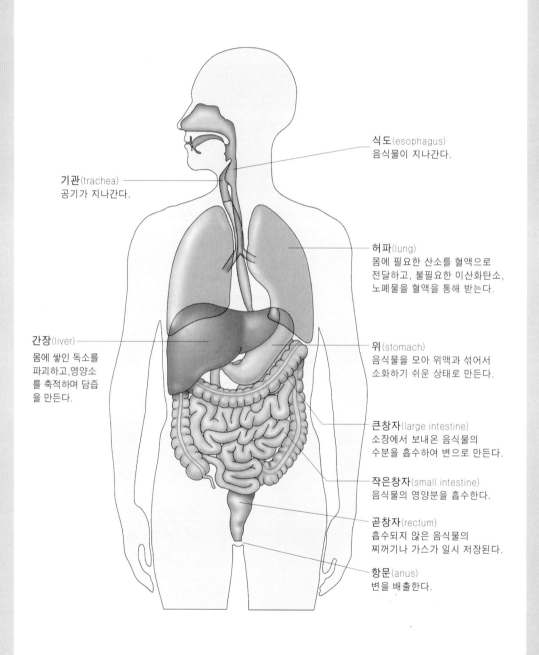

식도(esophagus)
음식물이 지나간다.

기관(trachea)
공기가 지나간다.

허파(lung)
몸에 필요한 산소를 혈액으로
전달하고, 불필요한 이산화탄소,
노폐물을 혈액을 통해 받는다.

간장(liver)
몸에 쌓인 독소를
파괴하고,영양소
를 축적하며 담즙
을 만든다.

위(stomach)
음식물을 모아 위액과 섞어서
소화하기 쉬운 상태로 만든다.

큰창자(large intestine)
소장에서 보내온 음식물의
수분을 흡수하여 변으로 만든다.

작은창자(small intestine)
음식물의 영양분을 흡수한다.

곧창자(rectum)
흡수되지 않은 음식물의
찌꺼기나 가스가 일시 저장된다.

항문(anus)
변을 배출한다.

몸의 장기 (뒤)

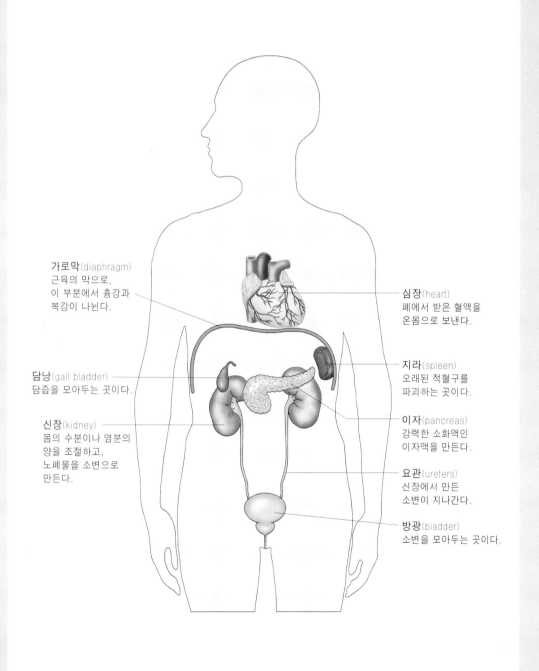

가로막(diaphragm)
근육의 막으로,
이 부분에서 흉강과
복강이 나뉜다.

심장(heart)
폐에서 받은 혈액을
온몸으로 보낸다.

담낭(gall bladder)
담즙을 모아두는 곳이다.

지라(spleen)
오래된 적혈구를
파괴하는 곳이다.

신장(kidney)
몸의 수분이나 염분의
양을 조절하고,
노폐물을 소변으로
만든다.

이자(pancreas)
강력한 소화액인
이자액을 만든다.

요관(ureters)
신장에서 만든
소변이 지나간다.

방광(bladder)
소변을 모아두는 곳이다.

수치로 본 사람의 몸

뇌

- 대뇌 지름 ········· 약 16~18cm
- 대뇌 무게 ········· 남성 약 1,350g
  ················· 여성 약 1,250g
- 대뇌피질 두께 ········· 2~5mm
- 면적(주름을 폈을 때)
  ·············· 2,000~2,500cm²
- 신경세포 ········· 약 140억 개
- 소뇌 무게 ········· 남성 약 135g
  ················· 여성 약 122g

머리카락

- 머리카락 총 수 ········· 약 10만개
- 하루에 빠지는 수 ········· 약 70개
- 하루에 자라는 길이
  ················· 약 0.3~0.5mm

눈

- 안구 지름 ········· 약 24mm
- 안구 무게 ········· 약 7~8g
- 눈 깜박이는 간격 ········· 약 3~6초

입

- 혀 길이 ················· 7cm
- 혀 폭 ················· 약 5cm
- 혀 두께 ················· 약 2cm
- 미뢰 수 ················· 약 1만 개
- 타액 분비량
  ········· 하루 약 700~1,500 ml
- 젖니 수 ················· 상하 20개
- 영구치 수 ········· 상하 약 28~32개

귀

- 외이도 길이 ········· 2~3cm
- 고막 지름 ········· 약 8~9mm
- 고막 두께 ········· 약 0.1mm

폐

- 폐 무게 ········· 남성 약 1,060g
  ················· 여성 약 930g
- 폐포 수 ················· 약 6억 개

심장

- 두께 ················· 약 8cm
- 무게 ················· 약 250~350g
- 심장에서 배출하는 혈액량
  ················· 1분간 약 5 l
- 심박 수(1분간) ········· 성인 약 60~75
  ················· 신생아 약 130

손톱

- 하루에 자라는 길이 ········· 약 0.1mm

방광

- 방광 허용량 ········· 약 500 ml
- 요도 길이 ········· 남성 약 16~20cm
  ················· 여성 약 4~5cm

척수의 길이

약 44cm

- 척수 지름 ········· 약 1~1.5cm

식도의 길이

약 25cm

- 소장 길이 ················· 7~8m
- 대장 길이 ················· 약 1.5m

혈관 · 혈액

- 온몸의 혈관 길이 ········· 약 10만km
- 혈액 총량 ········· 체중의 약 1/13(8%)
- 혈액 치사량 ········· 전 혈액량의 약 50%

  A형: 약 34%   O형: 약 28%
  B형: 약 27%   AB형: 약 11%

뼈 · 근육

- 온몸의 뼈 수 ········· 약 206개
- 가장 긴 뼈 ········· 대퇴골, 35~45cm
- 온몸의 골격근 수 ········· 약 400개

피부

- 피부의 두께 ········· 약 1~4mm
- 표피의 두께

  손바닥 ················· 약 0.7mm
  발바닥 ················· 약 1.3mm
  그 외 ················· 약 0.1~0.2mm
- 온몸의 피부 면적 ········· 남성, 약 1.6m²
- 온몸의 피부 무게 ········· 체중의 약 8%

배뇨 · 배변

- 하루 배뇨량 ················· 약 1.5 l
- 하루 배변량 ········· 약 150~200g

1장 뇌와 신경 시스템

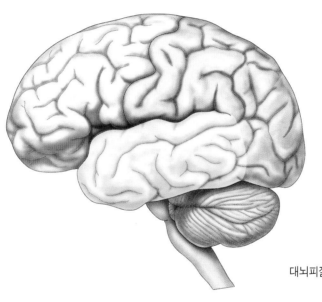

몸 안의 소우주

뇌의 역할

- 온몸의 기관을 조절한다.
- 언어기능을 조절한다.
- 운동기능을 조절한다.
- 본능·감정을 주관한다.
- 기억한다.

뇌는 정신 활동과 육체 활동을 주관하는 수많은 신경세포의 집합

뇌의 구조와 역할   전체 뇌의 약 80%를 대뇌가 차지한다

뇌(brain)는 대뇌, 소뇌, 뇌줄기(뇌간 brain stem)로 이루어졌고, 전체의 약 80%를 대뇌가 차지하고 있다. 대뇌는 그 표면이 대뇌겉질로 싸여 있고, 내부에는 대뇌속질이 있다. 대뇌속질은 대뇌핵(기저핵)을 둘러싸고 있다.

대뇌반구와 척수를 연결하는 부분을 뇌줄기라고 하며, 사이뇌(간뇌 diencephalon), 중뇌(mid brain), 다리뇌(pons), 숨뇌로 이루어져 있다. 뇌줄기는 호흡, 체온 조절과 같은 기본적인 생명 현상을 담당하는 역할을 한다. 대뇌하부에서 대뇌텐트로 분리된 부분이 소뇌(cerebellum)이다. 소뇌는 내이의 평형 기관이나 정보를 처리하여 몸의 균형을 유지하거나, 여러 개의 근육을 협조시켜 온몸을 원활히 움직이게 하는 역할 등을 한다.

대뇌는 인체의 컨트롤센터   대뇌겉질의 주름을 펴면 신문지 한 장 정도

대뇌(cerebral)는 몸 구석구석에서 보낸 정보를 받아들이고, 판단하여 몸의 각 부분에 명령을 내리는, 이른바 인체의 총 사령실과 같은 역할을 하는 중추기관이다.

대뇌의 표면인 대뇌겉질(cerebral cortex)은 회백질의 주름으로 싸여 있다. 사물을 느끼고, 기억하고, 생각하고, 말하는 활동은 대뇌겉질이 지배한다.

두께 2~3mm인 대뇌겉질의 주름을 펴면 거의 신문지 한 장의 넓이이다. 주름 때문에 표면적이 보다 넓어져서 많은 양의 정보를 처리하거나 축적할 수 있다.

뇌 전체상

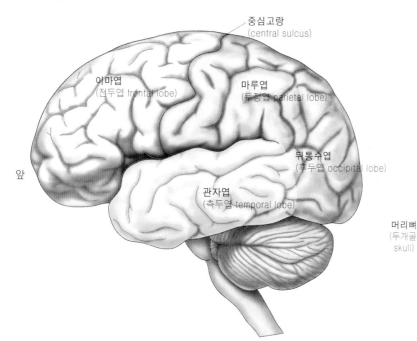

- 중심고랑 (central sulcus)
- 이마엽 (전두엽 frontal lobe)
- 마루엽 (두정엽 parietal lobe)
- 뒤통수엽 (후두엽 occipital lobe)
- 관자엽 (측두엽 temporal lobe)
- 앞

- 대뇌(cerebral)
- 사이뇌(간뇌 diencephalon)
- 시상 (thalamus)
- 시상하부 (hypothalamic)
- 뇌줄기 (뇌간 brain stem)
- 중뇌 (mid brain)
- 다리뇌(교 pons)
- 숨뇌(연수 medulla oblongata)
- 소뇌 (cerebellum)
- 척수(spinal cord)

뇌를 보호하는 시스템

어떠한 충격에도 끄떡 없는 뇌

뇌는 단단한 두개골 속에 경질막, 거미막, 연질막의 3중 보호막으로 싸여 있다.
이 막 사이에는 수액이 가득 차 있는데, 이것은 충격을 흡수하는 역할을 한다.

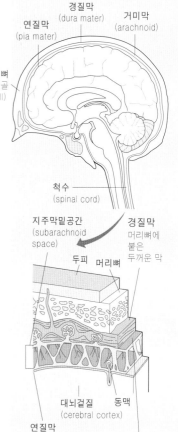

- 연질막 (pia mater)
- 경질막 (dura mater)
- 거미막 (arachnoid)
- 머리뼈 (두개골 skull)
- 척수 (spinal cord)

- 지주막밑공간 (subarachnoid space)
- 경질막 머리뼈에 붙은 두꺼운 막
- 두피　머리뼈
- 대뇌겉질 동맥 (cerebral cortex)
- 연질막 가장 안쪽에 있는 얇은 막으로 뇌, 척수표면에 밀착되어 있다.
- 거미막 반투명의 매우 얇은 막

POINT

대뇌의 무게에는 개인차가 있지만, 평균적으로 약 1,300g 정도이다. 대뇌의 무게와 지능의 상관 관계는 없다.

대뇌의 역할

- 논리적인 사고를 한다.
- 사물을 판단한다.
- 말을 한다.
- 본능을 주관한다.
- 감정을 주관한다.

새로운 뇌와 오래된 뇌로 이루어진 대뇌의 역할

고도의 지능 활동을 담당하는 신피질　신피질은 사람, 원숭이와 같은 영장류만 가진다

대뇌(cerebral)에는 인류가 진화하면서 발달해 온 신피질과 그 이전부터 있었던 고피질·구피질(이하 고·구피질)이 있다.

신피질은 고·구피질로 둘러싸여서 논리적인 사고와 판단, 말을 하는 고도의 지능활동을 담당하는 중요한 곳이다. 운동지령을 내리고, 영상을 인식하는 것도 신피질의 역할이다. 지능 활동에 없어서는 안될 신피질은 사람, 원숭이와 같은 영장류만 가진다.

영장류가 다른 생물에 비해 지적인 것은 신피질이 고도로 발달해 있기 때문이다.

분노, 공포도 고·구피질이 지배한다　식욕, 성욕과 같은 본능을 지배하는 고·구피질

고·구피질은 신피질의 안쪽에 있는 대뇌핵(신경세포의 집합)과 함께 대뇌변연계(cerebrum limbic system)라는 기능 단위를 형성한다.

진화적으로 볼 때 오래된 부분인 고·구피질은 식욕, 성욕과 같은 본능적인 활동이나 분노, 공포와 같은 감정을 지배한다. 또 같은 정보라도 기쁨, 슬픔과 같은 감정은 고·구피질이 아니라 계통 발생적으로 새로운 이마엽(전두엽 frontal lobe)의 피질에서 지배한다. 원래 본능밖에 없었던 사람은 진화하면서 신피질이 발달함에 따라 기쁨, 슬픔과 같은 보다 복잡한 감정을 느낄 수 있게 된 것일지도 모른다.

앞뒤로 자른 대뇌

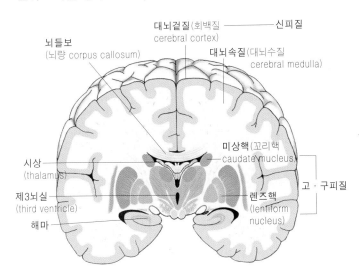

뇌들보
(뇌량 corpus callosum)

대뇌겉질(회백질 ———— 신피질
cerebral cortex)

대뇌속질(대뇌수질
cerebral medulla)

시상
(thalamus)

제3뇌실
(third ventricle)

해마

미상핵(꼬리핵)
caudate nucleus)

렌즈핵
(lentiform
nucleus)

고 · 구피질

좌우로 자른 대뇌(대뇌우반구)

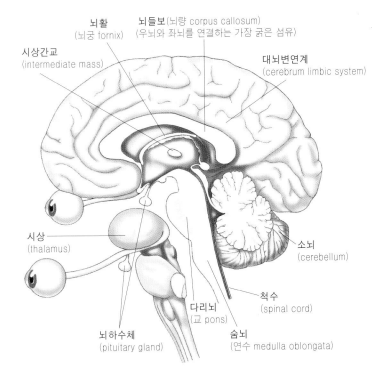

뇌활
(뇌궁 fornix)

뇌들보(뇌량 corpus callosum)
(우뇌와 좌뇌를 연결하는 가장 굵은 섬유)

시상간교
(intermediate mass)

대뇌변연계
(cerebrum limbic system)

시상
(thalamus)

소뇌
(cerebellum)

척수
(spinal cord)

다리뇌
(교 pons)

숨뇌
(연수 medulla oblongata)

뇌하수체
(pituitary gland)

역할이 다른 대뇌의 세 개의 뇌

대뇌에는 태아가 어머니 뱃속에서 성장할 때 차례대로 발달하는 '파충류형', '구포유류형', '신포유류형'의 세 가지 뇌가 공존하여 각각 다른 역할을 한다. 초기 단계에서 형성된 것이 가장 원시적인 뇌인 파충류형 뇌 '고피질', 그 위에 구포유류형 뇌 '구피질'이 형성되고, 마지막으로 그 위에 신포유류형 뇌 '신피질'이 급속히 발달한다.

신피질(지 · 정 · 의의 자리)=이성
구피질(본능과 정동의 자리)
고
뇌간
(생명의 자리)
척수

대뇌겉질의 구조

POINT

본능적인 활동 · 감정을 지배하는 대뇌변연계는 진화 과정 중에서 대뇌가 발달하지 않은 원시적인 포유류(파충류라는 설도 있다)와 같은 단계라고 할 수 있다.

우뇌와 좌뇌

• 직감력이나 창조력은 우뇌의 일이고, 읽고 쓰고 말하는 언어 활동은 좌뇌의 일이다.

직감 · 창조력을 담당하는 우뇌   우뇌는 좌반신을, 좌뇌는 우반신을 지배

대뇌는 좌우 두 개의 반구로 나뉘며, 그 가운데를 지나가는 뇌들보(뇌량 corpus callosum)로 연락되고 있다. 몸의 운동지령은 우뇌, 좌뇌 모두에서 나오는데 좌반신의 명령은 우뇌에서, 우반신의 명령은 좌뇌에서 내린다. 이것은 대뇌와 몸의 각 부분을 연결하는 신경이 숨뇌부분에서 좌우로 교차되기 때문이다. 또 우뇌와 좌뇌는 확실한 기능 분담을 하고 있다.

예를 들면, 사물의 형태를 식별하거나, 그림을 그리고, 음악을 연주할 때 사용하는 것은 우뇌이다. 또 자신과 남의 위치관계를 파악하는 기능도 있다. 즉 사물을 직감적으로 파악하거나, 창조력을 발휘하는 감각적인 사항에 관한 역할을 담당하는 것이 우뇌이다.

논리적 사고를 담당하는 좌뇌   읽고, 쓰고, 말하는 것은 좌뇌의 역할

좌뇌는 읽고 쓰고 말하는 언어 활동을 담당한다. 듣고 이해하는 '감각성 언어영역'과 말을 구사하는 '운동성 언어영역'은 여섯 살까지 좌뇌에서 형성된다. 언어영역이 급속히 발달하는 시기의 아이들은, 쉽게 다른 언어도 배울 수가 있다.

계산할 때도 좌뇌를 중심으로 작용한다. 단 주산전국대회 우승자는 우뇌의 시각영역에서 계산한다는 사실이 밝혀졌다. 감각적인 우뇌에 비해 언어, 기호 등을 이용한 논리적인 사고를 담당하는 것이 좌뇌이다. 사람을 감각적인 유형과 논리적인 유형으로 나눌 수 있는데, 전자를 우뇌형 인간, 후자를 좌뇌형 인간이라고도 한다.

좌우 대뇌반구

앞
대뇌종렬

우대뇌반구(우뇌)
cerebral hemisphere)

좌대뇌반구(좌뇌
cerebral hemisphere)

다리뇌
(교 pons)

숨뇌(연수
medulla oblongata)

소뇌
(cerebellum)

(아래에서 본 것)

우 뇌
- 창조적인 발상 등 감각적인 기능이 있다.
- 그림을 그리고, 음악을 듣고, 연주한다.
- 형태의 구별.
- 방향인식, 공간인식 등.

좌 뇌
- 언어, 기호를 사용하는 논리적인 기능이 있다.
- 듣고, 말하고, 읽고, 쓰는 언어에 관한 능력.
- 시간관념, 계산 등.

$$X^2 + Y^2 = Z^2$$
$$\sqrt{7} \quad 1+2$$

어떻게 지내세요?

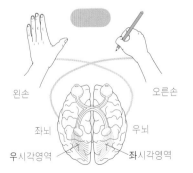

왼손

오른손

좌뇌

우뇌

우시각영역

좌시각영역

정면에서 오른쪽에 있는 것은
시신경을 통해 좌뇌의 우시각으로,
왼쪽에 있는 것은 우뇌의
좌시각으로 전달된다.

우뇌와 좌뇌의 기능이 나뉘는 시기

사람이 갓 태어났을 때 대뇌변연계는 거의 완성되어 있지만, 신피질의 우뇌와 좌뇌를 연결하는 뇌들보는 발달하지 않은 상태이다. 그 때문에 생후 일년까지는 좌뇌, 우뇌 모두 거의 같은 기능을 하고 있어, 만일의 사고로 좌뇌의 '언어영역'이 상실되더라도 우뇌가 좌뇌의 역할을 담당하여, 아무런 지장 없이 자연스럽게 언어를 습득할 수가 있다.

뇌들보를 지나가는 신경섬유의 연락이 시작되는 것은 한 살 이후로, 좌뇌와 우뇌는 그 무렵부터 역할분담을 하면서 여섯 살까지 굵은 뇌들보를 서서히 완성해 나간다.

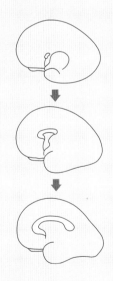

POINT

우뇌와 좌뇌의 기능이 구분되어, 뇌가 발달한 존재는 인간뿐이다. 오른손잡이, 왼손잡이도 도구를 사용하면서 생겨난 것이다.

대뇌겉질의 메커니즘

• 대뇌겉질은 부위에 따라 각각 특정한 기능을 가지고 있다.

많은 정보를 축적 · 처리하는 대뇌겉질   여러 가지 기능을 가진 대뇌겉질

막대한 양의 정보를 전달하고, 처리하는 데 필요한 대뇌겉질은 뉴런이라는 신경세포와 그곳에서 돌출한 신경섬유로 꽉 차 있다. 정보는 뉴런에서 뉴런으로 전달된다. 대뇌겉질에 있는 뉴런의 수는 약 140억 개이다. 뇌 전체에는 수백억 개도 넘는 복잡한 신경회로망을 형성하고 있다.

네 가지 부위를 가진 특정한 기능

대뇌겉질은 이마엽(전두엽 frontal lobe), 마루엽(두정엽 parietal lobe), 뒤통수엽(후두엽 occipital lobe), 관자엽(측두엽 temporal lobe)으로 크게 나뉘고, 나아가 이마엽 연합영역, 관자엽 연합영역, 마루엽 연합영역 세 개의 연합영역과 운동영역, 체성감각영역, 청각영역, 시각영역 등이 각각 특정한 기능을 가지고 있다.

예를 들면, 이마엽은 주로 사고, 판단, 계산 등을 담당하고, 이마엽 뒤쪽에 있는 운동영역에서 온몸의 운동에 관한 명령을 내린다.

그리고 운동영역 바로 뒤에 있는 마루엽은 아픔, 온도, 압력 등의 감각을 담당한다. 손에 쥔 물건의 크기, 촉감을 느끼거나 눈으로 본 사물의 거리감, 상하좌우의 위치 관계를 인식하는 일도 마루엽의 역할이다. 마루엽이 손상되면 촉각을 잃거나, 지시대로 동작을 할 수 없고, 자신이 있는 곳이 어딘지 모르게 된다. 뒤통수부분에 위치한 뒤통수엽에는 시각을 담당하는 시각중추가 분포되어 있다. 관자엽 뒤쪽에서 마루엽에 걸쳐 베르니케중추라는 언어중추가 있다. 베르니케중추가 제 기능을 하지 못하면 다른 사람의 말을 이해하지 못하거나, 스스로도 의미 있는 말을 하지 못하게 된다. 또 소리를 판별하는 청각중추를 비롯한 후각중추, 감정을 지배하는 중추는 관자엽에 분포되어 있다.

대뇌겉질 기능

※피질을 기능별로 나누면 다음과 같다.
①감각영역…여러 가지 감각의 정보를 받는다.
②운동영역…직접 운동지령을 내린다.
③연합영역…대뇌겉질 사이에서 서로 연락을 취하여 복잡한 역할을 한다.
중심구에서 앞쪽 부분에 운동성 기능이,
뒤쪽 부분에 감각성 기능이 있다.

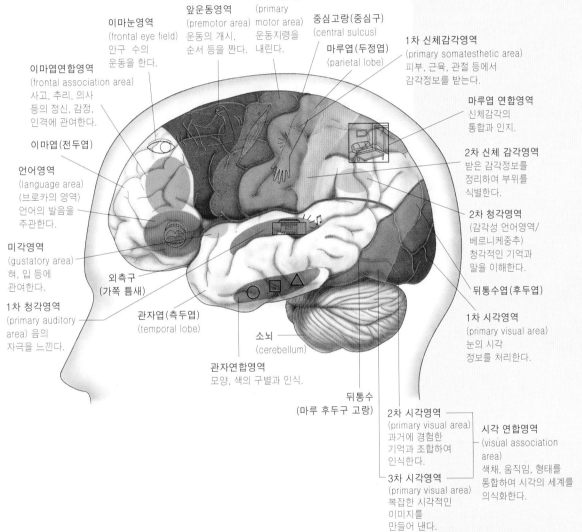

이마눈영역
(frontal eye field)
안구 수의
운동을 한다.

앞운동영역
(premotor area)
운동의 개시,
순서 등을 짠다.

1차 운동영역
(primary
motor area)
운동지령을
내린다.

중심고랑(중심구)
(central sulcus)

마루엽(두정엽)
(parietal lobe)

1차 신체감각영역
(primary somatesthetic area)
피부, 근육, 관절 등에서
감각정보를 받는다.

이마엽연합영역
(frontal association area)
사고, 추리, 의사
등의 정신, 감정,
인격에 관여한다.

마루엽 연합영역
신체감각의
통합과 인지.

이마엽(전두엽)

2차 신체 감각영역
받은 감각정보를
정리하여 부위를
식별한다.

언어영역
(language area)
(브로카의 영역)
언어의 발음을
주관한다.

2차 청각영역
(감각성 언어영역/
베르니케중추)
청각적인 기억과
말을 이해한다.

미각영역
(gustatory area)
혀, 입 등에
관여한다.

외측구
(가쪽 틈새)

뒤통수엽(후두엽)

1차 청각영역
(primary auditory
area) 음의
자극을 느낀다.

관자엽(측두엽)
(temporal lobe)

소뇌
(cerebellum)

1차 시각영역
(primary visual area)
눈의 시각
정보를 처리한다.

관자연합영역
모양, 색의 구별과 인식.

뒤통수
(마루 후두구 고랑)

2차 시각영역
(primary visual area)
과거에 경험한
기억과 조합하여
인식한다.

시각 연합영역
(visual association
area)
색채, 움직임, 형태를
통합하여 시각의 세계를
의식화한다.

3차 시각영역
(primary visual area)
복잡한 시각적인
이미지를
만들어 낸다.

POINT

언어중추인 브로카와 베르니케는 사람
의 이름이다. 브로카는 프랑스의 외과
의사, 베르니케는 독일의 정신과의사
로 같은 시기에 이 중추를 발견했다.

소뇌의 역할

- 몸의 평형 감각을 유지한다.
- 대뇌의 운동 명령을 온몸에 전달한다.

수많은 신경세포가 모여, 생명유지나 운동에 관한 정보를 처리·전달한다

몸의 평형 감각을 유지하는 고소뇌   소뇌는 신소뇌와 고소뇌로 나뉜다

다리뇌(교 pons)와 숨뇌(연수 medulla oblongata)를 통해 대뇌텐트에서 분리된 대뇌의 관자부분에 둘러싸인 소뇌(cerebellum)는, 성인 남자가 약 135 g, 여자가 약 122 g으로 뇌 전체의 10% 정도의 무게밖에 안 된다. 그러나 이곳에는 온몸에 분포한 신경세포의 반 이상이 집중되어 있다. 그리고 몸을 움직이기 위한 대뇌의 운동정보를 처리하거나, 생명유지에 없어서는 안 될 운동지령을 내리는 몸의 기본적인 활동을 지배한다.

소뇌는 크게 신소뇌와 고소뇌로 나뉘며, 몸의 평형 감각을 유지하는 기능은 고소뇌에서 담당한다. 두 발로 서거나 걸을 수 있는 것은 고소뇌가 제대로 균형을 유지해 주기 때문이다.

신소뇌가 복잡하고 정밀한 운동을 가능하게 한다   운동신경을 주관하는 신소뇌

신소뇌는 대뇌에서 보내온 대략적인 운동지령을 세세하게 조정하여, 몸의 각 부분으로 전달한다.

예를 들면, 손가락을 정교하게 이용해서 매우 세밀한 작업을 할 수 있는 것도, 신소뇌에서 적절한 운동지령을 내리기 때문이다. 사람이나 원숭이 모두 소뇌의 대부분을 신소뇌가 차지한다. 이것은 다른 동물에 비해 복잡하고, 정밀한 운동을 할 수 있다는 증거이다. 또 소뇌의 역할은 운동영역에 제한된다는 것이 지금까지의 정설이었는데, 사람이 사고를 할 때도 소뇌는 대뇌를 도와 정신적인 부분에서도 관여한다는 사실이 밝혀졌다.

정보 전달방법

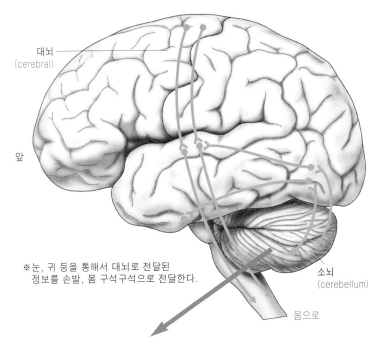

대뇌
(cerebral)

앞

소뇌
(cerebellum)

※눈, 귀 등을 통해서 대뇌로 전달된
  정보를 손발, 몸 구석구석으로 전달한다.

몸으로

1mm²에 50만 개의 신경세포가 빽빽이!!

소뇌겉질에는 1mm²당 50만 개나 되는 신경세포가 빽빽이 차 있어, 컴퓨터와 같은 속도와 정확성으로 정보를 처리한다. 온몸의 근육을 협조시켜 여러 가지 동작을 할 수 있는 것은, 신경세포의 집적체인 신소뇌가 대뇌의 운동지령을 천 분의 일 초 단위로 정확하게 처리하기 때문이다. 흔히 '소뇌는 시계다'라고 하는 것도 이 때문이다. 이곳에 이상이 생기면 물건을 제대로 잡을 수 없게 된다.

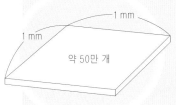

1 mm

1 mm

약 50만 개

배 쪽에서 본 소뇌

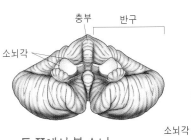

충부   반구

소뇌각

등 쪽에서 본 소뇌

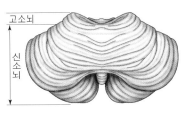

고소뇌

신소뇌

소뇌 단면도

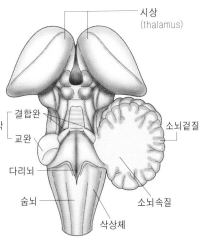

시상
(thalamus)

결합완

소뇌각

교완

다리뇌

숨뇌

소뇌겉질

소뇌속질

삭상체

POINT

소뇌와 대뇌의 중요한 부위가 제 기능을 발휘하지 못하면 보행이 곤란해지고, 글을 잘 쓸 수 없게 되며, 눈앞의 사물을 잡는 데도 시간이 걸리는 등 장애가 나타난다.

생명을 유지하는

뇌줄기의 기능

- 호흡, 심장박동, 체온 등을 조절한다.
- 자율신경계, 호르몬의 조절을 주관한다.

호흡, 심장활동, 체온조절 등 생명유지를 담당하는 신경집합체

인간에게는 '생명의 자리' 뇌줄기, 시상하부의 역할

뇌줄기(뇌간 brain stem)의 무게는 약 200 mg이다. 뇌와 온몸을 연결하는 신경섬유가 지나가는 관으로, 모양은 열대어인 구피와 비슷하다. 뇌줄기는 사이뇌, 중뇌, 숨뇌, 다리뇌로 이루어졌다. 호흡, 심장박동, 체온조절 등 사람의 생명을 유지시키는 기본적인 신경이 모여 있다.

만약 어떠한 이유로 뇌줄기의 기능이 손상되면, 호흡, 심장활동, 체온조절 등의 기능을 못하게 되어, 사람은 생명을 유지할 수 없게 된다. 뇌줄기가 죽은 상태가 바로 '뇌사'이다. 이런 이유로 뇌줄기를 '생명의 자리'라고도 한다. 바로 사람의 생명 그 자체인 것이다.

자율신경, 호르몬에 관여하는 시상하부

뇌줄기의 일부분인 사이뇌(간뇌 diencephalon)는 크게 시상(thalamus)과 시상하부(hypothalamus)로 나뉜다. 시상은 후각 이외의 모든 감각을 대뇌에 전달하는 신경의 중계점이다. 시상에서 정보를 처리하여, 대뇌(cerebral)의 각 담당지로 보내는 역할을 한다. 또 시상하부는 4g 정도의 크기이고, 자율신경계, 호르몬계의 기능을 담당하면서, 체온이나 수면, 성기능 등의 중추 역할을 한다.

그 외 중뇌는 시각이나 청각을 전달하는 중계점이다. 그리고 다리뇌에는 얼굴, 눈을 움직이는 신경이 있다. 또 숨뇌는 발음, 씹기, 삼킴, 타액분비의 중추이며, 모두 중요한 역할을 한다.

뇌줄기 구조와 역할   뇌 가운데, 대뇌반구와 소뇌를 제외한 부분

뇌들보
(corpus callosum)

소뇌
(cerebellum)

뇌하수체
(pituitary gland)

시상(thalamus)
온몸의 감각기(후각은 제외)
에서 정보를 전달하는
신경섬유의 중계점.
여기에서 정보를 처리하여
대뇌로 전달한다.

사이뇌
(diencephalon)

시상하부(hypothalamic)
4g 정도의 크기로, 자율신경계,
내분비계의 중추.
체온, 소화, 수면 등을 조절한다.
성기능의 중추도 있다.

다리뇌(pons)
뇌간 중에서 가장 튀어나온
부분으로, 호흡의 리듬·깊이를
조절한다. 또 안면신경, 내이신경 등
뇌신경의 일부도 있다.

중뇌(midbrain)
몸의 균형을 유지하거나,
안구운동, 동공조절 등을 한다.
시각, 청각의 중간중추도 있다.

연수(medulla oblongata)
재채기, 기침의 반사중추, 저작(咀嚼),
타액분비, 연하, 발성 등의 중추.
호흡, 혈액순환, 심장조절, 소화운동,
발한, 배설 등을 조절하는 자율신경의
핵도 포함된다.

하루의 리듬을 조절하는 시상하부의 체내시계

사람은 밤에 자고 낮에 활동하는 하루 주기의 리듬 있는 생활을 하고 있다. 사람이 본래 가지고 있는 하루의 단위는 25시간이다. 그러나 사이뇌의 시상하부가 몸 밖의 빛 등을 토대로, 하루 거의 24시간의 주기를 감지하는 체내시계를 가지고 있다. 그 덕분에 하루의 리듬을 미세하게 조절할 수 있는 것이다. 수면뿐 아니라 체온도 오전 중에는 낮도록, 오후부터 저녁까지는 높아지도록 조절하는 것도 이 체내시계의 역할이다.

기억의 메커니즘

• 기억은 그 내용에 따라 대뇌겉질의 각 영역에 저장된다.

사실기억과 숙련기억 내용에 따라 달라지는 기억의 저장장소

사람의 기억은 그 내용에 따라 대뇌겉질(cerebral cortex)의 각 영역에 저장된다. 사물의 모양은 관자 연합영역, 사물의 소재파악은 이마엽 연합영역, 몸의 움직임은 운동 연합영역에서 담당한다. 그리고 각각의 기억은 더욱 세분화되어 개개의 뉴런에 저장된다.

기억은 의미기억, 순서기억, 에피소드기억, 공포기억 등 네 가지로 크게 나뉜다. 의미기억은 학문적인 지식과 자신의 체험으로 얻은 이마엽, 해마, 마루엽, 관자엽 전부에서 자전거 타는 법, 악기 연주, 조건 반사와 같은 생리적이고 육체적인 반응으로 관여한다. 순서기억은 중추신경계가 관여한다. 자신이 체험한 에피소드기억은 주로 해마(hippocampus)에 저장되고, 공포기억은 편도핵에 저장된다.

단기기억은 해마, 장기기억은 대뇌겉질에서 보존

기억에는 금방 잊어버리는 단기기억과 오래 기억하는 장기기억이 있다. 단기기억은 해마에서 일시적으로 보존된다. 그리고 장기기억은 해마 주변의 기억회로를 뱅글뱅글 도는 동안에, 대뇌겉질의 연합영역에서 정리되어, 장기적으로 보존된다.

해마에서 기억하고 있는 약 3년분의 기억을 단기기억이라 하고, 대뇌로 옮겨진 기억을 장기기억이라고 한다. 장기기억을 저장해 두는 곳은 주로 대뇌의 몸감각 연합영역과 관자 연합영역이다. 또 단기기억이라고 해도 여러 번 체험하거나, 중요도가 높아지면 장기기억으로 변한다. 이와 같이 단기기억을 장기기억으로 바꾸는 역할은 해마와 시상배내측핵이 한다.

기억의 종류

- **의미기억**
  지명, 도구이름, 음식의 맛과 같은 학문적인 지식 등을 기억.
- **순서기억**
  악기연주, 자전거나 차 운전 등 반복하여 몸으로 익히는 기억.
- **에피소드기억**
  경험을 근거로 한 기억으로 오래 기억된다.
- **공포기억**
  무서운 경험, 마음 깊이 상처받은 기억.

운동연합영역
몸의 움직임 등을 기억.

이마엽연합영역
(frontal association area)
어디에 무엇이 있는지를 기억.
창조성 등을 주관한다.
관자엽에서 기억을
끄집어낼 때 작용한다.

몸감각연합영역
(somatic
association area)
장기기억을
저장한다.

대뇌겉질
(cerebellum cortex)

시상
(thalamus)

렌즈핵
(lentiform nucleus)

편도핵
(amygdaloid nucleus)
무서운 체험 등
공포기억을 저장한다.

해마
(hippocampus)
기억의 중추. 단기기억을
장기기억으로 바꾸기도 한다.
자신의 경험(에피소드기억)도
여기에 저장된다.

관자연합영역
눈으로 본 모양의 기억 등
장기기억에도 크게 관여한다.

관자엽
(temporal lobe)
의미기억(지적기억)의 저장고.

소뇌
(cerebellum)
반복해서 몸으로 익힌
순서기억을 저장한다.

척수
(spinal cord)

현저하게 위축된 알츠하이머형 치매증인 사람의 뇌

뇌 속의 기억, 사고력, 판단력을 담당하는 부위가 병이 들어서, 치매증상이 나타나는 것을 알츠하이머형 치매증이라고 한다. 알츠하이머형 치매증인 사람의 뇌는 뚜렷하게 위축되었고, 신경원섬유 변화와 뇌의 얼룩(노인반)이 많은 것이 특징이다. 대뇌겉질의 홈이 열려 대사가 저하되고 기억과 관계가 깊은 해마와 대뇌겉질에서 뉴런이 탈락하기 때문에, 기억장애와 인지장애가 나타난다.

정상적인 뇌

알츠하이머병인 뇌

POINT

해마는 기억을 주관하는 역할을 한다. 해마라고 한 것은, 이 부분이 바닷물고기인 해마와 비슷하기 때문이다.

질병지식

뇌졸중

1) 원 인

뇌혈관에 폐색, 파열이 일어나 의식을 잃거나, 손발의 마비, 언어장해를 일으키는 병을 뇌졸중이라고 한다. 하나의 병을 가리키는 것이 아니라, 뇌경색, 뇌출혈, 거미막하출혈 등 뇌혈관에 지장을 주는 여러 가지 병의 총칭이다.

예를 들면, 뇌경색은 뇌혈관동맥경화의 합병증인 뇌혈전 혹은 심장, 비교적 굵은 혈관에 생긴 혈전, 세포 등이 뇌에 도달하여 혈관을 막는 뇌색전으로 인해 나타난다. 뇌출혈은 뇌혈관이 파열되어 출혈이 일어나는 것으로, 고혈압, 동맥경화가 주원인이다. 뇌 밖에서 출혈하는 거미막하출혈은 뇌동맥류의 파열 등이 직접적인 원인이다. 모두 동맥경화를 바탕으로 정신적인 긴장, 음주, 과로 등이 출혈의 원인이 되는 경우가 많다는 것이 특징이다.

2) 증 상

뇌경색이 발병하면, 많은 경우 경색이 일어난 반대쪽 반신(좌뇌라면 우반신, 우뇌라면 죄반신)에 운동장애, 지각장애가 나타난다. 또 좌뇌에 장애가 생길 경우에는, 실어증을 동반하기 쉽다. 뇌출혈은 뇌혈관이 파열되기 때문에, 갑자기 심한 두통을 느끼는 것이 특징이다. 이어서 의식장애, 손발의 마비, 반신마비가 일어나는 경우도 많고, 뇌줄기가 출혈되면 호흡장애, 혈압저하도 초래되어 폐에 울혈이 일어나 매우 위험한 상태에 빠지게 된다. 거미막하출혈은 뇌출혈과 마찬가지로 갑자기 심한 두통을 느낌과 동시에, 대부분의 경우 구토를 동반한다. 두통은 이마 주변, 뒤통수부분에서 일어나는 경우가 많고, 경증인 경우에는 눈 속, 관자부분의 통증이 수일 동안 계속된다. 또 의식장애는 머리가 멍해지는 정도의 가벼운 증세부터 며칠 동안 의식이 돌아오지 않는 심한 증세까지 개인차가 있다.

머리부분 주요 동맥과 정맥(측면)

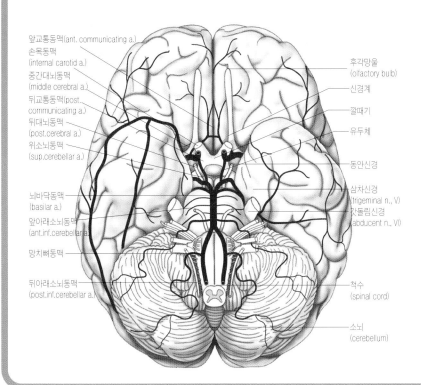

위시상정맥동굴
(superior sagittal sinus)
아래시상정맥동굴
(inf. sagittal sinus)
중경막동맥
해면정맥동굴
(cavernous sinus)
얼굴정맥
(facial.v.)
얼굴동맥
(facial artery)
익돌근
정맥총
총경동맥

구불정맥동굴
(sigmoid sinus)
바깥목동맥
손목동맥
(int. carotid a.)
바깥목정맥
(ext.jugular v.)
손목정맥
(int.jugular v.)

머리부분(정면)

앞대뇌동맥
(ant. cerebral a.)
전맥락동맥
두피의 혈관
중간대뇌동맥
(middle
cerebral a.)

손목정맥

손목동맥

뇌 혈관분포

뇌는 두 개의 내경동맥과 두 개의 망치뼈동맥으로, 모두 네 개의 동맥이 혈관을 공급하고 있다. 각 동맥은 뇌 속에서 갈라져서, 뇌 각 부분으로 혈액을 공급한다. 또 뇌의 모세혈관에는 혈액유해물질을 뇌 조직으로 들어오지 못하도록 하는 기능이 있다.

앞교통동맥(ant. communicating a.)
손목동맥
(internal carotid a.)
중간대뇌동맥
(middle cerebral a.)
뒤교통동맥(post.
communicating a.)
뒤대뇌동맥
(post.cerebral a.)
위소뇌동맥
(sup.cerebellar a.)

뇌바닥동맥
(basilar a.)
앞아래소뇌동맥
(ant.inf.cerebellar a.)

망치뼈동맥

뒤아래소뇌동맥
(post.inf.cerebellar a.)

후각망울
(olfactory bulb)
신경계
갈때기
유두체

동안신경

삼차신경
(trigeminal n., V)
갓돌림신경
(abducent n., VI)

척수
(spinal cord)

소뇌
(cerebellum)

뇌졸중에는 혈관이 찢어진 두개내출혈과 혈관이 막히는 뇌경색이 있다

뇌졸중은 두 가지로 크게 나뉜다. 하나는 뇌혈관이 찢어져서 출혈되는 두개내출혈이다. 뇌익혈이라고도 하고, 출혈장소에 따라 뇌출혈, 거미막하출혈로 나눈다. 또 하나는 혈관이 막히는 뇌경색으로 뇌연화증이라고도 한다. 심장 등에서 생긴 혈전이 뇌로 흘러 들어가 막히는 뇌색전과 뇌혈관에 혈전이 생겨 막히는 뇌혈전으로 나눈다.

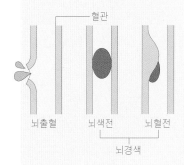

혈관

뇌출혈　　뇌색전　　뇌혈전

뇌경색

3) 치료법

뇌경색 급성기에는 안정이 제일이다. 링거주사로 수분과 영양분을 공급하면서 폐암, 뇌부종이 되지 않도록 예방한다. 또 구축(拘縮 반복되지 않는 자극에 의하여 근육이 지속적으로 오그라든 상태)을 일으켜서 관절을 움직일 수 없게 되는 것을 막기 위해, 간호하는 사람이 환자의 손발을 주물러 줘야 한다. 급성기를 지나 회복기로 돌아서면, 바로 사회복귀요법을 시작한다. 뇌경색은 무엇보다도 예방이 중요하고 고혈압증, 당뇨병, 심장병에 걸리지 않도록 주의해야 한다.

뇌출혈도 안정을 유지하면서 폐암, 뇌부종, 구축을 예방한다. 출혈이 심한 경우, 뇌줄기를 압박하는 소뇌출혈일 경우에는 수술로 혈종을 제거한다. 또 출혈이 뇌실에 미치면 급성수두증이 나타나기 쉽고 이 경우에도 수술이 필요하다.

거미막하출혈은 안정을 유지하면서 약물투여에 의한 치료를 하는데, 원인이 뇌동맥류의 파열일 경우에는 수술로 동맥류를 치료해야 한다. 또 뇌동맥류의 출혈은 매우 위험하고 재발하기 쉽기 때문에 원인을 철저하게 분석할 필요가 있다. 또 최초의 출혈이 가벼울 경우, 며칠 만에 두통이 멎는 등 마치 회복된 것 같은 상태가 되는 경우도 있는데, 실제로는 회복된 것이 아니기 때문에 방심하면 안 된다.

4) 회복 후의 예방

뇌경색, 뇌출혈, 거미막하출혈 모두 사지의 마비, 언어장애를 동반한 경우가 많고, 회복기의 사회복귀요법이 중요하다. 또 재발방지를 위해서 무엇보다도 고혈압을 조심해야 하고, 염분 섭취를 줄이고 혈압 상승을 일으키는 과로, 지나친 음주, 뜨거운 물 속에 오래 있는 일도 피해야 한다.

▷ 뇌 사

뇌사는 교통사고 등으로 머리부분에 큰 손상을 입어서, 뇌에 산소와 영양이 공급되지 않아, 신경세포가 손상되어 뇌 기능이 정지된, 회복될 가망이 없는 상태이다. 뇌 기능이 정지된 상태를 그대로 방치해 두면 머지않아 심장이 멈춘다. 이것이 우리가 잘 알고 있는 '죽음'이며, 의학 용어로는 '심장사'라 한다. 그러나 의술이 발달해서 신경반사, 뇌파가 소실되고, 동공의 산대(열림)가 나타나는 등 뇌 기능이 정지된 상태라도 인공호흡기를 이용하면 호흡을 유지할 수 있고, 심장을 계속 뛰게 할 수 있다. 이것이 '뇌사'라는 상태이다.

우리나라에서는 뇌사 입법안이 1999년 의회를 통과하여 2000년부터 실시되었다. 이 배경에는 장기이식의 진보로, 지금까지의 심장사에서는 이식불가능했던 간장, 심장 등의 장기가 뇌사 단계라면 기능을 잃기 전에 이식이 가능하기 때문이다. 그러나 요즘에도 '뇌사를 정말 죽음이라고 할 수 있을까' 하는 부정적인 목소리도 있어, 어려운 문제를 안고 있다.

세 종류로 나뉘는 뇌사

뇌사에는 몇 가지의 종류가 있다. 생각하거나 의식적인 활동을 할 때에 작용하는 대뇌 기능이 정지된 상태를 '대뇌사'라고 한다. 의식은 전혀 없지만, 뇌줄기가 기능을 하고 있기 때문에 스스로 호흡을 할 수 있다. 이른바 '식물상태'가 이것으로, 밖에서 영양을 공급해 주면 생명을 유지할 수도 있다. 의식을 회복하는 경우도 아주 드물게 있지만, 오랫동안 식물상태로 살아가는 예도 적지 않다.

생명유지에 필요한 내장의 조절을 하는 뇌줄기만 기능이 정지된 상태를 '뇌줄기사'라고 한다. 자극을 느끼거나, 지적인 작업을 하는 능력은 남아 있지만, 이곳이 죽으면 대뇌를 비롯한 뇌의 다른 부분도 필연적으로 죽는 것이다. 그리고 대뇌, 소뇌, 뇌줄기를 포함한 모든 뇌가 기능이 정지된 것을 '전뇌사'라고 한다.

장기이식법에 의한 '뇌사'는 뇌줄기를 포함한 전뇌의 기능이 불가역적으로 정지된 상태에 이르렀다고 판단된 신체이다. 그러나 전뇌사에 관한 정확한 판단은 현재에 와서도 쉽지 않고, 소생률이 높은 6세 미만의 유아는 뇌사 판정대상에서 제외된다.

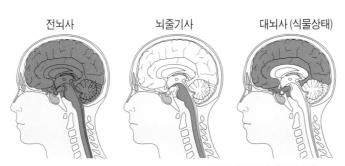

전뇌사　　　　　뇌줄기사　　　　대뇌사 (식물상태)

❋파란 부분이 기능을 잃은 부분

뇌출혈 부위

① 경질막외출혈 : 경질막에서 출혈이 일어나 머리뼈와 경질막 사이에 피가 고인다.

② 경질막하출혈 : 경질막과 거미막 사이에서 출혈이 일어난다.

③ 거미막하출혈 : 거미막과 연막 사이에서 출혈이 일어난다.

④ 뇌엽형출혈 : 대뇌겉질의 표면 근처에서 출혈이 일어난다.

⑤ 외측형출혈 : 대뇌와 시상 사이의 피각에서 출혈이 일어난다. 피각선상체동맥이 터져서 일어난다.

⑥ 내측형출혈 : 시상에서 출혈이 일어난다.

⑦ 교출혈 : 다리뇌에서 출혈이 일어난다.

⑧ 소뇌출혈 : 소뇌에서 출혈이 일어난다.

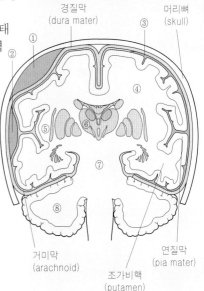

경질막 (dura mater)　머리뼈 (skull)
거미막 (arachnoid)　조가비핵 (putamen)　연질막 (pia mater)

척수의 역할

- 대뇌의 운동지령을 몸 각 부분에 전달한다.
- 바깥의 정보를 뇌에 전달한다.
- 반사운동으로 뜻밖의 위험을 피한다.

온몸에 뻗어 있는 척수신경이 서로 정보를 교환

척수 구조　뇌와 온몸을 연결하는 파이프 역할

척수(spinal cord)는 목 부분에 있는 경추에서 허리 부분에 있는 요추에 걸쳐 뻗어 있는 신경섬유 다발로 남자는 약 45cm, 여자는 약 43cm이며 무게는 30g이다.

온몸의 피부, 근육의 정보는 이 척수를 통해 뇌로 전달되고, 뇌의 명령도 또한 척수를 통해서 몸 각 부분으로 전달된다. 즉 척수는 뇌와 온몸을 연결하는 신경의 연락경로이다. 척수는 모두 31개의 절로 나뉘고, 각각의 절은 몸 좌우로 한 쌍씩의 척수신경이 있다. 이 신경이 머리부분 이외의 온몸 구석구석까지 뻗어 있어 서로 정보를 교환한다.

대뇌의 운동지령은 척수의 전방(배 쪽)을 통해 전달되고, 온몸의 정보는 후방(등 쪽)을 통해 전달된다. 척수라는 신경의 통로는 상승전용라인과 하강전용라인이 있다.

수막이라는 세 개의 층으로 보호한다　척수 보호시스템

인체에서 가장 중요한 기관인 척수는 외층, 내층이라는 이중 보호구조를 가지고 있다. 외층은 척추뼈(이른바 등뼈), 내층은 척추뼈의 내부에 있는 경질막(dura mater), 거미막(arachnoid), 연질막(pia mater) 세 층의 막(수막)이 척수를 둘러싸고 있다. 또 거미막 안쪽에는 수액이 가득 차 있어, 바깥에서의 충격을 완화시키는 역할을 한다.

척수 단면도

뇌척수막   후 방

가시돌기
(spinous
process)

뒤뿌리(post. root)
(감각기에서 오는 신호)

회색질   백질
(gray matter)

감각신경 뿌리
(sensory root)

운동신경 뿌리
(motor root)

혈관의 통로   전 방

척수신경   앞뿌리(ant. root)
(근육으로 가는 지령)

척추사이원반
(intervertebral disc)

척수 구조

목뼈
(cervical
vertebra)

등뼈
(thoracic
vertebra)

허리뼈
(lumbar
vertebra)

엉치뼈
(sacral
vertebra)

꼬리뼈
(coccygeal
vertebra)

경수

흉수

요수

천수

미수

척수
(spinal
cord)

말총
(cauda
equina)

척수신경

목신경
8쌍
(cervical
nn.)

가슴신경
12쌍
(thoracic
nn.)

허리신경
5쌍
(lumbar
nn.)

엉치신경
5쌍
(sacral nn.)

꼬리신경1쌍
(coccygeal nerves)

목뼈 7개
(cervical
vertebra)

등뼈 12개
(thoracic
vertebra)

허리뼈 5개
(lumbar
vertebra)

엉치(척추)
뼈 6개
(sacral
vertebra)

척수의 길이

척수는 등뼈의 척주관 속에 들어 있다.

척수의 길이는 척주관보다도 짧아, 허리뼈 전까지이다. 척수 끝에서는 허리신경(lumbar nn.), 엉치신경(sacral nn.), 꼬리신경(coccygeal n.) 등이 아래로 뻗어 있고, 이것을 말총이라 한다.

척주관 속에 주사를 놓아서 마취하거나, 척수액을 채취할 때는 척수가 다치지 않도록 허리뼈를 사용한다. 척수가 손상되면 그 아래의 몸에는 뇌의 지령이 전달되지 않아 마비되기 때문이다.

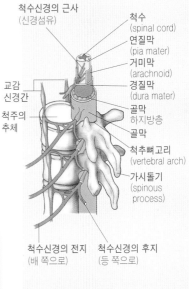

척수신경의 근사
(신경섬유)

척수
(spinal cord)

연질막
(pia mater)

거미막
(arachnoid)

경질막
(dura mater)

골막
하지방층

골막

척추뼈고리
(vertebral arch)

가시돌기
(spinous
process)

교감
신경간

척주의
추체

척수신경의 전지
(배 쪽으로)

척수신경의 후지
(등 쪽으로)

POINT

사람이 손발로 기면, 대부분의 신경은 척수에서 아래로 늘어진 상태가 된다. 신경망은 사람이 직립하기 전에 발달한 것임을 알 수 있다.

신경망의 역할

- 몸 각 부분에서 뇌로 정보를 전달한다.
- 뇌에서 몸 각 부분으로 운동지령을 내린다.
- 내장, 혈관 등 의지와 무관한 운동을 조절한다.

정보, 운동지령을 쉬지 않고 전달하는 온몸에 뻗어 있는 신경망

신경 종류   중추신경과 말초신경

사람의 몸을 구성하고 있는 약 60조 개의 세포가 제 기능을 정확히 담당하는 것은, 신경계(nervous system)라는 기구가 갖추어져 있고, 상황에 따라 전체의 역할을 조절하고 있기 때문이다.

신경은 몸 각 부분에 연락하고, 여러 가지 정보를 전달하거나, 기능을 통제하는 등 매우 중요한 역할을 하는 기관이다. 신경은 뇌와 척수로 이루어진 중추신경(central nerve)과 중추신경에 연결되어 온몸으로 뻗어 있는 말초신경(peripheral nerve)으로 나뉜다. 더욱이 말초신경에는 뇌에서 직접 나온 좌우 12쌍의 뇌신경도 포함된다.

중추신경은 정신활동, 생명유지에 깊게 관련된, 말 그대로 인체의 중추를 담당하는 곳이다.

말초신경은 뇌, 척수와 몸의 각 부분을 연결하는 정보의 연락경로이고, 그 역할에 따라 수신기능을 담당하는 감각신경(sensory nerve), 발신기능을 담당하는 운동신경(motor nerve) 그리고 자율신경(autonomic nerve)으로 크게 나뉜다.

역할로 나뉘는 신경

감각신경은 보고, 듣고, 만지고, 맛보고, 냄새를 맡는 감각에 관한 정보를 뇌에 전달하는 신경이다. 운동신경은 몸을 움직일 때에 뇌에서 나온 운동지령을 몸의 끝 부분까지 전달하는 신경이다. 자율신경은 내장, 혈관 등의 기능을 통제하는 신경이다.

모든 신경은 뉴런이라는 신경세포(축삭 nerve cell)와 신경섬유(nerve fiber)의 집합이고, 모든 정보는 전기신호로 바뀌어 뉴런에서 뉴런으로 전달된다.

신경계 명칭

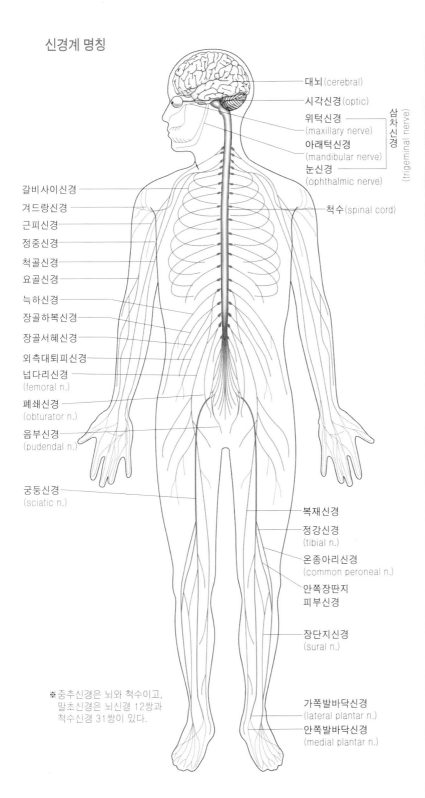

대뇌(cerebral)
시각신경(optic)
위턱신경
(maxillary nerve)　┐
아래턱신경　　　　├ 삼차신경 (trigeminal nerve)
(mandibular nerve)┘
눈신경
(ophthalmic nerve)

척수(spinal cord)

갈비사이신경
겨드랑신경
근피신경
정중신경
척골신경
요골신경
늑하신경
장골하복신경
장골서혜신경
외측대퇴피신경
넙다리신경
(femoral n.)
폐쇄신경
(obturator n.)
음부신경
(pudendal n.)

궁둥신경
(sciatic n.)

복재신경
정강신경
(tibial n.)
온종아리신경
(common peroneal n.)
안쪽장딴지
피부신경

장단지신경
(sural n.)

가쪽발바닥신경
(lateral plantar n.)
안쪽발바닥신경
(medial plantar n.)

※중추신경은 뇌와 척수이고,
　말초신경은 뇌신경 12쌍과
　척수신경 31쌍이 있다.

신경장애에 의해 생긴 마비의 주요 부위

편마비형

뇌경색, 뇌출혈 등에서 나타난다. 좌우 어느 한 쪽의 반신마비가 있다. 좌뇌에 장애가 오면 오른쪽이 마비된다.

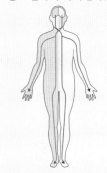

척수레벨형

척수신경을 횡단한 것 같은, 상처, 종양으로 허리 아래가 마비된다.

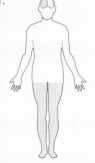

양말, 장갑형

당뇨병, 약물중독 등으로 생긴 말초신경장애로 손과 발이 마비된다.

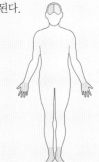

신경세포의 기능

뉴런에서 뉴런으로 신경전달물질이 정보를 전달

신경세포 신경전달의 메커니즘

몸 안팎의 정보를 전달, 처리, 축적하는 네트워크가 신경계이고, 그 기본단위가 신경세포(nerve cell)이다. 신경세포의 기본 단위를 이루는 뉴런(neuron)은, 핵을 가진 한 개의 신경세포체와 거기에서 나온 짧은 가지돌기(dendrite) 및 신경섬유(축삭 nerve cell)라는 긴 축삭으로 구성되어 있다.

정보전달방법

빛, 소리, 충격 등 외부에서 자극을 받으면 눈, 귀, 피부 각각에 관계된 감각수용기가 흥분해서 약한 전기신호를 발생한다. 이 신호는 축삭을 통해 수상돌기에서 신경섬유로 전달된다. 그러나 뉴런과 뉴런의 접속부인 시냅스에는 작은 틈이 있기 때문에, 그대로 전기신호를 다음 뉴런으로 전달할 수 없다. 그래서 신호가 축삭 끝에 도달하면, 시냅스소포라는 작은 주머니에서 신경전달물질(neurotransmitter)이 분비된다. 이 화학물질이 시냅스의 틈에 확산되어, 다음 뉴런의 신경섬유나 가지돌기에 달라붙어 신호를 전달해 가는 것이다. 뉴런에서 뉴런으로 전달되는 정보신호의 속도는 매초 약 60 m 이다.

시냅스에서 생합성된 주요 화학전달물질은 두려움을 느끼는 아드레날린, 수면이나 각성에 관계하는 노르아드레날린, 정동이나 쾌감에 관련된 도파민 등 100종류 이상이 있다.

신경세포(nerve cell)

시냅스 확대도

열린 수용체
시냅스소포
가지돌기 (dendrite)
신경세포체
핵 (nucleus)
수초
렌비에의 교륜
시냅스
미토콘드리아
시냅스에서 나온 신경전달물질
신경섬유(축삭 axon)
뉴런
신경섬유의 소포
겯가지
지방조직
가느다란 동맥
가느다란 정맥
말초신경 (peripheral)

신경전달물질의 분비 이상으로 발생하는 질병

최근 연구에서 신경계 질환의 대부분은 신경전달물질의 분비 이상으로 생긴다는 것을 알 수 있다.

예를 들면, 손발, 얼굴, 온몸의 근육이 경직되는 파킨슨병은 뇌줄기 주변의 도파민 감소로, 반대로 도파민 과잉분비로 정신분열병이 발생한다는 사실을 알아냈다. 또 노인성 치매증의 하나인 알츠하이머병은 아세틸콜린 부족, 자신의 의지와는 상관없이 손발이 움직이는 한친톤 무도병은 GABA라는, 화학전달물질의 감소와 관련 있다고 한다.

신경전달물질과 질병과의 관계

신경전달물질	과 잉	부 족
도파민	정신분열병, 불안장애	파킨슨병, 우울증
노르아드레날린	불안장애	우울증, 편두통
세로토닌	불안장애	우울증, 편두통
아세틸콜린	파킨슨병	알츠하이머병

POINT

신경전달물질인 인케팔린, 엔도르핀은 모르핀과 같은 마약이며 진통작용을 한다. 뇌 속 마약이라고도 한다.

감각신경과 운동신경

• 말초신경인 몸신경은 감각신경과 운동신경이 있다.

감각신경 오감의 정보를 전달

말초신경(peripheral nerve)에는 자신의 의지로 운동을 지배하는 몸신경계(somatic nerveous system : 감각신경, 운동신경)와 무의식적으로 기관을 지배하는 자율신경계(autonomic nerveous system)가 있다.

감각신경(sensory nerve)은 보고, 듣고, 만지고, 냄새를 맡고, 맛을 보는 정보를 뇌의 중추에 전달하는 신경으로, 시각신경(optic nerve), 후각신경(olfactory nerve), 속귀신경(vestibulocochlear nerve), 혀인두신경(glossopharyngeal nerve)이 있다. 이들 신경은 외부에서 자극을 받으면 흥분하고, 그 흥분이 전기신호로 바뀌어 대뇌겉질의 감각중추에 전달된다. 예를 들면, 피부의 진피에는 루피니소체(Ruffini's corpuscle)라는 신경이 있어, 뜨겁거나 차가운 것에 닿으면 그 신경이 흥분한다. 이 흥분이 전기신호로 바뀌어 대뇌중추에 전달되어 뜨겁다, 차갑다라는 감각을 느끼는 것이다.

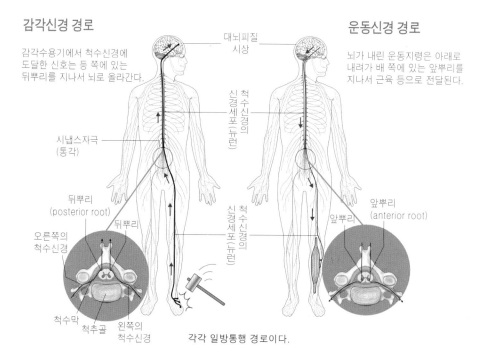

감각신경 경로

감각수용기에서 척수신경에 도달한 신호는 등 쪽에 있는 뒤뿌리를 지나서 뇌로 올라간다.

대뇌피질
시상

척수신경의 신경세포(뉴런)

시냅스자극
(통각)

뒤뿌리
(posterior root)

뒤뿌리

오른쪽의
척수신경

척수막 척추골 왼쪽의
척수신경

운동신경 경로

뇌가 내린 운동지령은 아래로 내려가 배 쪽에 있는 앞뿌리를 지나서 근육 등으로 전달된다.

척수신경의 신경세포(뉴런)

앞뿌리

앞뿌리
(anterior root)

각각 일방통행 경로이다.

운동신경 뇌의 동작지령을 전달

대뇌겉질의 운동영역에서 나온 지령은 소뇌와 뇌줄기를 지나서 척수에서 정리되어, 목적한 부위로 전달된다. 이 뇌에서 나온 동작지령을 온몸에 전달하는 것이 운동신경 (motor nerve)이다. 몸의 각 부분에 도달한 전기신호는 근육을 수축시켜 몸을 생각대로 움직이게 할 수 있다.

대뇌겉질에서 척수까지의 근육을 피라밋로(추체로 pyramidal tract)라고 하고, 숨뇌 아래에서 교차된다. 그 때문에 우뇌에서 나온 지령은 좌반신, 좌뇌에서 나온 지령은 우 반신의 운동을 주관하게 된다. 또 운동신경은 신경세포가 다발을 이루어, 뇌의 지령을 전달한다. 청년기까지는 이 다발의 지름은 굵어지고 전달 속도도 증가하지만, 그 이후 에는 가늘어져서 반응도 둔해진다.

위험회피를 위한 반사운동 뇌를 경유하지 않는 반사운동

어떠한 자극에 대해 무의식적으로 일어나는 반응을 반사라고 한다. 잘못해서 뜨거운 것에 닿았을 때, 반사적으로 손을 오므리는 동작은 뇌가 판단을 내리는 것이 아니라, 뜨거움이라는 자극에 위험을 느끼고 척수가 근육을 수축시키는 명령을 내린 것이다. 이런 행동을 척수반사라 하며 순간적인 위험을 피하는 데 매우 도움이 된다. 대부분의 경우 수용기 → 감각신경 → 척수(→ 숨뇌 → 척수) → 운동신경 → 반응기라는 경로 를 거친다. 무릎의 오목한 부분을 두드리면 발끝이 튀어 오르는 슬개골반사, 무의식적 으로 왼발, 오른발을 교대로 하여 걷는 보행반사도 척수반사이다. 이외에도 척수가 중 추기능의 역할을 하는 척수반사가 있다. 얼굴에 물을 뿌리면 무의식적으로 눈을 감는 안검반사가 그것이다.

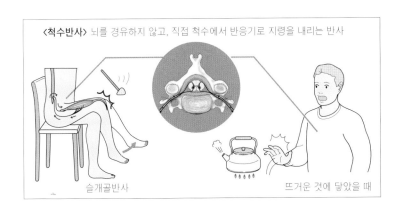

〈척수반사〉 뇌를 경유하지 않고, 직접 척수에서 반응기로 지령을 내리는 반사

슬개골반사   뜨거운 것에 닿았을 때

POINT

러시아 과학자 파블로프는 개가 밥 먹 을 때마다 벨을 울리는 실험을 한 결과, 개는 벨소리만 들어도 타액이 나온다 는 사실에서 '조건반사'를 발견했다.

12쌍의 뇌신경

뇌신경의 종류와 역할   뇌신경은 뇌에 출입하는 12쌍의 말초신경

12쌍의 뇌신경 역할은 다음과 같다. 주로 머리, 얼굴부분의 기능을 지배한다.

후 각 신 경 olfactory nerve	후각 정보를 전달한다.
시 각 신 경 optic nerve	시각 정보를 전달한다.
눈돌림신경 oculomotor nerve	안구 운동을 지배한다.
도르래신경 trochlear nerve	
갓돌림신경 abducent nerve	
삼 차 신 경 trigeminal nerve	안면 감각, 아래턱의 기능을 지배한다.
얼 굴 신 경 facial nerve	안면 근육의 기능과 혀 앞의 3분의 2 미각을 지배한다.
속 귀 신 경 vestibulocochlear nerve	청각과 평형 감각을 지배한다.
혀인두신경 glossopharyngeal nerve	인두 운동, 감각과 혀 뒤의 3분의 1 미각을 지배한다.
미 주 신 경 vagus nerve	인두, 후두, 장기의 움직임, 기능을 지배한다.
더 부 신 경 accessory nerve	목, 어깨의 움직임을 지배한다.
혀 밑 신 경 hypoglossal nerve	혀 운동을 지배한다.

12쌍의 뇌신경

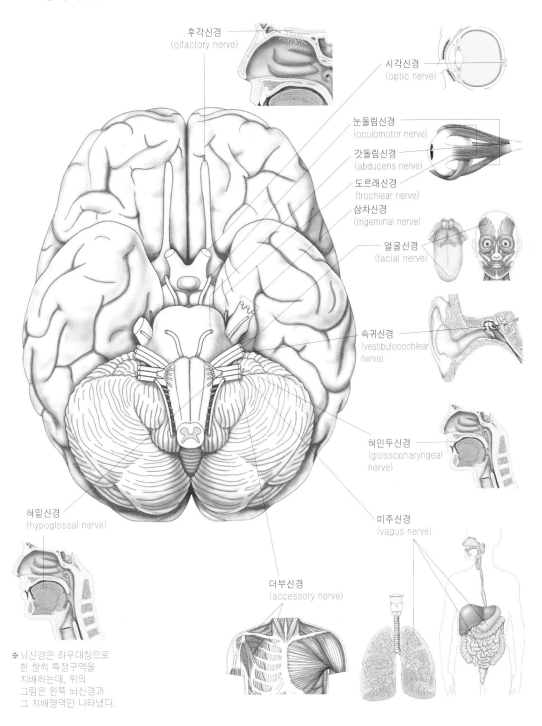

후각신경
(olfactory nerve)

시각신경
(optic nerve)

눈돌림신경
(oculomotor nerve)

갓돌림신경
(abducens nerve)

도르래신경
(trochlear nerve)

삼차신경
(trigeminal nerve)

얼굴신경
(facial nerve)

속귀신경
(vestibulocochlear
nerve)

혀인두신경
(glossopharyngeal
nerve)

혀밑신경
(hypoglossal nerve)

더부신경
(accessory nerve)

미주신경
(vagus nerve)

※ 뇌신경은 좌우대칭으로
한 쌍씩 특정구역을
지배하는데, 위의
그림은 왼쪽 뇌신경과
그 지배영역만 나타냈다.

자율신경의 기능

- 생명유지에 없어서는 안 되는 기관을 조절한다.
- 교감신경과 부교감신경으로 균형을 유지한다.

몸을 유지하는 상반된 두 가지 신경의 절묘한 균형

심장, 위를 통제하는 자율신경 내장 등의 장기를 조절

모든 내장, 내분비선, 외분비선, 혈관, 온몸의 땀샘은 뇌에서 지령을 받지 않고, 독립적으로 작용한다. 즉 생명유지에 관여하고, 그 기능을 통제하는 신경이 자율신경(autonomic nerve)으로, 자신의 의지로는 조절할 수 없다.

예를 들면, 호흡, 심박, 혈압, 체온, 발한, 배뇨, 배변 등은 자율신경으로 조절되고, 잠을 자고 있어도 생명을 유지할 수 있는 것은 자율신경 덕분이다. 또 손발은 자유롭게 움직일 수 있어도, 심장(heart), 위(stomach)는 뜻대로 되지 않는다. 이것은 심장, 위가 자율신경으로 통제되기 때문이다.

상반된 기능을 가진 두 가지 신경 교감신경과 부교감신경

자율신경에는 교감신경(sympathetic nerve)과 부교감신경(parasympathetic nerve)이 있다.

예를 들면, 교감신경이 혈관을 수축시키거나 발한을 촉진시키는데 반해, 부교감신경은 혈관을 확장시키거나 발한을 억제시키는 등, 하나의 기관에 대해 서로 상반된 기능을 가진다.

교감신경과 부교감신경은 필요에 따라 어느 한 쪽의 기능을 강화시켜, 장기, 기관을 자율적으로 조정하여 균형을 유지한다.

예를 들면, 운동할 때는 교감신경이 활발하게 작용하여 심장박동이 빨라지지만, 운동이 끝나면 부교감신경의 작용으로 심장박동은 느려진다.

자율신경의 기능과 역할

교감신경
(sympathetic nerve)

부교감신경
(parasympathetic nerve)

사이뇌 (diencephalon)
소뇌 (cerebellum)
숨뇌 (medulla oblongata)
위턱신경절
경수
흉수
척수 (spinal cord)
요수
천수
하장간막 신경절
교감신경간

동공
확대 — 축소
눈물샘
분비억제 — 분비촉진
침샘
혀밑신경 (hypoglossal nerve)
얼굴신경 (facial nerve)
기관지확대 — 기관지수축
폐
박동촉진 — 박동억제
심장 (heart)
혈관수축 — 혈관확대
부신
복강신경절
미주신경 (vagus nerve)
신장 (kidney)
간장
상장간막신경절
기능억제 — 기능촉진
위 (stomach)
연동억제
췌장 (pancreas) — 연동촉진
소장 (small intestine)
척수 (spinal cord)
천수
직장 (rectum)
골반신경절
확대촉진 — 방광 (urinary bladder) — 수축촉진

사이뇌 소뇌 숨뇌 동안신경

※교감신경, 부교감신경은 서로 상반된 기능을 가지고, 몸의 균형을 유지한다.

자율신경실조증

상반된 기능을 가진 교감신경과 부교감신경이 균형을 유지하여 우리 몸을 원활하게 움직인다. 그러나 이 균형이 잘 조정되지 않으면 현기증, 동계, 두통, 이명, 권태감, 냉한 체질, 설사, 변비, 불면증 등 여러 가지 증상이 나타난다. 이와 같이 원인이 확실하지 않은 몸의 부조화를 '자율신경실조증'이라고 한다. 증상이 일정하지 않고 날마다 변하기 때문에 단순한 정신피로, 가벼운 우울증이라고 진단하는 경우도 적지 않은데, 심료내과같은 전문의의 진단을 받아야 한다.

POINT

자율신경인 교감신경은 신경전달물질인 아드레날린과 노르아드레날린을, 부교감신경은 아세틸콜린을 분비한다.

신경통

신경통은 여러 가지 원인에 따라, 어떤 특정한 말초신경의 경로에 따라, 갑자기 일어나는 통증의 총칭이다.

통증이 발생한 부위, 원인이 된 신경에 따라 이름이 붙여지는데, 대표적인 것으로 좌골신경통, 늑간신경통, 삼차신경통이 있다. 이들 신경통만으로 신경통의 약 70%를 차지한다. 단 통증이 있다고 모두 신경통이라고 하지 않고, 다음과 같은 경우에만 신경통이라고 진단한다.

① 통증부위가 특정한 신경의 경로에 일치하여 일어나는 경우
② 심한 통증이 갑자기 일어나고, 통증시간은 짧지만 반복되는 통증인 경우
③ 통증이 없을 때도 말초신경의 주로를 누르면 통증을 느끼거나, 피부나 점막을 자극하면 아픈 경우
④ 특정한 자세, 재채기 등으로 통증이 유발되는 경우

1) 삼차신경통

① **증 상 :** 삼차신경은 머리부분과 얼굴부분에 분포된 신경으로, 특별히 통증이 일어나기 쉬운 곳은 뺨이나 눈 주변이다. 신경통 중에서는 가장 많고, 40~50대의 여성에게 주로 많이 나타난다. 발작은 소리 같은 조그만 자극에도 유발되고, 통증은 몇 시간에서 며칠에 걸쳐 불규칙하게 나타나는 경우도 있다.

② **원 인 :** 원인은 확실하지 않고, 두개 내의 종양, 외상, 중독, 동맥에 의한 신경압박 등에 의한 경우도 있기 때문에 병원에 가서 정밀검사를 받는 것이 좋다.

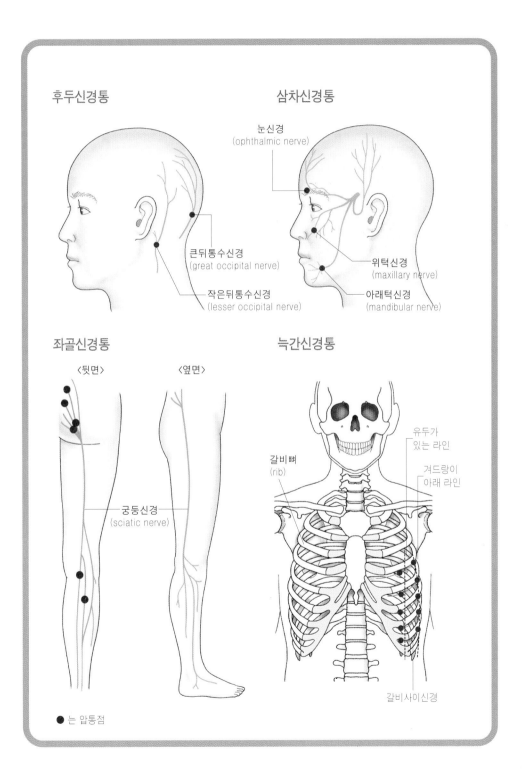

후두신경통

삼차신경통

눈신경
(ophthalmic nerve)

큰뒤통수신경
(great occipital nerve)

작은뒤통수신경
(lesser occipital nerve)

위턱신경
(maxillary nerve)

아래턱신경
(mandibular nerve)

좌골신경통

늑간신경통

〈뒷면〉　〈옆면〉

궁둥신경
(sciatic nerve)

갈비뼈
(rib)

유두가
있는 라인

겨드랑이
아래 라인

갈비사이신경

● 는 압통점

2) 후두신경통

① 증 상 : 한 쪽의 뒤통수부분, 마루부분, 관자부분에 걸쳐 통증이 온다. 통증이 없을 때에도 뒤통수부분의 중앙에 있는 튀어나온 부분의 1~2cm 바깥쪽을 누르면 통증이 있다.

② 원 인 : 경부 근육의 긴장, 두부변형척추증 같은 경추의 변형, 편타성손상이다.

3) 늑간신경통

① 증 상 : 척수에서 늑골에 걸쳐 통증이 일어난다. 통증은 발작적으로 일어나는 경우와 만성적으로 지속되는 경우가 있고, 심호흡이나 기침, 소리 지르기 등으로도 발병된다.

② 원 인 : 변형성척추증, 대상포진, 흉막염, 폐렴, 폐암 등이 원인이다.

4) 좌골신경통

① 증 상 : 한쪽 둔부, 대퇴부 뒤쪽, 장딴지, 발뒤꿈치, 복사뼈 등이 아프다. 통증 외에 하체가 마비되거나, 지각이 둔해지고, 보행 장애 등이 나타나는 경우도 있다.

② 원 인 : 대부분은 추간판헤르니아에 의한 것인데, 척추나 요추의 변형, 종양으로 신경이 자극이나 압박을 받아 일어나는 경우도 있다. 또 대상포진, 당뇨병 등이 원인인 경우도 있다.

읽을거리

잠의 기능

• 렘수면과 비렘수면

사람은 밝은 시간에 행동을 하고, 어두워지면 쉬는 생활리듬을 가지고 있다. 잠은 본능의 하나로, 몸을 쉬게 하고, 에너지를 보충해 준다. 잠을 자기 때문에 뇌가 항상 고차원적인 정보처리를 할 수 있는 것이다. 잠에는 렘수면과 비렘수면의 두 종류가 있다. 렘수면은 감은 눈꺼풀 속에서 안구가 움직이는 급속안구운동을 하며 꿈을 꾼다. 비렘수면은 렘수면이 아닌 잠으로, 감은 눈꺼풀을 뒤집어 보면 눈이 위로 향해 전혀 움직이지 않고 몸을 쉬게 한다. 이 두 종류의 잠이 절묘하게 조화를 이루어 수면상태를 이루는 것이다. 렘수면은 대뇌겉질이 별로 발달하지 않은 변온동물이 몸을 쉬기 위한 목적으로 이용한 오래된 형태의 잠이다.

• 잠을 자는 뇌와 잠을 자게 하는 뇌

잠도 뇌의 기능 중 하나이고, 또 자는 것도 뇌의 역할이다. 바꿔 말하면, 뇌는 잠을 자게 하는 뇌와 잠을 자는 뇌로 나뉜다. 잠자는 뇌는 대뇌겉질로, 대뇌가 쉬고 있기 때문에 그 지배아래 있는 온몸에서 여러 가지 수면증상이 나타나는 것이다. 반대로 잠자게 하는 뇌는 대뇌 이외의 뇌 부분(사이뇌, 중뇌, 다리뇌, 숨뇌)이다. 뇌 속은 뉴런이 신경세포를 연결하여 신경회로를 형성해서, 전기적인 신호를 전달하여 밀접하게 교신한다. 이러한 활동을 지탱하는 것이 뉴런 간의 접점(시냅스)에서 방출된 신경전달물질과 수면물질이고, 이것이 수면조절에 관여한다고 한다.

• 잠의 차이

잠의 횟수나 시간은 사람에 따라, 연령에 따라 다르다. 유아나 신생아는 수면시간이 많아 하루의 반에서 3분의 2 이상을 차지한다. 성인과 같은 렘수면, 비렘수면은 없고, 뇌가 아직 발달하지 않았기 때문에 수면자체도 미숙하여 장시간 수면하는 것이다. 성인이 되면 수면시간의 길이나 주행성 · 야행성 같은 여러 가지 수면의 차가 나타난다. 수면은 적응을 위한 기술이기 때문에 여러 가지 신체 내부나 외부의 환경에 맞춰 뇌를 쉬게 하고, 원활한 활동을 할 수가 있다. 그렇기 때문에 조금 무리를 해도 융통성 있게, 그 사람의 생활리듬에 맞춰 가는 것이다.

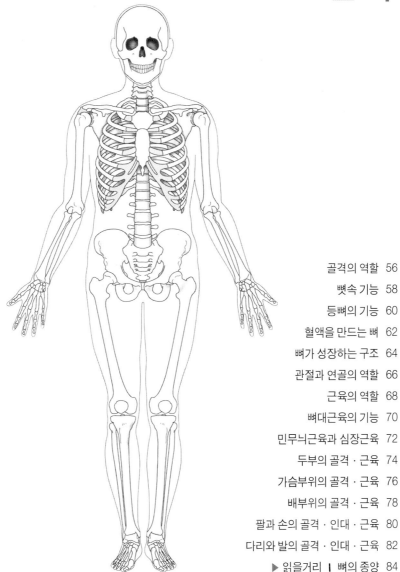

2장 뼈와 근육

골격의 역할

- 몸을 지탱한다.
- 장기를 보호한다.
- 혈구를 만든다.
- 무기당류를 축적한다.

내부 장기를 보호하면서 인체를 지탱하는 구조재

충격이나 타격에서 내장을 보호 온몸의 골격 구조

골격은 뼈의 조합으로, 사람의 골격은 보통 206개의 뼈로 구성되어 있다(갈비뼈나 손가락에 여분의 뼈를 가지고 있는 사람도 있다). 부분적으로는 머리뼈(두개골 skull) 29개, 척추 26개, 갈비뼈(늑골 ribs)와 복장뼈(sternum) 25개, 어깨·팔·손 64개, 골반·다리·발 62개로 분류된다.

골격은 사람의 몸 전체를 형성하는 구조재이다. 그리고, 뇌나 내장 같은 내부의 연약한 장기를 보호하는 역할도 한다.

예를 들면, 머리뼈는 29개의 뼈로 조합되어, 뇌나 안구, 귀 등을 보호한다. 그리고 복장뼈와 갈비뼈는 새장과 같은 흉곽을 만들어, 심장과 폐를 보호한다. 또 대야 모양의 골반은 장, 비뇨기, 생식기 등을 아래에서 지탱해 주는 받침접시가 된다. 이것은 여성이 임신했을 때 자궁을 지탱해 주는 중요한 역할을 하게 된다.

전체 중량의 1/4을 차지하는 대퇴골 골격의 중심이 되는 무거운 뼈

우리 몸의 뼈 중에도 가장 무거운 것은 양다리의 넓적다리부위(femoral region)로, 골격 전체 중량의 약 4분의 1을 차지한다. 또 골격 중에도 가장 커다란 중심주인 척주(vertebral column)는 목뼈(cervical vertebral) 7개, 등뼈(thoracic vertebral) 12개, 허리뼈(lumbar vertebral) 5개, 엉치뼈(sacral vertebral) 1개(5개의 뼈), 꼬리뼈(coccygeal vertebral) 1개(4~5개의 뼈)로 이루어져 있다.

골격 구조

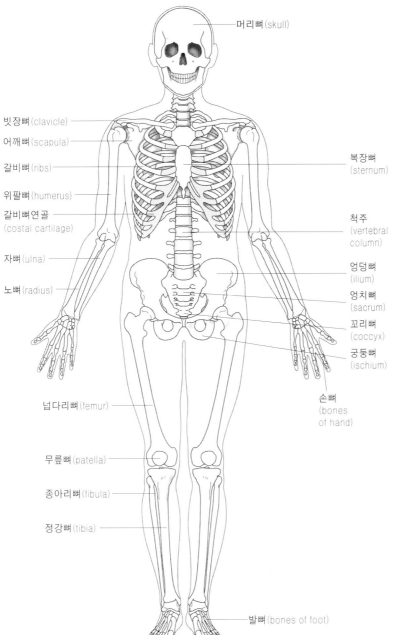

머리뼈 (skull)

빗장뼈 (clavicle)

어깨뼈 (scapula)

갈비뼈 (ribs)

위팔뼈 (humerus)

갈비뼈연골
(costal cartilage)

자뼈 (ulna)

노뼈 (radius)

복장뼈
(sternum)

척주
(vertebral
column)

엉덩뼈
(ilium)

엉치뼈
(sacrum)

꼬리뼈
(coccyx)

궁둥뼈
(ischium)

손뼈
(bones
of hand)

넙다리뼈 (femur)

무릎뼈 (patella)

종아리뼈 (fibula)

정강뼈 (tibia)

발뼈 (bones of foot)

형상에 따라 다섯 가지로 분류되는 뼈

보통 성인의 뼈는 전부 206개이다. 이들 뼈는 그 모양에 따라 긴뼈(long bone 손발과 같이 긴 뼈), 짧은뼈(short bone 손·발등과 같이 작은 뼈), 납작뼈(flat bone 머리뼈 등을 형성하는 얇은 판 모양의 뼈), 공기뼈(pneumatic bone 상악골과 같이 공동을 가진 뼈), 불규칙뼈(irregular bone 이마뼈와 같이 납작뼈이면서 공동을 가진 뼈)로 분류된다. 그 중에서도 뼈 모양으로 일반적인 것은 팔·다리뼈인 긴 뼈이다. 몸을 지탱하기에 이상적인 형상을 하고 있다.

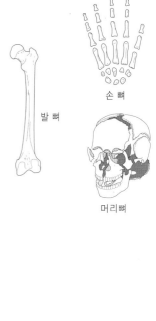

발 뼈

손 뼈

머리뼈

POINT

남성과 여성은 골반의 크기가 다르다. 여성이 임신, 출산 때문에 남성보다 넓다. 또 뼈의 모양, 밀도로도 연령을 알 수 있다.

뼛속 기능

주성분은 무기질, 속이 비어 쉽게 부러지지 않는 역학적인 구조

내부는 공동상태로 가볍고 유연하여 잘 부러지지 않는다 뼈 구조

뼈는 보통 표면을 덮고 있는 골막, 빈틈없이 꽉 차 있는 단단한 뼈의 덩어리 치밀골, 스펀지와 같은 다공질 구조의 뼈인 해면질로 구성되어 있다. 그리고 내부가 비어 있기 때문에 가볍고 유연하며, 역학적으로도 잘 부러지지 않는 구조이다.

성분의 대부분은 칼슘이나 인과 같은 무기질이다. 그런데 약 3분의 1은 유기질이기 때문에, 다른 세포와 마찬가지로 뼈세포(osteocyte)도 혈액에 의해 산소와 영양공급을 받아야만 한다. 그래서 뼈 바깥쪽 골막을 통해 혈관이 뼈 내부에 분포되어 있다.

혈액이나 혈소판을 만드는 골수 뼈의 공동을 가득 채운 골수

성인의 머리뼈, 복장뼈, 척추뼈와 같은 큰 뼈의 중심부는 공동상태이다. 그리고 그곳을 골수(bone marrow 혈액을 만드는 근원이 되는 액)가 채우고 있다. 골수에서 매일 약 2000억 개 정도의 적혈구를 만들고, 그 밖에 백혈구나 혈소판도 만든다.

뼈의 바깥층에는 인산칼슘을 비롯한 무기염류가 축적되어 있어, 몸이 필요로 할 때 혈관을 통해 공급된다. 특히 임신 중에는 태아의 뼈를 형성하기 위해 많은 무기염류가 모체의 뼈에서 운반된다. 임신 중인 여성의 뼈가 약해지는 것은 이 때문이다.

뼈 구조

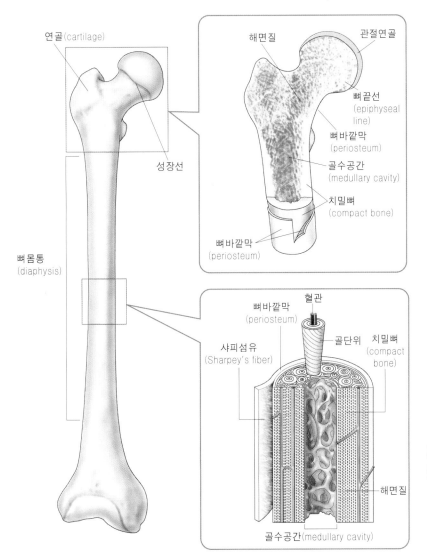

연골(cartilage)

성장선

뼈 몸통
(diaphysis)

해면질

관절연골

뼈 끝선
(epiphyseal
line)

뼈 바깥막
(periosteum)

골수공간
(medullary cavity)

치밀뼈
(compact bone)

뼈 바깥막
(periosteum)

뼈 바깥막
(periosteum)

혈관

샤피섬유
(Sharpey's fiber)

골단위

치밀뼈
(compact
bone)

해면질

골수공간(medullary cavity)

골다공증

나이가 들면 형성되는 뼈보다 흡수되는 뼈가 많아진다(특히 해면질이 감소). 이와 같이 뼈 파괴세포가 많아져, 뼈의 양이 감소된 상태를 '골다공증'이라고 한다.

원인 : 폐경 후인 여성에게 많이 나타난다. 이는 여성호르몬인 에스트로겐의 분비가 감소하여, 호르몬 균형이 무너졌기 때문이다. 또 무리한 다이어트로 영양장애나 내분비에 이상이 생겨 골다공증이 나타나는 경우도 있다.

증상 : 등이나 허리의 통증과 중압감외에, 잦은 피로, 새우등, 신장이 줄어드는 증상이 나타난다. 나아가서는 척추의 압박골절, 넓적다리부위골절이 나타나기 쉽다.

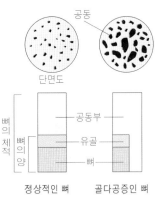

공동

단면도

뼈의 체적 / 뼈의 양

공동부

유골

뼈

정상적인 뼈   골다공증인 뼈

POINT

뼈를 튼튼하게 하기 위해서는 칼슘·비타민 D를 섭취하거나, 적당한 운동과 일광욕으로 칼슘·비타민 D를 효과적으로 흡수해야 한다.

등뼈의 기능

- 체중을 지탱한다.
- 충격을 흡수한다.
- 척수를 보호한다.

체중을 지탱하고, 충격을 흡수하며, 뇌 손상을 완화시키는 등뼈

등뼈는 다섯 개의 '추'로 구성 등뼈의 구조

등뼈를 척추(vertebral column)라고 한다. 사람의 경우, 위에서부터 목뼈, 등뼈, 허리뼈, 엉치뼈, 꼬리뼈로 구성된다.

목뼈는 머리를 지탱하는 7개의 뼈로 되어 있다. 등뼈는 12개가 있고, 좌우에 있는 12쌍의 갈비뼈와 연결되었다. 요골이라는 5개의 허리뼈는, 상체를 구부릴 때 가장 부담이 가는 곳이다. 또 사람은 태어났을 때 엉치뼈가 5개, 꼬리뼈가 4∼5개 있다. 그런데 성장하면서 이들이 합쳐져서, 각각 한 개씩이 된다. 꼬리뼈는 진화과정에서 없어진 꼬리라는 설도 있다.

척추를 구성하는 하나하나의 뼈 앞부분을 척추뼈몸통이라고 한다. 이 척추뼈몸통과 척추뼈몸통 사이에는 척추사이원판(추간판 intervertebral disc)이라는 연골이 있어, 쿠션과 같은 역할을 한다.

충격을 흡수하고, 손상을 완화 등뼈의 역할

등뼈는 앞뒤로 완만한 곡선을 그리고 있다. 그래서 서 있을 때나 앉아 있을 때 상체의 무게를 지탱하는 일 외에, 전후좌우로 상체를 구부리거나 펴고, 비트는 동작을 할 수 있다. 또한 걸을 때 일어나는 상하운동의 충격을 흡수하고, 뇌에 대한 손상을 완화시키는 역할도 한다. 자세가 나쁜 사람은 중심이 삐뚤기 때문에, 허리근육이 항상 긴장 상태여서 요통이 일어나기 쉽다.

척추 구조

제1요추 구조
맨 위나 가운데에 척수가 있다.

횡단면

척추뼈몸통
(body of vertebral)

척수
(spinal cord)

척추뼈고리판(lamina)

가시돌기
(spinous process)

목뼈
(cervical vertebral)
7개

등뼈
(thoracic vertebral)
12개

허리뼈
(lumbar vertebral)
5개

엉치뼈
(sacrum)

꼬리뼈
(coccyx)

제2~4요추
등 쪽

제2허리뼈몸통

제2허리신경
(lumbar jn.)

제3허리뼈몸통

척추사이원판

제4허리뼈몸통

제2허리뼈

가시돌기

제3허리뼈

제4허리뼈

척추사이원판

종단면

가시돌기

척추뼈몸통

척추사이원판헤르니아

등뼈를 하나로 연결하고 있는 것이 척추사이원판이다. 그 속에 있는 수핵이라는 반 액상물질은 나이가 들어감에 따라 수분을 잃게 되어, 척추뼈몸통과의 결합이 불안정해진다. 그리고 갑자기 무거운 것을 들거나 할 때 척추사이원판을 둘러싸고 있던 섬유고리에서 수핵이 튀어나오는 것이 척추사이원판헤르니아이다.

증상 : 튀어나온 척추사이원판이 척수신경의 신경근육을 압박하기 때문에, 하체에 강한 통증을 느끼는 것이 특징이다. 또 허리에 힘이 없어서, 설 수조차 없게 되는 경우도 흔하다.

섬유고리

수핵

신경근육

신경근

헤르니아

척수
(spinal cord)

POINT

척추는 작은 추골로 연결되었고, 그 추골 속에 척수가 있다. 또 척추는 체중을 지탱하고 충격을 흡수할 뿐 아니라, 척수를 보호하는 역할도 한다.

혈액을 만드는 뼈

조혈기능은 나이가 들어감에 따라 저하 적색 골수가 조혈조직

뼈 표면을 덮고 있는 얇은 골막에는 혈관이나 신경이 지나간다. 그리고 골막 안쪽에는 칼슘이나 인을 주성분으로 한 단단한 뼈가 있다. 뼈조직 중심부의 골수공간(marrow cavity)에 차 있는 것이 골수(bone marrow)이다. 이 골수에서 혈액을 만든다. 골수공간의 양끝은 해면과 같은 다공질 조직이고, 적색 골수가 차 있다. 또한 그 안의 공동에는 황색 골수가 있는데, 조혈기능이 있는 것은 적색 골수이다.

신생아 때는 온몸의 골수에서 조혈세포가 형성된다. 그런데 성인이 되면 복장뼈(sternum), 갈비뼈(ribs), 척추(vertebral column), 골반(pelvis)과 같은 특별한 모양을 한 뼈로 제한된다. 또 성장하면서 골수에 지방질이 늘어나, 조혈기능이 저하된다. 특히 성인의 손발골수에서는 지방조직의 비율이 매우 높다.

혈구아세포의 분열로 만들어지는 혈액 혈액이 만들어지는 구조

적색골수(조혈조직)에서는 우선 적혈구(erythrocyte), 백혈구(leukocyte), 혈소판(blood platelet), 림프구(lymphocyte) 등 어떤 혈구에서도 분화할 수 있는 능력을 가진 혈구아세포(간세포)가 만들어진다. 더욱이 조혈조직에는 조혈세포를 포함한 미세한 조직이 있고, 그 안을 유동이라는 모세혈관이 지나간다. 유동 벽에는 많은 구멍이 있다. 이곳을 통해 조혈조직에서 만든 적혈구, 백혈구, 혈소판 등의 혈구나 림프구가 혈액 속으로 들어가 온몸을 돈다.

조혈세포는 혈구아세포가 점점 분열하여 1초에 200만 개의 비율로 증가하며, 적혈구, 백혈구, 혈소판 등 여러 가지 종류의 세포로 나뉜다.

골수 모양

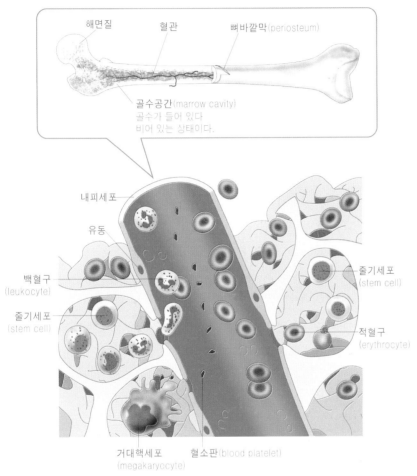

해면질　혈관　뼈바깥막(periosteum)

골수공간(marrow cavity)
골수가 들어 있다
비어 있는 상태이다.

내피세포

유동

백혈구
(leukocyte)

줄기세포
(stem cell)

줄기세포
(stem cell)

적혈구
(erythrocyte)

거대핵세포
(megakaryocyte)

혈소판(blood platelet)

혈액을 만드는 뼈

어렸을 때는 어떤 뼈도 골수가 혈액을 만든다. 하지만 성인이 되면, 혈액을 만드는 뼈는 복장뼈, 갈비뼈, 골반, 척추로 제한된다. 그리고 혈액을 만들지 않는 골수에는 지방이 끼어 노란색으로 변한다.

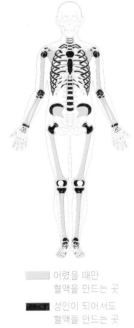

어렸을 때만
혈액을 만드는 곳

성인이 되어서도
혈액을 만드는 곳

혈액을 만드는
골수가 없는 곳

POINT

골수가 제 기능을 하지 못하면, 백혈병과 같은 병이 생긴다. 건강한 골수액을 공급받는 골수이식이 치료방법이지만, 똑같은 백혈구 모양을 가진 사람에게만 받을 수 있다.

뼈가 성장하는 구조

뼈가 자라거나 굵게 성장하는 구조   뼈발생세포와 뼈파괴세포

뼈는 몸의 발달에 따라 성장한다. 뼛속에는 뼈를 만드는 뼈발생세포(골아세포 osteo-progenitor cell)와 뼈를 파괴하는 뼈파괴세포(파골세포 osteoclast)가 있다. 뼈파괴세포가 오래된 뼈나 불필요한 뼈를 파괴하고, 새로운 뼈를 만드는 기능을 통해 뼈를 끊임없이 새롭게 형성한다. 파괴된 뼈보다 새롭게 만들어진 뼈가 많으면, 당연히 뼈는 성장한다.

성장기 아이들의 뼈 양끝에는 연골세포(chondrocyte)의 집합인 성장연골층이 있다. 이것은 뼈의 변화로 인해 세로 방향으로 성장한다. 성장연골층의 성장이 멈추면, 골단이 되어 성장이 멈춘다. 또 뼈는 자랄 뿐 아니라 굵어진다. 이는 골막에서 뼈발생세포가 만들어져서, 뼈로 변하기 때문이다.

뼈의 수복 · 재생 구조

부러진 뼈가 다시 붙는 것은 뼈발생세포의 기능 때문이다.

예를 들어, 뼈가 부러지면 뼈의 혈관에서 출혈이 일어난다. 그 피가 굳으면서 혈관을 막아, 출혈을 멈춤과 동시에 부러진 뼈의 틈을 일시적으로 메운다.

부러진 뼈 표면의 골막에는 뼈발생세포가 모여들어, 분열을 시작한다. 그 증식이 어느 정도 진행되면, 석회 등이 침착해서 가골을 만든다. 더욱이 뼈발생세포는 새롭게 혈관이나 육아조직을 만들어 수복을 촉진한다. 그리고 새로운 뼈발생세포의 양을 늘리면, 석회가 더 많이 침착하여 더욱 단단해진다. 이렇게 되면 뼈파괴세포의 기능이 활발해져서, 가골의 불필요한 부분을 흡수하여 원래의 뼈 모양으로 정리된다. 뼈가 부러지더라도 원래 형태로 돌아가 고정되면 자연스럽게 재생되는 것은 이 때문이다.

뼈의 성장 구조

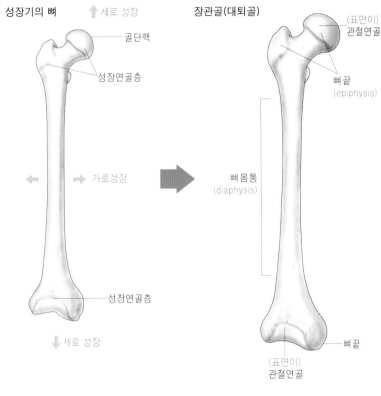

성장기의 뼈   ↑ 세로 성장

— 골단핵

— 성장연골층

← 가로성장 →

— 성장연골층

↓ 세로 성장

장관골(대퇴골)

(표면이)
관절연골

뼈 끝
(epiphysis)

뼈 몸통
(diaphysis)

뼈 끝

(표면이)
관절연골

골 절

외부의 강한 힘에 의해, 뼈의 연결이 끊어진 상태를 골절이라고 한다. 골절은 부러진 상태에 따라 다음과 같이 나뉜다. 막대기가 부러지듯이 똑 부러진 횡골절, 비스듬하게 부러진 벌집뼈절, 비틀어지듯이 부러진 나선골절, 금이 간 균열골절, 찌부러지듯 부러진 압박골절, 일부가 찢겨진 박리골절, 산산조각으로 으스러진 분빗장뼈절이 있다.

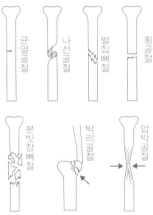

균열골절   나선골절   벌집뼈절   횡골절

분빗장뼈절   박리골절   압박골절

골절이 치료되는 과정

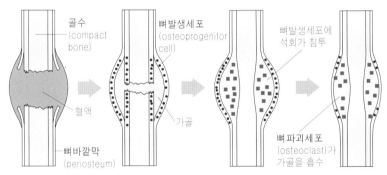

골수
(compact
bone)

혈액

뼈 바깥막
(periosteum)

뼈 발생세포
(osteoprogenitor
cell)

가골

뼈발생세포에
석회가 침투

뼈 파괴세포
(osteoclast)가
가골을 흡수

뼈의 혈관에서 출혈. 곧 피가 굳어서 부러진 뼈의 틈을 메운다.

뼈발생세포가 증식하면, 석회가 침착하여 단단한 가골이 된다.

뼈표면의 골막에 뼈발생세포가 모여들어 분열을 시작한다.

뼈파괴세포가 가골의 불필요한 부분을 흡수하여 원래의 형태로 정리한다.

POINT

같은 뼈 부위에 반복하여 힘을 가하면 금이 가거나, 부러지는 경우가 있다. 이런 현상을 피로 골절이라 하고 조깅, 에어로빅 등에서 자주 나타난다.

관절과 연골의 역할

뼈와 뼈를 연결하고, 여러 방향으로 움직이게 한다

관절의 구조 구조에 따른 여러 가지 종류

관절은 두 개 이상의 뼈가 연결된 부분을 가리킨다.

관절에는 머리뼈(skull)와 같이 섬유물질로 연결되어서 전혀 움직이지 않는 것과, 등뼈나 갈비뼈(ribs)와 같이 조금만 움직이는 것, 또 턱이나 손발처럼 여러 방향으로 자유롭게 움직이는 것이 있다.

잘 움직이는 관절은 그 구조에서 크게 절구관절(ball and socket joint)과 경첩관절(ginglymus joint)로 나뉜다. 어깨나 넓적다리 등으로 대표되는 절구관절은 그 구조가 기계부분의 축받이와 똑같다고 해서 붙여진 이름이고, 어떤 방향으로도 움직일 수 있고, 회전도 가능하다. 경첩관절은 팔꿈치, 손가락 등에서 볼 수 있는 관절로 그 구조가 문의 경첩과 비슷하다 하여 붙여진 이름이다. 경첩관절은 한 방향으로만 움직이고 회전은 할 수 없다.

관절을 만드는 뼈의 끝 부분에 있는 연골 연골과 활막

관절을 구성하는 두 개의 뼈 끝 부분은 각각 연골(cartilage)로 되어 있어, 뼈가 손상되지 않도록 보호한다. 또 연골과 연골 사이에는 활막이라는 얇은 막이 있다. 이 막이 분비하는 활액은 윤활유와 같은 역할을 한다.

갈비뼈와 복장뼈를 연결하는 연골은 호흡에 따라 갈비뼈가 늘어나거나 줄어들 때 충격을 완화하는 역할을 한다.

관절의 종류와 연골이 있는 위치

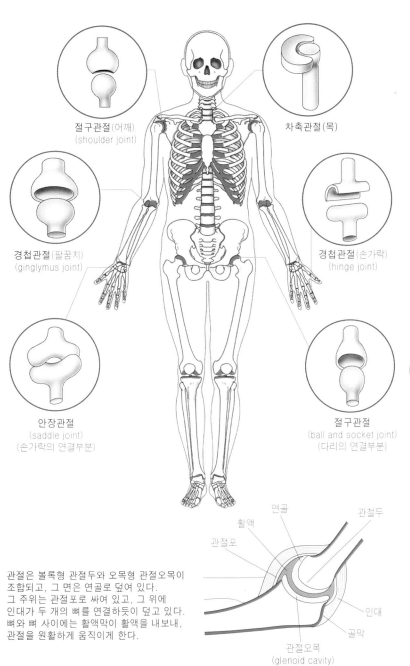

절구관절(어깨)
(shoulder joint)

차축관절(목)

경첩관절(팔꿈치)
(ginglymus joint)

경첩관절(손가락)
(hinge joint)

안장관절
(saddle joint)
(손가락의 연결부분)

절구관절
(ball and socket joint)
(다리의 연결부분)

관절은 볼록형 관절두와 오목형 관절오목이
조합되고, 그 면은 연골로 덮여 있다.
그 주위는 관절포로 싸여 있고, 그 위에
인대가 두 개의 뼈를 연결하듯이 덮고 있다.
뼈와 뼈 사이에는 활액막이 활액을 내보내,
관절을 원활하게 움직이게 한다.

연골
활액
관절포
관절두
관절오목
(glenoid cavity)
인대
골막

관절을 파괴하는 류머티즘

류머티즘은 온몸의 면역 이상
에 의해 관절에 염증이 생기고,
통증이나 종기가 발생한다. 또
악화되면 관절이 변형되어, 기
능장애를 초래하는 경우도 있
다. 가사나 육아로 바쁜 여성에
게 많이 나타난다.

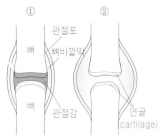

① 정상적인 관절

관절포
뼈
뼈바깥막
뼈
관절강

② 골막이 증식하여
연골이 파괴

연골
(cartilage)

③ 염증이 진행되어
뼈도 파괴

④ 위아래 뼈가
합쳐진
만성화

POINT

관절병으로 탈구가 있다. 관절을 싸고
있는 관절포가 외상에 의해 찢겨져서
관절두와 관절와가 어긋난 상태를 말
한다.

근육의 역할

- 골격에 붙어 몸을 움직인다.
- 자율신경 기능으로 내장을 움직인다.

수축과 이완에 의해 인체를 움직이는 역할

뼈대근육, 민무늬근육, 심근 근육의 구조와 역할

근육(muscle)에는 굵은 것과 가는 섬유상의 근육세포(muscle cell)가 모인 뼈대근육(skeletal muscle 횡문근)과 내장 벽을 이루는 민무늬근육(smooth muscle), 심장을 움직이는 심장근육이 있다. 일반적으로 근육이라 하면, 이 뼈대근육을 가리킨다.

뼈대근육은 말 그대로 뼈에 붙어 있는 근육이다. 이 근육이 수축·이완하여, 뼈를 움직이고 운동을 일으킨다. 뼈대근육은 육안으로 겨우 볼 수 있는 중이근육(최소)에서 볼기를 형성하고 있는 큰볼기근(최대)까지, 400종류 이상이 있고, 성인남자는 체중의 약 40%를 차지한다.

수의근육과 불수의근육 의지로 움직일 수 있는 근육, 움직일 수 없는 근육

근육은 자신의 의지로 움직일 수 있는 수의근육(voluntary muscle)과 움직일 수 없는 불수의근육(involuntary muscle)으로 나뉜다. 뼈대근육은 어느 정도 자신의 의지로 움직일 수 있기 때문에 수의근육이라고 한다.

한편 소화기나 혈관과 같은 내부장기를 형성하는 민무늬근육은, 자신의 의지로 움직일 수 없는 불수의근육이다. 움직임은 자율신경이나 호르몬에 의해 조절되고, 뼈대근육보다도 느리게 지속적인 수축을 하는 것이 특징이다. 또 심장을 형성하는 심장근육(cardiac muscle)도 의지와는 관계없이, 쉬지 않고 율동적인 수축운동을 하는 불수의근육이다.

온몸 근육

이마근
(frontalis m.)

뒤통수근
(occipitalis m.)

목빗근
(sternocleidomastoid m.)

등세모근

등세모근
(trapezius m.)

어깨세모근
(deltoid m.)

큰가슴근
(pectoralis major m.)

위팔두갈래근
(biceps brachii m.)

위팔세갈래근
(triceps brachii m.)

앞톱니근
(serratus ant. a.)

넓은등근
(latissimus dorsi m.)

배곧은근
(rectus abdominis m.)

위팔노근
(brachioradialis m.)

큰볼기근
(gluteus maximus m.)

넙다리빗근
(sartorius m.)

넙다리네갈래근
(quadriceps femoris m.)

앞정강근
(tibialis anterior m.)

종아리세갈래근
(triceps surae m.)

장딴지근
(gastrocnemius m.)

가자미근
(soleus m.)

아킬레스건
(Achilles tendon)

앞   뒤

붉은 근육과 흰 근육

뼈대근육은 지근과 속근이라는 두 종류의 근육이 서로 얽혀 있다. 지근은 산소를 운반하는 붉은색의 단백질이 많이 포함되어 있기 때문에 '적근', 속근은 단백질이 없기 때문에 '백근'이라고 한다. 이 둘의 성질의 차이는 정해진 것이 아니라, 근육을 지배하는 신경에 의해 결정된다. 특정한 훈련으로 그 비율은 어느 정도 바뀔 수 있다.

	속근	지근
근육섬유	굵다	가늘다
수축속도	빠르다	느리다
큰 힘	나온다	나오지 않는다
지속성	없다	있다
적당한 운동	단거리 운동	장거리 운동
존재장소	몸의 표면에 가까운 곳 하퇴삼두근의 비복근 등	몸의 심층부에서 뼈에 가까운 곳 종아리세갈래근의 넙치근 등

POINT

혈관은 내막, 중막, 외막의 세 층으로 되어 있고, 중막은 민무늬근육세포로 이루어져 있다. 동맥은 정맥에 비해 민무늬근육세포가 풍부하고, 신경의 지배를 받아 늘었다 줄었다 한다.

뼈대근육의 기능

체중의 약 반을 차지하는 뼈대근육 뼈에 붙어 몸을 움직인다

뼈대근육(skeletal muscle)은 말 그대로 뼈에 붙어서 몸의 자세나 운동에 관여하는 근육이다. 성인남자는 체중의 약 40%를 차지한다.

뼈대근육은 굵은 근육과 가는 근육의 두 종류가 서로 얽혀 다발을 이루고, 여러 개의 다발이 모여 구성된다. 이들 근육이 서로 당기고 수축함으로써 몸은 움직인다.

근육세포(muscle cell)의 집합인 근육은 자신의 의지로 움직임을 조절할 수 있는 수의근육과 의지로 조절할 수 없는 불수의근육으로 나뉜다. 뼈대근육은 의지로 자유롭게 조절할 수 있는 수의근육에 해당된다. 불수의근육은 민무늬근육(smooth muscle)이나 심장근육(cardiac muscle)과 같은 내장근육(visceral muscle)이다.

뼈대근육의 양끝을 뼈에 고정시키는 건 건이 당겨서 뼈가 움직인다

뼈대근육의 양끝에는 건이 있고, 콜라겐 조합조직으로 근육을 골격에 붙인다. 그리고 근육의 수축에 의해, 뼈의 한쪽을 당겨서 운동을 하는 데 도움을 준다.

건에는 가느다란 막대기모양과 막같이 얇고 넓은 모양이 있다. 쉽게 말하면, 팔 알통의 앞부분을 짚으면 가느다랗고 단단한 근육이 있는데, 이것이 바로 힘줄(건 tendon)이다.

몸 가운데 가장 큰 건은 발목 뒤에 있는 아킬레스건(Achilles tendon)으로, 장딴지근육(gastrocnemius muscle)을 발뒤꿈치 뼈에 붙인다. 큰 힘줄이 손상되면 걸을 수 없게 된다. 또 손이나 발의 연결부분과 같은, 뼈의 표면을 지나는 곳에서는 힘줄이 건초로 보호된다.

여러 가지 뼈대근육

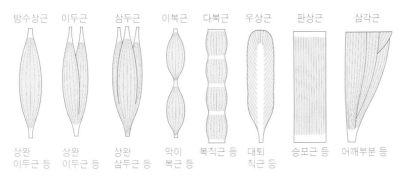

방추상근	이두근	삼두근	이복근	다복근	우상근	판상근	삼각근
상완 이두근 등	상완 이두근 등	상완 삼두근 등	악이 복근 등	복직근 등	대퇴 직근 등	승모근 등	어깨부분 등

뼈대근육 구조

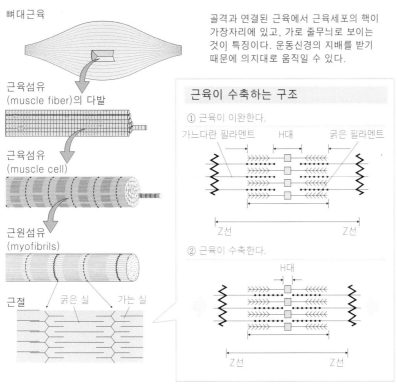

뼈대근육

근육섬유
(muscle fiber)의 다발

근육섬유
(muscle cell)

근원섬유
(myofibrils)

근절   굵은 실   가는 실

골격과 연결된 근육에서 근육세포의 핵이
가장자리에 있고, 가로 줄무늬로 보이는
것이 특징이다. 운동신경의 지배를 받기
때문에 의지대로 움직일 수 있다.

근육이 수축하는 구조

① 근육이 이완한다.

가느다란 필라멘트   H대   굵은 필라멘트

Z선   Z선

② 근육이 수축한다.

H대

Z선   Z선

협동근육과 길항근육

하나의 운동을 하는 데는, 많은
근육이 동시에 작용한다. 뼈대
근육에는 협동근육(관절과 같
은 쪽)과 길항근육(관절과 반대
쪽)이 있다.

협동근육 (synergist): 다른 근육
이 하나의 운동을 하기 위해,
협력하여 작용하는 근육을 말
한다. 예를 들면 위팔두갈래근
과 상완근은 팔꿈치관절을 구
부리는 협동근육이다.

길항근육 (antagonist): 서로 정
반대 방향으로 작용하는 근육
이다. 예를 들면, 수축할 때 위
팔두갈래근은 팔꿈치를 구부리
고, 위팔세갈래근은 팔꿈치를
편다.

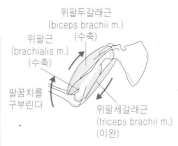

위팔두갈래근
(biceps brachii m.)
(수축)

위팔근
(brachialis m.)
(수축)

팔꿈치를
구부린다

위팔세갈래근
(triceps brachii m.)
(이완)

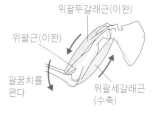

위팔두갈래근(이완)

위팔근(이완)

팔꿈치를
편다

위팔세갈래근
(수축)

POINT

근원섬유의 굵은 필라멘트는 미오신,
가느다란 필라멘트는 액틴이라는 단백
질로 되어 있고, **ATP**(아데노신3인산)
에서 에너지원을 얻는다.

민무늬근육과 심장근육

민무늬근육의 기능 내장을 만들고, 연동운동을 한다

뼈대근육(skeletal muscle)과 같이 뼈에 붙어 있지 않고 내장이나 혈관 등의 벽을 이루는 근육은 심장의 심장근육세포를 제외하고 모두 민무늬근육세포이다. 뼈대근육에 비해 가늘고 짧은 것이 특징이다. 혈관, 장기관, 요관과 같이 관 모양과 위, 방광과 같이 주머니모양, 자궁벽과 같이 내장을 이루고 있어서 내장근육(visceral muscle)이라고도 한다.

민무늬근육은 쉽게 피로해지지 않고 소화물을 앞으로 보내는 연동운동을 한다. 또 이 운동은 자율신경이나 호르몬에 의해 지배되기 때문에 자신의 의지로 조절할 수 없다.

더욱이 뼈대근육은 순간적으로 수축할 수 있는 반면, 민무늬근육세포의 수축은 완만하다. 그렇기 때문에 위나 장 등의 연동운동은 매우 천천히 이루어진다.

심장근육의 기능 쉬지 않고 심장을 움직인다

심장근육(cardiac muscle)은 심장을 이루고 있는 근육이다. 의지와는 관계없이 심장을 움직이는 펌프 역할을 한다. 이 근육이 쉬지 않고 일하는 덕분에, 우리는 생명을 유지할 수 있다. 그리고 심장근육세포의 다발은 가로 방향으로 뻗어서 서로 연결되었고, 온몸에 있는 모든 근육 중에서 가장 튼튼한 조직으로 되어 있다. 또 온몸에 혈액을 공급해야만 하는 좌심실의 심장근육은 다른 심장근육에 비해 특별히 큰 힘이 필요하기 때문에, 그 두께는 우심실의 약 세 배나 된다. 심장근육세포도 민무늬근육세포와 마찬가지로 불수의근육으로, 자율신경에 의해 조절되며 자신의 의지로 운동을 제어할 수 없다.

민무늬근육 구조

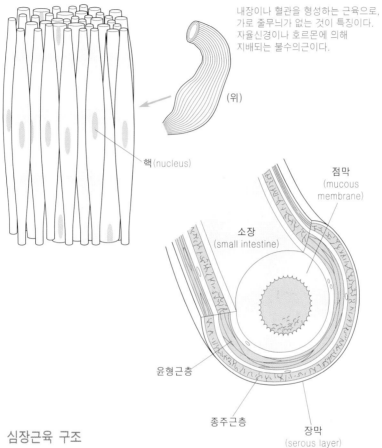

내장이나 혈관을 형성하는 근육으로,
가로 줄무늬가 없는 것이 특징이다.
자율신경이나 호르몬에 의해
지배되는 불수의근이다.

(위)

핵 (nucleus)

점막
(mucous
membrane)

소장
(small intestine)

윤형근층

종주근층

장막
(serous layer)

심장근육 구조

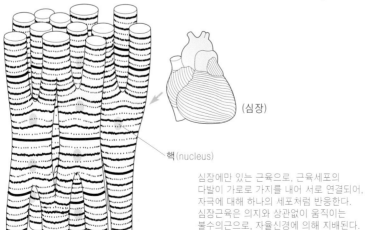

(심장)

핵 (nucleus)

심장에만 있는 근육으로, 근육세포의
다발이 가로로 가지를 내어 서로 연결되어,
자극에 대해 하나의 세포처럼 반응한다.
심장근육은 의지와 상관없이 움직이는
불수의근으로, 자율신경에 의해 지배된다.

근육디스트로피

유전자 이상에 의해 근육이 서
서히 파괴되어서 위축되고, 점
점 몸의 운동기능이 저하되는
병이다. 심장이나 호흡기에도
장애가 생겨, 심부전이나 호흡
부전을 일으키는 경우가 있다.
듀첸형, 선천성 등 몇 가지 종
류가 있고, 병의 형태에 따라
증상이 다르다.

유전 형식	병의 형태	환자의 성별	특징
성염색체 열성유전	듀첸형 벡커형	남성	동체에 장애
상염색체 열성유전	지대형, 말초 신경형, 선천형	남녀 모두	혈족 결혼에서 나타나는 경우가 많다.
상염색체 우성유전	안면견 갑상완형, 안근 · 인두형, 강직형	남녀 모두	

POINT

심장근육은 뼈대근육과 같은 가로 줄
무늬가 있지만, 다발로 되어 있지 않아
세포 한 개의 움직임이 빠르게 다른 세
포로 전달된다. 민무늬근육은 가로 무
늬가 없고, 세포는 가늘고 짧다.

두부의 골격·근육

두부의 골격　여러 뼈의 복잡한 봉합부가 뇌를 지킨다

두부의 골격인 머리뼈(skull)는 중추기관인 뇌, 눈, 귀, 코와 같은 중요한 감각기관을 보호하는 역할을 한다. 머리뼈는 뇌머리뼈(cranial bones)와 얼굴머리뼈(facial bones)로 나뉜다. 뇌머리뼈는 각 한 개씩의 이마뼈(frontal bone), 뒤통수뼈(occipital bone), 나비뼈(sphenoid bone), 벌집뼈(ethmoid bone) 및 좌우 두 개씩의 관자뼈(temporal bone), 마루뼈(parietal bone)로 이루어졌다.

이들 뼈는 마치 퍼즐과 같은 물결선으로 조합되어 있고, 이 조합선을 봉합선이라고 한다. 머리뼈가 이와 같이 복잡한 봉합부에 의해 결합된 것은 외부로부터의 충격을 분산시켜, 충격을 완화하고, 내부의 연약한 뇌를 확실히 보호하는 목적 때문이다.

이마뼈, 상악골, 나비뼈 등에는 두꺼운 곳이 일부분 있는데, 이들은 내부가 공동상태로 머리뼈 전체의 경량화를 꾀하고 있다. 머리뼈 가운데 가장 얇은 곳이 관자뼈이다. 이 부분은 충격을 받을 경우, 다른 뼈에 비해 골절의 위험이 높은 곳이다.

얼굴의 근육　안면신경이 지배하는 표정근

얼굴에 표정을 만드는 근육을 표정근육(expression muscle)이라고 한다. 그리고 표정근육은 모두 안면신경이 지배한다.

표정근육에는 이마에 주름을 만들거나 눈썹을 올리거나 하는 이마근(frontalis muscle), 눈을 감는 눈둘레근(orbicularis oculi muscle), 입 끝을 올려 기쁜 표정을 만드는 입꼬리올림근(levator anguli oris muscle), 입 끝을 내려 슬픈 표정을 만드는 입꼬리내림근(depressor anguli oris muscle), 입을 닫거나 뾰족하게 하는 입둘레근(orbicularis oris muscle), 입 끝을 바깥쪽으로 당겨 웃는 얼굴을 만드는 입꼬리당김근(risorius muscle)이 있다.

얼굴 골격

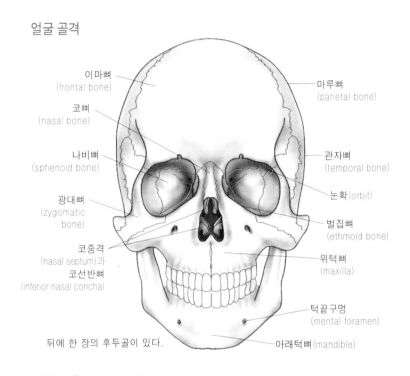

이마뼈
(frontal bone)

코뼈
(nasal bone)

나비뼈
(sphenoid bone)

광대뼈
(zygomatic
bone)

코중격
(nasal septum)과
코선반뼈
(inferior nasal concha)

마루뼈
(parietal bone)

관자뼈
(temporal bone)

눈확(orbit)

벌집뼈
(ethmoid bone)

위턱뼈
(maxilla)

턱끝구멍
(mental foramen)

아래턱뼈 (mandible)

뒤에 한 장의 후두골이 있다.

얼굴 근육(muscles of face)

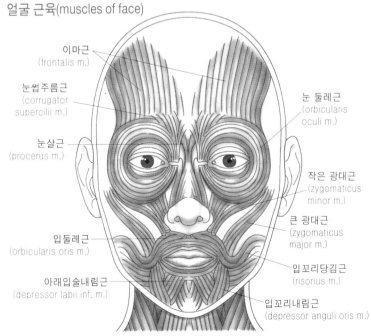

이마근
(frontalis m.)

눈썹주름근
(corrugator
supercilii m.)

눈살근
(procerus m.)

입둘레근
(orbicularis oris m.)

아래입술내림근
(depressor labii inf. m.)

눈 둘레근
(orbicularis
oculi m.)

작은 광대근
(zygomaticus
minor m.)

큰 광대근
(zygomaticus
major m.)

입꼬리당김근
(risorius m.)

입꼬리내림근
(depressor anguli oris m.)

악관절증·악관절내장

말을 할 때와 같이 입을 움직이면 딱딱 소리가 나거나, 입을 크게 벌릴 수 없는 병이다. 가장 많이 나타나는 증상이 통증이다. 턱관절 이상이나 관절을 움직이는 저작근육의 이상 등 병의 부위에 따라 여러 가지 형태로 나뉜다. 특히 악관절 속에 있는 관절원판의 이상이 원인인 경우에는 악관절내장이라고 한다. 이들 모두 이를 갈거나 악물고, 한쪽으로만 씹는 행동 등이 원인이다.

정상적인 악관절

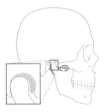

심한 악관절증
관절원판이 하악두에서 벗어났다.

POINT

인체 가운데 가장 작은 근육은 내이 속에 있는 비계골근이다. 비계골근은 고막장근과 협력하여, 귀의 감도를 내리거나 올리는 역할을 한다.

가슴부위의 골격·근육

폐나 심장을 보호하는 견고한 바구니 복장뼈의 구조

사람의 몸은 가로막(diaphragm)에 의해 상하로 나뉜다. 그 중 위의 비교적 좁은 부분이 가슴부위(pectoral region 흉곽)이고, 아래의 넓은 부분이 배부위(abdominal region 복강)이다.

가슴부위의 구조는 전면 중앙에 복장뼈자루(manubrium), 복장뼈몸통(body of sternum), 칼돌기(xiphoid process)의 세 부분으로 되어 있다. 12개의 등뼈로 이루어진 척주와 함께 앞뒤의 세로 지주가 되고, 그 사이를 12쌍의 갈비뼈(ribs), 갈비뼈연골(costal cartilage)이 연결되어 바구니 모양의 공간을 형성한다.

폐, 심장 모두 생명유지에 직접 관련된 중요한 기관이기 때문에, 가슴부위를 이같이 견고한 바구니 모양의 공간으로 보호하고 있는 것이다. 갈비뼈는 폐의 호흡운동에 의해 갈비뼈가 늘었다 줄었다 할 수 있도록, 갈비뼈연골(앞부분)과 갈비뼈경골(뒷부분)로 구성되어 있다.

상반신의 대표는 큰가슴근과 등세모근 가슴과 등의 근육

가슴을 대표하는 근육에는 빗장뼈, 가슴뼈에서 상완부의 전면에 걸쳐 모인 큰가슴근과 그 속에 있는 작은가슴근이 있다. 큰가슴근은 사물을 안거나, 라켓을 휘두르고, 공을 던지는 등 양어깨를 앞으로 내밀고 당기는 운동을 할 때 작용한다. 또 9개의 갈비뼈에서 시작하여 가슴을 둘러싸듯이 뒤로 뻗어서, 견갑골의 안쪽에 붙어 있는 커다란 근육이 전거근이다. 이 근육도 큰가슴근처럼 어깨를 앞으로 내미는 운동을 할 때 작용한다.

등근육(back muscles)에서 가장 큰 것이 뒤통수뼈 및 목뼈, 등뼈의 가시돌기에서 시작하여, 어깨뼈(견갑골 scapula)와 빗장뼈에 붙은 등세모근(trapezius muscle)이다. 이 근육은 견갑골 등의 정 중앙선에 가깝도록 하거나, 견갑골을 돌리는 기능이 있다.

가슴부위 골격

어깨뼈 (scapula)

빗장뼈

어깨관절
(shoulder
joint)

위팔뼈
(humerus)

갈비뼈
(rib)

갈비뼈 연골
(costal
cartilage)

척추(등뼈)

복장뼈 자루
(manubrium)

복장뼈 몸체
(sternum body)

칼돌기
(xiphoid process)

추간판

어깨관절주위염
(사십견·오십견)

상완골의 윗부분(결절부)에 붙어 있는 건판이, 나이가 들어감에 따라 염증, 부분적 단열, 유착 등에 의해 어깨가 아파서 팔을 돌리거나, 어깨높이로 드는 동작을 하기 힘든 병이다. 의사의 진단에 따라 치료함과 동시에, 뜨거운 찜질, 온열요법, 어깨의 움직이는 범위를 넓히기 위한 운동요법을 중심으로 한다. 대개는 끈기 있는 치료와 운동으로 좋아진다.

운동요법

앞으로 굽힌 자세에서
팔을 앞뒤좌우로 흔든다.

가슴부위 근육

목빗근
(sternocleidomastoid m.)

등세모근
(trapezius m.)

작은가슴근
(pectoralis
minor m.)

속갈비사이근
(internal
intercostal m.)

바깥갈비사이근
(external
intercostal m.)

배속빗근
(obliquus internus
abdominis m.)

어깨세모근
(deltoid m.)

큰가슴근
(pectoralis major m.)

앞톱니근
(serratus anterior m.)

배곧은근
(rectus abdominis m.)

배바깥빗근
(obliquus externus
abdominis m.)

심층부   천층부

POINT

어깨뼈는 빗장뼈하고만 연결되어 있고, 뒤는 등과 가슴에 있는 근육에 매달려 있다. 이 근육은 힘이 들어간 상태라 어깨 결림이 자주 나타난다.

배부위의 골격·근육

장, 비뇨기, 생식기를 보호하는 골반 배부위의 골격

몸통의 아랫부분을 배부위(복부)라고 한다. 배부위에는 대야와 같은 모양을 한 골반이 있다. 골반은 다섯 개의 뼈로 이루어진 허리뼈, 엉치뼈, 꼬리뼈, 좌우의 관골(긴뼈, 두덩뼈, 궁둥뼈)로 되어 있고, 장, 비뇨기, 생식기를 보호한다.

튼튼한 허리뼈는 등을 꼿꼿하게 유지함과 동시에 머리, 팔, 몸통의 무게를 지탱하고 있다. 그 아래 있는 것이 쐐기모양을 한 엉치뼈이다. 엉치뼈의 끝부분에는 네 개의 작은 뼈로 연결된 꼬리뼈가 있다. 또 긴뼈, 치골, 좌골은 유아기에는 각각 나눠져 있지만, 성인이 되면 하나의 큰 뼈로 형성된다. 더욱이 골반은 임신한 여자의 자궁을 지탱해주고, 출산 때에는 골반 가운데로 아기가 나온다.

배부위를 지탱하는 상하좌우, 대각선으로 뻗은 근육 전복부, 측복부의 근육

복벽을 만드는 커다란 근육은 전복부와 측복부(협복)로 나뉜다. 전복, 측복 모두 늑간신경에 의해 지배된다.

전복부의 전면에는 배꼽의 양 겨드랑이를 관골 앞부터 갈비뼈 주위까지 세로 방향으로 뻗은 한 쌍의 가늘고 긴 근육인 배곧은근이 있다. 배곧은근은 배곧은근초라는 두꺼운 결합조직인 초로 싸여 있다.

측복은 3층 근육으로 되어 있고, 외층은 외복사근, 내층은 내복사근, 가장 아래층은 배가로근이라고 한다. 이 세 개의 근육은 근육섬유의 방향이 다르고, 허리를 비틀고, 복압을 높이는 역할을 한다.

배부위의 전면은 뼈가 없지만, 상하좌우, 대각선으로 뻗은 근육 덕분에 매우 튼튼하게 되어 있다.

배부위 골격

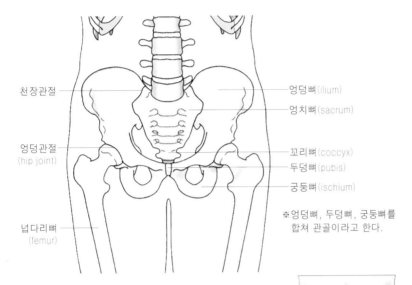

천장관절

엉덩관절
(hip joint)

넙다리뼈
(femur)

엉덩뼈 (ilium)

엉치뼈 (sacrum)

꼬리뼈 (coccyx)
두덩뼈 (pubis)
궁둥뼈 (ischium)

※엉덩뼈, 두덩뼈, 궁둥뼈를
합쳐 관골이라고 한다.

가슴과 배의 경계에 있는 가로막

가슴부위와 배부위의 경계에 있는 돔형의 근육판이 가로막이다. 가로막의 근육섬유가 수축되면 흉강으로 돌출된 원개가 평평해져 흉강용적이 늘어나 들숨을 쉬고, 근육의 수축이 멈추면 폐의 탄성적인 수축에 의해 가로막은 다시 흉강 내로 돌출된다. 가로막에 의한 호흡을 일반적으로 복식호흡이라고 한다.

또 가로막을 지배하는 신경을 가로신경이라고 하고, 이 신경이 흥분하면 가로막의 경련(딸꾹질)이 일어난다.

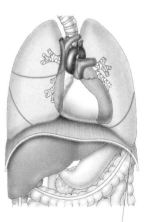

가로막
(diaphragm)

배부위 근육

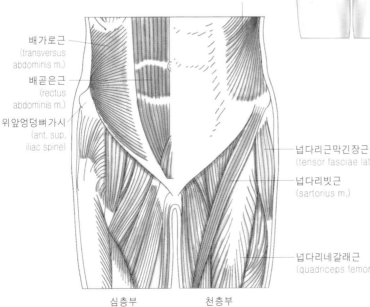

배가로근
(transversus
abdominis m.)

배곧은근
(rectus
abdominis m.)

위앞엉덩뼈가시
(ant. sup.
iliac spine)

배바깥빗근
(obliquus ext. abdominis m.)

넙다리근막긴장근
(tensor fasciae latae m.)

넙다리빗근
(sartorius m.)

넙다리네갈래근
(quadriceps femoris m.)

심층부   천층부

인체 가운데 가장 예민한 감각을 가진 손 손의 구조

손의 역할은 사물을 만져서 감각적인 정보를 얻거나 물건을 집는 일이다. 그렇기 때문에 인체 중에서 가장 예민하고 섬세한 감각을 가지고 있으며, 재치 있게 움직일 수 있도록 만들어졌다.

수관절은 전완의 노뼈(radius)와 8개의 수근골로 이루어진 손목관절이다. 그 정교한 조합은 굽힘, 폄, 모음, 벌림 등 손목을 자유롭게 움직일 수 있게 한다. 또 손가락을 구성하는 끝마디뼈(distal phalanx), 중간마디뼈(middle phalanx), 첫마디뼈(proximal phalanx), 손허리뼈(metacarpal phalanx) 사이 및 손허리뼈와 손목뼈(carpal bones) 사이에는 소관절이 있고, 손가락을 여러 부위에서 굴절시킨다. 더욱이 엄지손가락 끝은 다른 네 개의 손가락 끝과 닿을 수 있는데, 이것은 도구를 손에 쥐고 복잡한 작업을 하기 위한 것이다. 다섯 손가락 각각에 뻗은 건초에는 활액이 가득 차 있어, 손의 움직임을 부드럽게 해 준다. 손목 주위에는 튼튼한 인대가 있고, 손가락 끝에 뻗어 있는 신경이나 혈관을 보호한다.

상반된 운동을 하는 근육 팔의 근육 구조

팔의 근육은 어깨관절을 덮은 어깨세모근(deltoid muscle), 상완부와 전완부를 연결하는 위팔두갈래근(biceps brachii muscle), 위팔세갈래근(triceps brachii muscle) 등으로 구성된다.

어깨세모근은 팔을 앞뒤, 바깥쪽으로 움직일 때 큰 역할을 하고, 위팔두갈래근은 팔을 굽히거나 무거운 것을 들 때, 위팔세갈래근은 팔을 펼 때 작용한다. 또 위팔두갈래근이 수축된 경우 위팔세갈래근은 이완하고, 반대로 위팔두갈래근이 이완된 경우, 위팔세갈래근은 수축한다. 즉 이들 근육은 서로 상반된 관계를 가지면서 주관절을 굽혔다 폈다 한다.

팔의 뼈와 근육

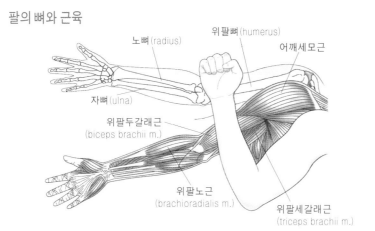

노뼈 (radius)
위팔뼈 (humerus)
어깨세모근
자뼈 (ulna)
위팔두갈래근 (biceps brachii m.)
위팔노근 (brachioradialis m.)
위팔세갈래근 (triceps brachii m.)

주관절 인대(오른쪽)

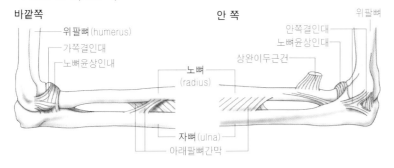

바깥쪽
위팔뼈 (humerus)
가쪽곁인대
노뼈윤상인대
노뼈 (radius)
자뼈 (ulna)
아래팔뼈간막

안 쪽
위팔뼈
안쪽곁인대
노뼈윤상인대
상완이두근건

손 구조

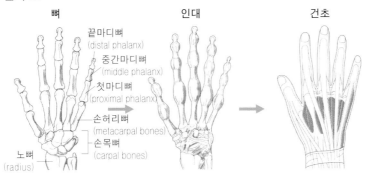

뼈
끝마디뼈 (distal phalanx)
중간마디뼈 (middle phalanx)
첫마디뼈 (proximal phalanx)
손허리뼈 (metacarpal bones)
손목뼈 (carpal bones)
노뼈 (radius)

물건을 잡는 복잡한 운동을 할 수 있도록 손의 뼈는 27개의 작은 뼈로 구성되었다.

인대

관절을 강한 섬유상의 인대로 연결하여, 뼈를 고정시켜 준다.

건초

모든 손가락뼈에는 근육의 한쪽 끝에 힘줄이 붙어 있다. 이들은 손목부분에서 합쳐진다

손가락을 삠·추지

손끝에 강한 힘이 가해져서, 끝마디뼈에 붙어 있던 신근건이 끊어진 증상을 가리켜 손가락을 뺐다고 한다. 통증이나 종기가 생겨서, 손가락을 움직일 수 없게 된다. 잡아당기면 괜찮지만 건손상, 지관절의 염좌, 탈구, 골절 등 여러 가지 가능성이 있다. 잡아당기면 악화되는 경우가 있으므로 먼저 의사의 진단을 받도록 하자.
추지는 손가락이 삐어서 끝마디뼈가 박리골절된 경우에 나타나고, 손가락 끝을 펼 수 없게 된 상태를 말한다.

정상적인 상태

건단열
손가락을 펴는 힘줄(건)이 끊어진 상태

골절을 동반한 건단열
건이 붙어 있는 뼈의 일부가 부리진 상태

POINT

건초염은 건초 속이 만성적인 피로나 세균감염에 의해 화농되어 염증을 일으킨 상태이다. 관절을 지나치게 사용하는 등 기계적인 스트레스로 인해 생기는 것이다.

다리와 발의 골격·인대·근육

다리의 구조와 기능   몸을 지탱하고, 직립보행을 한다

다리(하지)를 구성하는 중요한 골격은 넙다리뼈, 정강뼈, 종아리뼈이다. 넙다리뼈는 인체 최대의 뼈이고, 그 상부는 고관절을 구성하는 골두로 되어 있다. 또 하부는 무릎관절을 끼고 하퇴로 이어진다. 정강뼈와 종아리뼈는 하퇴를 구성하는 뼈이고, 역학적으로는 체중의 대부분을 정강뼈가 지탱하고 있다.

다리의 주요 근육은 엉덩관절이나 무릎관절을 움직이고, 직립보행에 없어서는 안 되는 큰볼기근, 무릎관절의 굽힘과 폄을 하는 넙다리네갈래근과 대퇴이두근, 발뒤꿈치를 올리는 역할을 하는 장딴지근과 넙치근(합쳐서 하퇴삼두근)이다.

발의 구조와 기능   아치모양의 구조로, 체중을 분담한다

발목부터 밑의 발은 섰을 때 전 체중을 지탱하는 부분이다. 그렇기 때문에 골격이나 관절은 체중을 지탱함과 동시에 보행하거나 달릴 때, 충격을 완화하는 구조로 되어 있다.

발허리뼈(metatarsals)와 발목뼈(tarsal bones)가 만드는 발목발허리관절은 관절인대에 의해 서로 연결되었고, 발에 무게를 견디는 데에 이상적인 아치를 형성하고 있다. 또 족저나 족궁이라고도 하는 아치가 구축되고, 인대나 힘줄, 근육이 발을 지탱한다. 이 족궁이 발바닥의 장심이고, 태어났을 때는 평평하지만 걷게 되면서 점점 발달하게 된다.

횡축을 가진 경첩관절인 거퇴관절은 발목을 굽히고 펴는 관절이다. 이에 비해 목말뼈아래관절과 거종주관절은 발의 외측연으로 서거나, 내측연으로 설 때(발의 측연을 뒤집는 운동)에 작용한다. 더욱이 발가락 관절은 다른 관절과 협조하여, 부드러운 보행을 하도록 돕는다.

다리의 뼈와 근육

큰볼기근

넙다리
네갈래근
(biceps
femoris m.)

넙다리두갈래근
(quadriceps
femoris m.)

넙다리뼈
(femur)

무릎뼈
(patella)

장딴지근
가자미근
(soleus m.)

종아리뼈
(fibula)

정강뼈
(tibia)

선경골근

무릎관절 인대(오른쪽)

앞

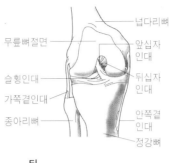

넙다리뼈
무릎뼈절면
앞십자인대
슬횡인대
뒤십자인대
가쪽곁인대
안쪽곁인대
종아리뼈
정강뼈

뒤

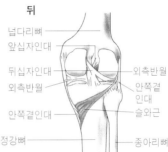

넙다리뼈
앞십자인대
뒤십자인대
외측반월
외측반월
안쪽곁인대
안쪽곁인대
슬와근
정강뼈
종아리뼈

장딴지에 나는 쥐

장딴지에 있는 장딴지근이나 정강이의 외측에 있는 앞정강근이 경련을 일으키는 것을 '장딴지에 나는 쥐'라고 한다. 원인은 근육의 피로나 냉 등이고, 근육에 산소공급부족이나 피로물질(유산)이 축적되어, 근육의 활주가 잘 되지 않아서 근육이 수축된 상태가 된다. 이것이 근육경련이다. 근육은 수축하려고 하기 때문에 무릎을 굽혔다 폈다하거나 발을 몸 쪽으로 당겨주면 경련이 완화된다.

구급법

발 뒤의 경우에는 장심을 누른다.

수축된 근육을 반대 방향으로 펴주고, 마사지를 한다. 따뜻하게 하고 잘 주무른다.

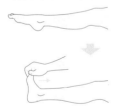

발 구조

뼈

끝마디뼈
(distal phalanx)

중간마디뼈
(middle phalanx)

발허리뼈
(metatarsal bones)

발목뼈
(tarsal
bones)

발의 뼈는 26개의 작은 뼈와 33개의 관절로 구성되어 있다.

관절

발가락뼈 사이관절

가운데발가락
뼈 사이관절

거종주관절

거퇴관절

발목발허리관절
(tarsometatarsal
joint)

목발뼈 아래관절

손과 마찬가지로 관절을 이루고 있다. 근육이나 인대는 보행에 의해 정돈되고, 강해진다.

건초

발가락 근육과 연결되어 있다. 각각의 건이 발목 부분에서 건초에 의해 다발로 되어 있다.

읽을거리

뼈의 종양

• 종양의 종류

뼈 조직에는 여러 가지 종양이 생기는데, 원발성골종양, 속발성골종양, 골종양유사질환으로 나눌 수 있다. 원발성골종양은 처음부터 뼈에 생긴 종양이다. 속발성골종양은 폐암, 유방암 등 장기에 생긴 암이 뼈로 전이된 종양이다. 골종양유사질환은 확실히 특정지을 수 없는 병인데, 종양과 비슷하기 때문에 골종양으로 분류한다. 뼈에 발생하는 종양의 3분의 2는 골육종이다. 그 밖에 골수종, 연골육종, 유잉육종 등이 있다.

• 골육종

골육종은 뼈를 만드는 뼈발생세포가 암화된 것으로, 10대 남자에게 많이 발생한다. 넙다리뼈하단이나 정강뼈의 상단에 많고, 처음에는 운동 후 관절이 아픈 정도지만, 안정을 취한 후에도 아프고, 뼈가 붓고, 열이 나거나 관절의 운동악화가 눈에 띄게 되어, 조기에 폐에 전이된다. X선 촬영으로 금방 알 수 있고, 항암제나 방사선 치료를 한 후에절제수술을 한다.

• 연골육종

연골육종은 종양이 연골을 형성한 것으로, 골육종에 이어 많이 나타나는 악성종양이다. 뼈의 양성종양이 악성으로 변화하여 연골육종이 되는 경우가 있다. 넙다리뼈, 정강뼈 등에 많이 발생하고 골반이나 어깨뼈 등에서도 발생한다. 통증이 점점 심해져 이전부터 있던 종기가 급속히 커진다. 이 병은 종양 때문에 뼈의 강도가 약해지고, 작은 힘에도 골절이 일어나기도 한다. 악성의 정도가 낮기 때문에 전이되는 경우는 드물다. 수술은 종양부분을 완전히 절제하고, 인공관절 등으로 교체하거나 자신의 뼈를 이식하는 방법 등이 있다.

• 유잉육종

유잉육종은 진행이 매우 빠르고, 악성도가 높은 악성종양으로, 대부분 아이들에게 나타난다. 종양이 뼈를 파괴하면서 증식한다. 골반, 어깨뼈, 넙다리뼈, 정강뼈 등에 많고, 초기 증상은 대부분이 통증이다. 점점 통증이 심해져서, 환부에 열이 나고, 염증이 나타난다. 이 종양은 매우 빠른 시기에 다른 뼈나 먼 곳까지 전이되기 때문에, 우선 강력한 화학요법을 실시하여 원격전이를 예방한 뒤 종양을 절제한다.

3장 감각기관

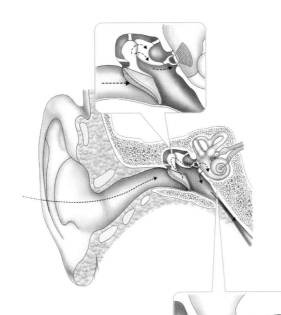

눈의 구조

- 사물의 형태를 인식한다.
- 색을 식별한다.

외부 세계의 빛이 만들어 내는 정보를 받아들이는 감각기관

안구를 보호하는 구조   눈의 구조

눈은 빛을 느끼고 사물을 보는 감각기관으로 안구(eyeball)와 안구를 보호하는 기관으로 되어 있다.

눈꺼풀(안검 eyelid)은 안구를 상처로부터 보호한다. 눈꺼풀 안에 있는 점막이 분비하는 점액은 눈꺼풀이 위아래로 깜빡일 때 넓게 발라져 눈물과 함께 눈 표면을 촉촉하게 하고, 먼지와 세균을 씻어 내린다. 속눈썹은 먼지나 이물질이 눈에 들어가지 않게 한다. 속눈썹은 이물질을 감지하는 기능도 있어서, 티끌이 속눈썹에 닿으면 반사적으로 눈을 감는다. 눈썹은 땀으로부터 눈을 보호한다.

안구의 구조

안구는 지름이 약 24 mm인 공 모양의 기관으로 머리뼈의 눈확(안와 orbit)이라는 구멍 속에 있다. 검은자위는 각막(cornea)이, 흰자위는 공막(sclera)이 덮고 있다. 각막과 공막은 하나로 이어진 막으로 모두 얇은 결막이 보호하고 있다. 각막 안에 수정체(lens)가 있다.

안구 속은 젤리 상태의 물질인 유리체로 차 있는데 안구의 둥근 모양을 유지해준다. 검은자위의 바로 뒤에 있는 안구의 안쪽 막에 망막으로 외부 세계의 영상이 비치면 시각신경을 통해 뇌로 보낸다. 안구에는 여섯 개의 근육이 있는데 이 근육이 눈을 자유자재로 움직이게 한다.

눈의 각 명칭과 기관

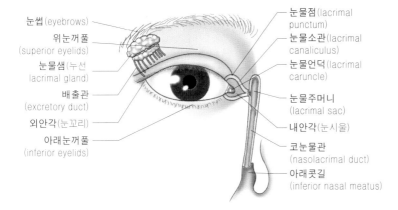

눈썹(eyebrows)
위눈꺼풀
(superior eyelids)
눈물샘(누선
lacrimal gland)
배출관
(excretory duct)
외안각(눈꼬리)
아래눈꺼풀
(inferior eyelids)

눈물점(lacrimal punctum)
눈물소관(lacrimal canaliculus)
눈물언덕(lacrimal caruncle)
눈물주머니 (lacrimal sac)
내안각(눈시울)
코눈물관 (nasolacrimal duct)
아래콧길 (inferior nasal meatus)

눈의 구조와 기능

수정체(lens)
가까운 것을 볼 때는 모양체가 수축하고 수정체가 두꺼워지며 빛의 굴절이 커진다. 먼 곳을 볼 때는 그 반대가 된다.

망막(retina)
안구의 내면에 있는 초자체를 둘러싼 막으로 빛에 반응하는 시세포로 가득 차 있다.

맥락막(choroid)
망막과 홍채, 모양체에 영양과 산소를 운반하는 혈관과 신경이 뻗어 있는 얇은 막.

검판선
눈꺼풀과 각막 사이를 부드럽게 하는 지방을 분비한다.

홍채(iris)
자외선을 막는 멜라닌 색소가 들어 있다.

각막(cornea)
빛을 굴절시켜 망막에 상이 맺히도록 돕는다.

섬모체(ciliary body)
수정체의 두께를 조절하는 근육.

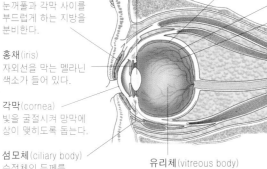

공막(sclera)
안구를 보호하는 견고한 막.

유리체(vitreous body)
안구의 모양을 유지시켜주는 젤리 상태의 물질.

시각신경(optic n.)
망막이 받아들인 정보를 대뇌로 보낸다.

눈을 움직이는 근육

위경사근(superior oblique m.)
위곧은근(sup. rectus m.)
안쪽곧은근 (medial rectus m.)
가쪽곧은근 (lateral rectus m.)
아래곧은근 (inf. rectus m.)
아래경사근 (inferior oblique m.)

눈을 보호하는 눈물

눈물은 위눈꺼풀의 안쪽에 있는 눈물샘에서 분비된다. 슬플 때 눈물샘에서 눈물이 분비되며, 눈은 언제나 적당한 수분을 유지한다. 눈물 성분에는 염분과 효소가 있어서, 눈 표면에 있는 세균과 티끌, 먼지를 씻어 내린다. 그리고 각막에 산소와 영양을 공급하는 역할도 한다. 분비된 눈물은 눈물점에서 눈물주머니와 코눈물관을 통해 콧구멍으로 들어가, 들이쉰 숨을 적신다. 눈물의 양은 하루에 20방울 정도다. 슬플 때 눈물이 흘러내리는 이유는 코눈물관에서 많은 양의 눈물을 처리할 수 없기 때문이다.

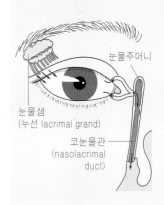

눈물주머니
눈물샘 (누선 lacrimal grand)
코눈물관 (nasolacrimal duct)

POINT

머리를 움직여도 안구 주변의 근육이 작용해서 시야가 움직이지 않는다. 위곧은근, 안쪽곧은근, 가쪽곧은근, 아래곧은근은 상하좌우 운동을, 위경사근, 아래경사근은 회전 운동을 한다.

사물을 보는 기능

눈은 자동 초점 카메라　카메라와 닮은꼴인 눈의 구조

눈의 구조는 카메라와 닮은 점이 아주 많다. 렌즈에 해당하는 부분이 안구 앞쪽에 있는 수정체(lens), 조리개 역할을 하는 부분이 홍채(iris)이다. 홍채는 눈동자(동공 pupil)를 제외한 나머지 부분을 덮고 있는데 밝을 때는 눈동자를 작게 하고, 어두울 때는 눈동자를 크게 해 눈에 들어오는 빛의 양을 스스로 조절한다. 초점조절은 섬모체의 근육이 수정체의 두께를 바꿔서 조절한다.

필름에 해당하는 곳이 유리체를 감싸고 있는 망막(retina)이다. 망막에는 빛의 명암과 색을 감지하는 시세포가 모여 있다. 수정체를 통과한 빛이 망막에 상을 맺으면 망막은 영상을 신호로 바꾼다. 시각신경(optic nerve)을 통해서 보내진 정보를 대뇌가 받으면 비로소 시각이 생긴다.

시야의 차이로 생긴 입체감　멀고 가까운 것을 알 수 있는 이유

사물의 색과 형태는 한쪽 눈만으로도 구별할 수 있지만, 입체감은 양쪽 눈으로 볼 때 생긴다.

눈을 한 쪽씩 가리고 보면 알 수 있는데, 양쪽 눈이 같은 물체를 볼 때 오른쪽과 왼쪽 눈의 위치가 약간 다르기 때문에 시야와 보는 방향에 차이가 생긴다. 양쪽 눈에 들어온 정보는 각각 시각신경을 지나 대뇌뒤통수엽의 시각중추로 운반되어 하나의 상으로 결합한다. 시각신경은 도중에 교차해서 오른쪽 눈으로 본 사물은 좌뇌로, 왼쪽 눈으로 본 사물은 우뇌로 이동한다. 이것을 시교차라고 하며 상이 바뀌어 들어갈 때 양쪽 눈이 얻은 정보의 미묘한 차이로 입체감을 느끼게 된다.

눈과 카메라의 구조   사람의 눈은 카메라의 구조와 비슷하다.

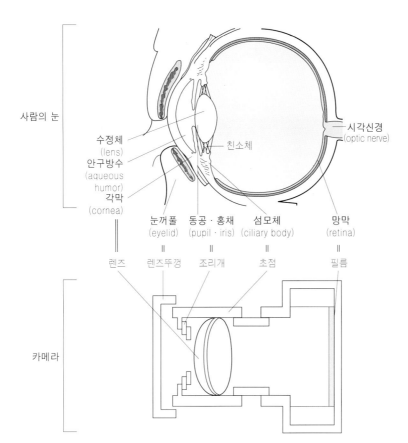

사람의 눈

수정체
(lens)
안구방수
(aqueous
humor)
각막
(cornea)

시각신경
(optic nerve)

친소체

눈꺼풀
(eyelid)
∥
렌즈

동공·홍채
(pupil·iris)
∥
렌즈뚜껑

섬모체
(ciliary body)
∥
조리개

초점

망막
(retina)
∥
필름

카메라

멀고 가까운 곳의 초점을 맞추는 방법

멀고 가까운 곳의 초점은 카메라처럼 렌즈(수정체)로 조절한다. 수정체의 두께를 바꾸는 것은 섬모체와 친소체이다. 친소체는 섬모체와 수정체 사이를 연결하는 두꺼운 섬유이다.

가까운 곳을 볼 때

섬모체는 수축하고 친소체의 근육이 이완해 수정체가 점점 두꺼워진다.

수정체가 두꺼워진다.

섬모체근(ciliary muscle)이 수축하고 친소체가 이완한다.   초점

먼 곳을 볼 때

섬모체가 이완해 친소체의 근육이 수축하며 수정체가 얇아진다.

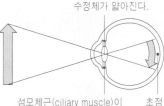

수정체가 얇아진다.

섬모체근(ciliary muscle)이 이완하고 친소체가 수축한다.   초점

근시안과 원시안이 초점을 맞추는 방법

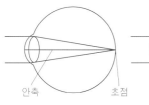

안축   초점

정 상
먼 곳과 가까운 곳의 초점이 모두 잘 맞아서 망막 위에 정확하게 초점이 맺힌다.

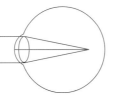

근 시
각막과 수정체의 굴절률이 심하거나, 안구의 모양이 길어서 망막보다 앞에 초점이 맺힌다.

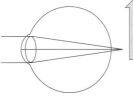

원 시
각막과 수정체의 굴절률이 낮거나, 안구의 모양이 짧아서 망막보다 뒤에 초점이 맺힌다.

POINT

난시는 각막과 수정체가 비틀려서 생기는데, 빛이 눈 안의 한 점에 모이지 않아 영상이 희미해지는 상태로 눈동자의 피로나 두통의 원인이 된다.

색을 구별하는 기능

추체는 색을, 간체는 명암을 감지　색을 식별하는 망막

눈은 빛을 느끼고 빛을 통해서 정보를 얻는 기관이다. 사물은 모두 빛을 반사하는데, 빛은 다양한 색을 갖고 있으며 모든 색은 고유한 파장을 갖는다. 그 파장을 식별하는 것으로 각각의 색을 느낄 수 있다.

색을 식별하는 시각세포는 망막(retina)에 있다. 시각세포에는 색을 감지하는 추체와 빛의 명암을 감지하는 간체가 있는데, 간체가 빛의 파장과 명암을 감지해서 외부의 색을 종합적으로 판단한다.

추체는 한쪽 망막에만 약 600만 개가 있다. 추체는 빛이 없으면 작용할 수 없는 시각세포로 세 가지 색인 붉은색, 녹색, 파란색을 느낀다. 세 가지 빛의 비율이 시각신경(optic nerve)을 통해서 대뇌로 보내져 그 빛이 어떤 색인지를 판단한다. 색 감지기인 척추뼈몸통이 제 역할을 못하면 색을 식별하는 데 지장을 주며 색각에 이상이 생긴다.

야맹증과 색약은 시각세포 이상

명암과 색을 식별하는 능력은 개인차와 연령차가 있지만, 능력이 평균보다 낮으면 시각장애가 있는 것이다.

야맹증은 밝은 곳에서는 문제가 없지만 어두운 곳에서는 사물을 분간하기 힘든 상태를 말하는데, 빛을 감지하는 간체에 장애가 있으면 이 증상이 나타난다. 선천적이거나 비타민 A 결핍이 원인이다. 색맹은 색을 구별할 수 없는 상태로 색을 감지하는 추체에 있는 시색소부족 때문이다. 선천적인 경우가 많으며 비슷한 색만 식별하지 못하는 것은 색약이라고 한다.

질병지식

백내장

1) 원 인

수정체(lens)는 무색투명한 단백질이다. 백내장은 단백질의 색이 혼탁해지는 것이다. 백내장에 걸리면 외부에서 눈으로 들어오는 빛이 차단된다. 혼탁한 정도가 진행됨에 따라 시력이 저하되고 빛이 난반사하기 때문에 눈이 부시게 된다. 백내장에는 몇 가지 발병 원인이 있다. 노화 때문에 생기는 노인성 백내장이 가장 흔한데, 60대가 되면 많은 사람에게 백내장 증상이 나타난다. 태어날 때부터 수정체가 탁한 선천성 백내장(소아백내장)도 있다. 또 당뇨병과 같은 질병이나 상처, 자외선이 원인이 되어 발병하는 백내장도 있다.

2)치 료

예전에는 백내장 때문에 실명하기도 했지만, 요즘은 효과적인 치료법이 나와서 실명할 염려는 없다. 가벼운 증상이면 점안약과 내복제로 진행을 늦출 수 있다. 증상이 심해서 시력장애가 있거나 심하게 눈이 부실 때는 수술로 치료한다. 많이 시행하는 시술은, 탁해진 수정체를 제거하고 대신에 플라스틱제로 된 인공수정체(안내렌즈)를 넣는 방법이다. 이 수술은 우선 초음파로 수정체의 내부를 파괴한 다음 수정체의 뒷부분(후낭)을 남기고 탁해진 수정체를 제거하고 인공수정체를 넣는다. 수술 후에는 대부분 안경이 필요하다.

그 전에 안경을 사용했더라도 대개 도수가 맞지 않으므로,

색을 식별하는 망막세포

망막에는 빛의 색을 판별하는 세포(추체)가 무수하게 배열되어 있다. 이 세포에 이상이 있는 것이 색을 확실하게 식별하지 못하는 색맹과 색약이다. 색맹과 색약처럼 색각에 장애가 있으면 색점 속에 배열된 특수한 도형이나 기호를 확실하게 판별할 수가 없다. 아래의 색맹조사 카드를 사용해서 판정한다.

색맹조사 카드

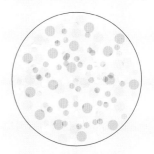

여러 색점이 찍힌 카드에 숫자나 문자가 떠오른다.

POINT

망막은 신경막과 색소상피(pigment epithelium) 세포막이 붙어 있는데, 신경막이 색소상피 세포층에서 떨어져 유리체 속에 떠 있는 증상을 망막박리라고 한다.

백내장의 치료법

탁해진 수정체

① 수술 전 흰색으로
탁해진 수정체.

② 탁해진 수정체를
초음파로 파괴한다.

③ 후낭을 남기고
수정체를 제거한다.

인공 수정체

④ 인공 수정체를 넣는다.

수술 후 잠시 상태가 안정되고 나서 다시 맞추는 것이 바람직하다.

녹내장

1) 원인과 증상

안구는 안에서 적당한 압력(안압)이 가해져서 무게와 형태를 유지한다. 녹내장이란 안압이 정상보다 높아 시각신경을 압박해 여러 가지 장애가 나타나는 병이다. 동공이 녹색으로 보여서 청내장이라고도 한다. 안압은 방수라는 액체에 의해 일정하게 유지된다. 방수는 섬모체에서 만들며 남은 방수는 각막 안에 있는 우각이라는 구멍으로 흘러나간다. 그런데 우각내부가 막히거나(개방우각녹내장), 우각입구를 홍채가 덮으면(폐색우각녹내장) 방수를 배출할 수 없어 안압이 상승한다. 녹내장에는 급급성녹내장과 만성녹내장이 있다. 급성녹내장은 갑자기 두통과 구역질이 나거나 안구에 심한 통증이 있다. 저절로 치료되기도 하지만, 실명할 위험이 높으므로 방치하지 말고 의사에게 진찰을 받는 것이 좋다. 만성녹내장은 전등 주변에 무지개가 보이는데 통증은 거의 없고 조금씩 시력이 떨어지고 시야가 좁아진다.

2) 치 료

우선 강압제를 점안해서 안압을 내린다. 그 후 레이저 치료나 외과수술로 방수배출구를 원래대로 만든다. 그러나 한번 시력을 잃으면 수술을 해도 원래 상태로 돌아오지 못한

위에서 본 눈의 구조

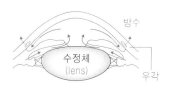

개방우각녹내장
(방출로를 막음)

폐색우각녹내장
(우각을 덮었다)

다. 정기적으로 검사를 해서 조기발견·조기치료를 하는 것이 중요하다.

안저검사

수정체와 유리체의 조직은 투명해서 동공에서 눈 속(안저)을 투과해서 볼 수 있다. 이 점을 이용해 안저의 혈관 상태를 관찰하는 방법이 안저검사인데 동맥경화, 고혈압, 당뇨병, 신장질환, 뇌종양, 혈액병, 안동맥폐색 등 혈관에 이상이 나타나는 병을 발견할 때 활용한다. 검사는 의사가 안저경으로 직접 동공을 들여다보는 방법과, 안저 카메라로 안저를 촬영하는 방법이 있다. 검사 전에 동공을 확대해 크게 여는 약을 점안하는데 두 방법 모두 통증은 전혀 없다.

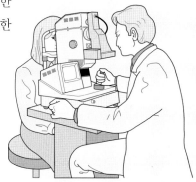

안저 카메라에 의한 검사

결막염

결막은 안구의 흰자위 부분에서 위아래 눈꺼풀 안쪽까지 덮고 있는 막이다. 직접 외부에 닿는 부분이므로 쉽게 자극 받으며 여러 원인으로 염증을 일으킨다. 이 염증을 모두 결막염이라고 하는데, 잘 알려진 것이 아데노바이러스가 원인인 유행성각결막염이다. 바이러스성 감염 외에도 세균, 알레르기, 눈물의 감소 등 원인이 다양하다. 증상도 출혈, 눈곱, 눈꺼풀 안쪽에 생기는 습진, 가려움, 안통, 이물감 등 여러 가지이다.

치료 방법은 원인에 따라 약물을 점안한다. 알레르기성인 경우는 알레르겐을 제거하는 치료도 필요하다. 바이러스성은 전염되기 때문에 손을 잘 씻고 남에게 옮기지 않도록 주의해야 한다. 환자와 수건을 절대로 같이 사용해서는 안 된다.

맥립종

흔히 다래끼라고 한다. 눈꺼풀 끝에는 안구가 건조하지 않도록 피지를 분비하는 검판선이 있다. 이 검판선이 세균에 감염되어 발병하는데 눈꺼풀이 붉게 붓고 가렵다. 항생물질의 점안과 내복약으로 치료하는데 증상이 가벼우면 저절로 낫기도 한다. 증상이 심해서 안쪽에 고름이 차면 절개해서 제거한다.

각막이식(Eye Bank)

각막은 수정체를 덮고 있는 두께 0.5 mm 정도의 막으로, 수정체와 함께 빛을 굴절시키는 렌즈 역할을 한다. 이 각막에 상처가 생겨 시력을 잃으면 각막이식수술로 다시 시력을 찾을 수 있다. 안구은행은 시력을 찾고 싶은 사람을 위해서 안구 제공자의 등록, 안구의 적출(摘出)·보존 등을 행하는 기관이다.

걸리기 쉬운 눈병

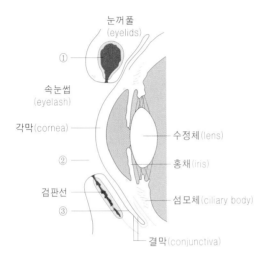

눈꺼풀 (eyelids)

①

속눈썹 (eyelash)

각막(cornea)

②

검판선

③

수정체(lens)

홍채(iris)

섬모체(ciliary body)

결막(conjunctiva)

① 맥립종(다래끼)

　속눈썹 뿌리에 있는 검판선의 지선이 막혀 안에 고름이 생긴다. 세균감염에 의해 발병한다.

② 첩모내판(첩모난색증)

　속눈썹이 눈 쪽을 향해 자라서 눈을 자극한다.

③ 결막염

　흰자위 부분에서 눈꺼풀 안까지 덮은 결막에 생기는 염증, 세균이나 바이러스, 알레르기에 의해 발병한다.

POINT

피곤할 때 눈을 필요 이상으로 강하게 압박하면 안구 뒤에 있는 자율신경을 자극해 맥박과 혈압의 균형이 깨질 위험이 있다. 눈이 피로할 때는 잠시 쉬는 것이 좋다.

귀의 구조

소리를 듣고 몸의 균형을 잡는다

- 소리를 모은다.
- 소리를 듣는다.
- 평형 감각을 유지한다.
- 기압 변화를 조절한다.

소리를 듣고 몸의 균형을 잡는다

소리를 전하는 귀의 구조   귀의 구조와 역할

귀는 소리를 통해 외부의 정보를 듣고, 대뇌에 전달하는 감각기관이다. 동시에 사람이 균형을 잡기 위한 평형 기관 역할도 한다.

귀의 구조는 크게 바깥부터 바깥귀(외이 external ear), 가운데귀(중이 middle ear), 속귀(내이 internal ear)로 나눈다. 바깥귀는 몸 밖으로 나와 있는 귓바퀴(이개 auricle)와, 가운데귀와 연결된 바깥귀길(외이도 external acoustic meatus)로 되어 있다. 가운데귀는 고막(tympanic membrane)에서 귓속뼈(auditory ossicles)까지, 속귀는 반고리뼈관(삼반고리관 osseous semicircular canal)에서 신경까지를 말한다. 가운데귀의 귓속뼈는 세 개의 작은 뼈[등자뼈(등골), 모루뼈(첨골), 망치뼈(추골)]로 되어 있고, 이 뼈들은 사람의 몸 중에서 가장 작은 뼈이다. 또한 가운데귀는 귀인두관(이관 auditory tube)으로 인두(pharynx)와 이어져 있다.

평형 감각을 유지하는 귀

속귀는 달팽이(와우 cochlea)와 세 개의 반고리뼈관으로 되어 있다. 달팽이는 소리의 진동을 전기신호로 바꾸는 기능을 하며, 말 그대로 달팽이 모양을 하고 있다. 달팽이의 소용돌이 속은 바닥막(basilar membrane)이라는 조직으로 나누어져 있으며 막 위에 감각세포가 있다. 또 달팽이 옆에는 세 개의 반고리뼈관이 있는데, 세 개의 반달모양관으로 된 기관과 이석기라는 타원주머니(utricle)와 원형주머니(saccule)가 있다. 이 기관은 림프액으로 차 있다. 이것에 의해 사람은 몸의 평형을 유지할 수 있다. 달팽이는 달팽이신경(와우신경 cochlear nerve), 세 개의 반고리뼈관은 안뜰신경(전정신경 vestibular nerve)에 의해서 대뇌겉질(cerebral cortex)과 연결되어 있다.

귀의 구조와 구분

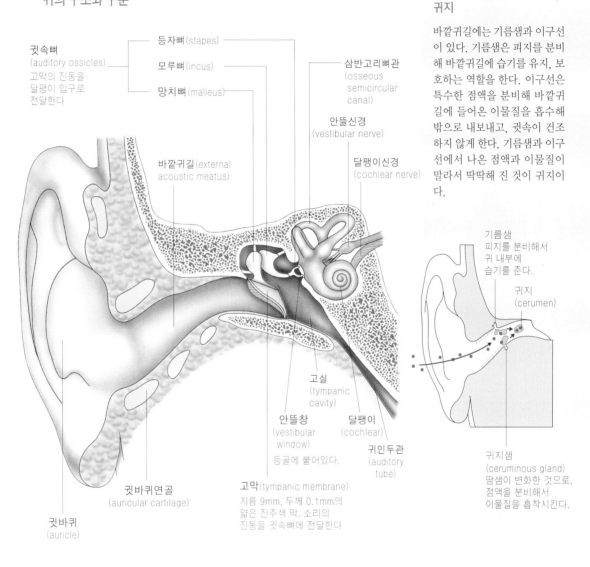

귓속뼈
(auditory ossicles)
고막의 진동을 달팽이 입구로 전달한다

등자뼈 (stapes)
모루뼈 (incus)
망치뼈 (malleus)

삼반고리뼈관
(osseous semicircular canal)

안뜰신경
(vestibular nerve)

달팽이신경
(cochlear nerve)

바깥귀길 (external acoustic meatus)

고실
(tympanic cavity)

안뜰창
(vestibular window)
등골에 붙어있다.

달팽이
(cochlear)

귀인두관
(auditory tube)

고막 (tympanic membrane)
지름 9mm, 두께 0.1mm의 얇은 진주색 막. 소리의 진동을 귓속뼈에 전달한다

귓바퀴연골
(auricular cartilage)

귓바퀴
(auricle)

바깥귀
(external ear)

가운데귀
(middle ear)

속귀
(internal ear)

귀지

바깥귀길에는 기름샘과 이구선이 있다. 기름샘은 피지를 분비해 바깥귀길에 습기를 유지, 보호하는 역할을 한다. 이구선은 특수한 점액을 분비해 바깥귀길에 들어온 이물질을 흡수해 밖으로 내보내고, 귓속이 건조하지 않게 한다. 기름샘과 이구선에서 나온 점액과 이물질이 말라서 딱딱해 진 것이 귀지이다.

기름샘
피지를 분비해서 귀 내부에 습기를 준다.

귀지
(cerumen)

귀지샘
(ceruminous gland)
땀샘이 변화한 것으로, 점액을 분비해서 이물질을 흡착시킨다.

POINT

바깥귀길는 완만한 S자 모양이어서 이물질이 침입하기 어려운 구조를 하고 있다. 따라서 귀이개를 넣어도 고막까지 닿지 못한다.

음파를 감지하는 달팽이
소리를 듣는 기능

소리의 크기를 조절하는 귓속뼈 귓바퀴에서 귓속뼈로

보통 귀라고 하면 귓바퀴(auricle)를 떠올리지만, 귓바퀴는 소리를 모으기 위한 부분에 지나지 않는다. 실제로 소리를 듣는 곳은 대뇌의 청각 영역으로 뇌가 소리를 인지하기까지는 복잡한 과정을 거친다.

귓바퀴에 모인 소리는 바깥귀길(external acoustic meatus)을 지나 가운데귀의 고막(tympanic membrane)으로 전달된다. 고막은 소리의 크기와 높낮이에 따라 진동하는데 소리가 크면 크게, 작으면 작게 진동한다. 이 진동은 쇠고리처럼 연결된 망치뼈(malleus), 모루뼈(incus), 등자뼈(stapes)가 있는 귓속뼈(auditory ossicles)를 경유해서 속귀로 간다. 귓속뼈는 고막에서 전해진 진동이 너무 크면 작게, 너무 작으면 크게 소리를 조정한다. 이 일은 망치뼈와 모루뼈의 한끝을 고정하고 있는 인대에서 담당한다.

음파의 높이를 감지하는 달팽이 귀의 소리를 전기신호로 바꾼다

귓속뼈에서 속귀로 전해진 소리를 달팽이(cochlea)라는 기관으로 보낸다. 달팽이는 달팽이모양을 한 정밀한 기관으로 내부는 음파를 감지하는 유모세포로 가득 차 있다.

피아노 건반은 음정 순으로 나란히 있어서 '도'를 누르면 '도' 음만, '미'를 누르면 '미' 음만 낸다. 유모세포도 이것과 마찬가지로 달팽이의 입구 가까이는 높은 음을, 안으로 갈수록 낮은 음을 느끼는 세포가 정해진 순서대로 늘어서 있다. 각각의 세포는 특정한 소리만 반응하며, 그 소리를 전기신호로 교환한다. 전기신호로 바꾼 소리는 달팽이에서 청각신경을 거쳐 대뇌로 보내져 비로소 소리로 인식된다.

소리가 들리는 구조

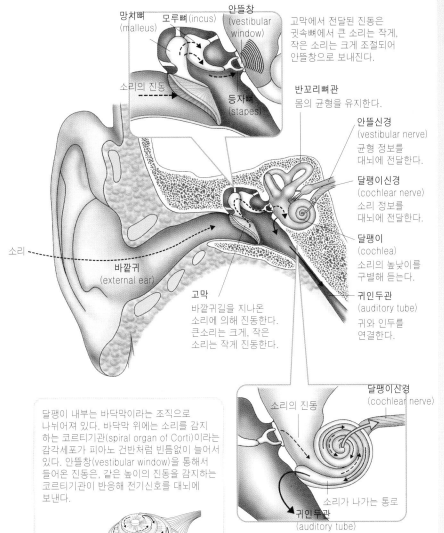

망치뼈
(malleus)

모루뼈 (incus)

안뜰창
(vestibular
window)

고막에서 전달된 진동은
귓속뼈에서 큰 소리는 작게,
작은 소리는 크게 조절되어
안뜰창으로 보내진다.

소리의 진동

등자뼈
(stapes)

반꼬리뼈관
몸의 균형을 유지한다.

안뜰신경
(vestibular nerve)
균형 정보를
대뇌에 전달한다.

달팽이신경
(cochlear nerve)
소리 정보를
대뇌에 전달한다.

달팽이
(cochlea)
소리의 높낮이를
구별해 듣는다.

소리

바깥귀
(external ear)

고막
바깥귀길을 지나온
소리에 의해 진동한다.
큰소리는 크게, 작은
소리는 작게 진동한다.

귀인두관
(auditory tube)
귀와 인두를
연결한다.

달팽이 내부는 바닥막이라는 조직으로
나뉘어져 있다. 바닥막 위에는 소리를 감지
하는 코르티기관(spiral organ of Corti)이라는
감각세포가 피아노 건반처럼 빈틈없이 늘어서
있다. 안뜰창(vestibular window)을 통해서
들어온 진동은, 같은 높이의 진동을 감지하는
코르티기관이 반응해 전기신호를 대뇌에
보낸다.

소리의 진동

달팽이신경
(cochlear nerve)

소리가 나가는 통로

귀인두관
(auditory tube)

소리가 난 방향을 알 수 있는 구조

소리는 눈에 보이지 않지만 양쪽 귀에 들리는 음량과 시간차로 소리가 난 방향을 알 수 있다. 예를 들어, 오른쪽 귀에 강하게 왼쪽 귀에 약하게 들리면 소리는 오른쪽에서, 반대로 왼쪽 귀에 강하게 오른쪽 귀에 약하게 들리면 소리는 왼쪽에서 들리는 것이다. 두 귀에 같은 크기로 소리가 들리면 소리는 앞이나 뒤에서 들리는 것이다. 소리가 양쪽 귀에 도달하는 약간의 시간차가 소리가 난 방향을 아는 수단이 된다.

오른쪽에서 나는 소리에
오른쪽 귀가 반응한다.

POINT

소리를 1초 동안의 진동수로 나타내면 사람이 들을 수 있는 소리는 20~20000 Hz라고 한다.

평형감각기능

세 방향을 향한 반달모양의 관　회전 방향을 감지하는 세 개의 반고리뼈관

귀는 몸의 균형을 유지하는 역할도 한다. 속귀의 안뜰기관이 평형 기관을 담당하는데 세 개의 반고리뼈관과 이석기로 되어 있다.

세 개의 반고리뼈관이란, 세 개의 반달모양관으로 된 기관으로 몸의 회전 방향을 감지하는 역할을 한다. 관속은 림프액으로 가득 차 있다. 관의 팽대부인 부푼 부분(팽대릉)에 섬모(감각모)가 나 있는데, 몸이 기울면 림프액이 움직여 그 움직임을 섬모가 느끼고 뇌에 있는 신체지각영역으로 정보를 보내는 구조이다.

세 개의 관은 각각 다른 세 방향을 향하고 있어서 앞뒤회전, 몸을 축으로 한 좌우회전, 가로방향 회전을 느낄 수 있다.

이석의 움직임으로 몸의 기울기를 알 수 있다　몸의 기울기를 감지하는 이석기

세 개의 반고리관이 교차하는 부분에는 이석기라는, 몸의 기울기를 알려주는 두 개의 주머니모양 기관이 있다. 타원주머니(utricle)와 원형주머니(saccule)라고 하는데 모두 안에는 림프액으로 차 있으며, 섬모(감각모)가 나 있다.

주머니에는 이석이라는 탄산칼슘결정이 있어서 머리가 기울면 이석이 움직여 섬모를 자극해 기운 정도를 대뇌로 전달한다. 타원주머니는 수평방향으로 원형주머니는 수직방향으로 기울기를 느낀다.

수평과 수직의 두 방향의 기울기를 조합해서 몸의 기울기를 정확하게 판단할 수 있기 때문에 전철이 출발하거나 멈출 때 균형을 잘 잡을 수 있다.

균형을 잡는 기능

가속도가 생길 때만 작용하는 삼반고리관

림프액의 흐름이
변하면서 3차원
움직임을 측정한다.
삼반고리관은 가속
도가 생길 때만 작용
하며 움직임이 일정
하면 반응하지 않는다.

갑자기 멈출 때   주행 중   출발할 때

뒤반고리뼈관
(앞뒤회전을 느낀다)

앞반고리뼈관
(가로회전을 느낀다)

안뜰신경(vestibular nerve)
대뇌에 균형정보를 전한다.

반고리뼈관
림프액으로 차
있으며그 흐름
으로 몸의 회전
방향을 알 수
있다.

가쪽반고리뼈관
(축회전을 느낀다)

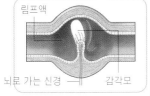

림프액

뇌로 가는 신경   감각모

이석

신경

감각모

원형주머니(saccule)
이석은 몸에 대해
수직으로 붙어 있다
(상하 기울기를 감지한다).

타원주머니
이석이 몸에 대해서
수평으로 붙어 있다
(좌우 기울기를 감지한다).

항상 움직이는 이석기

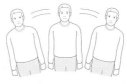

머리를 기울이면 이석은 무게 때문에
기울고 그 움직임이 감각모를 자극해
몸의 위치를 느낀다. 두 가지 이석기의
조합이 몸의 기울기 상태를 판단한다.

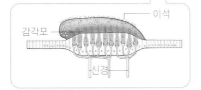

이석

감각모

신경

멀미와 현기증

멀미는 세 개의 반고리뼈관과
원형주머니·타원주머니가 흔
들리는 자극 때문에 생기는 어
지럼증의 일종이다. 어지럼증
의 지각을 중추로 보내는 교감
신경과, 위장의 운동을 지배하
는 미주신경 사이가 신경섬유
로 연결되어 있어서 어지럼증
이 생기면 위장을 자극해 구토
증상이 생긴다.
갑자기 일어서면 생기는 현
기증도 어지럼증의 하나지만
속귀가 자극을 받아서 생기
는 증상이 아니다. 자세가 갑
자기 변해서 반사적으로 혈
압이 떨어지기 때문에 생기
는 현상이다.

POINT

평형 기관에 장애가 있으면 현기증을
느낀다. 대표적인 것이 메니에르 증후
군으로 초기에 갑작스런 이명과 난청,
현기증 발작이 시작되는 증상이 특징
이다.

기압변화를 조정하는 기능

왜 귓속이 멍해질까? 기압이 낮은 쪽으로 고막이 부푼다

비행기가 고도를 높이거나 열차가 터널에 들어가면 귓속이 멍해져 잠시 소리가 잘 들리지 않는 경우가 있다.

이것은 주변의 기압이 갑자기 변해서 생긴 고막(tympanic membrane) 안과 밖의 압력차 때문이다. 보통 고막의 안과 밖은 기압이 항상 같아서 고막이 한쪽으로 부풀지 않는다. 그런데 기압이 변하면 기압이 낮은 쪽으로 부풀어서 소리가 잘 들리지 않게 된다.

귀인두관을 열어 압력을 조정

이때는 입을 크게 벌리거나 침을 삼키면 멍한 느낌이 사라지고 다시 소리가 잘 들린다. 왜 입을 크게 벌리면 불쾌감이 없어질까?

고막 안쪽 공간에 있는 고실(tympanic cavity)은 귀인두관(auditory tube)과 이어져 있는데, 그 끝이 콧구멍과 목 안으로 연결되어 있다. 귀인두관은 평상시에는 닫혀 있지만 침을 삼키거나 입을 크게 벌리면 열린다. 이 때 코와 목으로 들어온 바깥 공기는 귀인두관을 지나 고실로 들어온다. 외부 공기가 들어오면 고실의 기압은 고막의 외부기압과 같아진다. 그래서 고막 안과 밖의 기압 차가 없어지고 고막이 제 위치로 돌아와 안 들리던 소리가 잘 들리게 된다.

성인은 귓속이 멍해지면 무심결에 하품을 해서 기압을 조정하지만 어린아이는 그렇게 하지 못한다. 그래서 침을 삼키게 하기 위해서 사탕을 먹이기도 한다.

기압과 고막

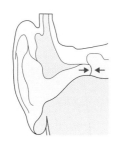

평소에는 고막 안과
밖의 기압이 같다.

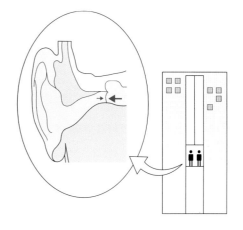

고층 빌딩의 엘리베이터를 타면
기압이 낮은 쪽으로 고막이
부풀어 귓속이 멍해진다.

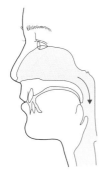

침을 삼키거나 하품을 해, 인두의
출구를 열면 원래 상태로 돌아온다.

질병지식

중이염

1) 급성중이염

보통 중이염이라고 하면 급성중이염을 말한다. 감기를 앓고 난 뒤 감기 원인균에 감염되어 가운데귀에 고름이 차, 귀에 불쾌감과 통증을 느끼는 병으로 어린아이가 많이 걸린다. 열이 높아지기도 하는데, 고막을 뚫어 고름을 제거하면 쉽게 낫는다. 저절로 고막이 파괴되어 고름이 나오기도 한다. 항생물질을 함께 복용한다. 뚫린 고막은 재생되어 저절로 막힌다.

2) 만성중이염

귀에서 고름이 나는 이루, 난청, 고막의 청공(구멍이 나는 것)이 주로 나타나는 증상이다. 두 가지가 있는데 그대로 방치해도 비교적 위험이 적은 만성화농성중이염과, 귓속뼈과 머리뼈까지도 파괴하는 진주종성중이염이 있다. 진주종성중이염은 청력이 떨어지고 더 진행되면 생명까지 위험하다. 서둘러 전문의에게 치료를 받아야 한다.

외이도염   작은 상처에서 세균감염

수영장이나 목욕탕에서 바깥귀에 긁힌 상처로 세균이 감염되어 생기는 염증이다. 환부가 붉게 붓고 심한 이통을 느끼며 발열하기도 하는데 환부를 청결히 하고 항생물질을 투여하면 쉽게 완치된다.

경도	30~40 dB 40~50 dB	속삭이는 소리를 듣기 힘들다. 약간 떨어지면 듣기 힘들다.
중등도	50~70 dB	1m 떨어진 곳에서 큰 소리는 들을 수 있다.
고도	70~80 dB 80~90 dB	50 cm 이상 떨어지면 대화하기 어렵다. 귓가에서만 들을 수 있다.
사회적농	90~100 dB	귓가에서 큰 소리만 들을 수 있다.
전농	100 dB 이상	대화를 전혀 들을 수 없다.

난청도

청력은 **dB**(데시벨)이라는 소리의 단위로 표시한다. 청력이 정상일 때, 들을 수 있는 가장 작은 소리가 0**dB**로 들을 수 있는 가장 낮은 **dB** 수가 높을수록 청력도가 크다.

난 청

난청에는 세 가지가 있는데 전음성난청, 감음성난청, 혼합성난청이 있다. 전음성난청은 바깥귀와 가운데귀의 장애로 소리를 잘 전달하지 못할 때 나타난다. 감음성난청은 속귀와 청각신경의 장애로 소리를 잘 듣지 못할 때 나타난다. 혼합성난청은 양쪽에 장애가 있는 경우에 나타난다.

난청의 원인으로 전음성난청은 중이염, 감음성난청은 속귀염을 들 수 있다.

냄새를 맡는다
코의 구조

- 공기를 들이마신다.
- 들이마신 공기를 가온·가습한다.
- 공기 속의 이물질을 제거한다.
- 냄새를 맡는다.

공기를 들이마시고, 냄새를 맡는 코는 인체의 에어컨

코의 구조 3층 구조의 공기통로

코는 공기를 들이마시는 호흡기관이며 냄새를 맡는 후각기관(olfactory organ)이다. 입구를 비공이라 하는데 비공을 포함한 코의 공동 전체를 코안(비강 nasal cavity)이라고 한다. 코안은 코의 위코선반(superior nasal concha), 중간코선반(middle nasal concha), 아래코선반(inferior nasal concha)에 의해 위콧길(superior nasal meatus), 중간콧길(middle nasal meatus), 아래콧길(inferior nasal meatus)이라는 세 층의 공기통로로 나눌 수 있다. 또한 코의 한 가운데는 코중격(비중격 nasal septum)이라는 벽이 있어 코를 좌우로 나눈다.

들이마신 공기는 주로 가장 위에 있는 위콧길을 지나서 허파로 들어간다. 반대로 내쉰 공기는 주로 아래에 있는 중간콧길과 아래콧길을 통해 나온다.

코는 인체의 에어컨 찬 공기로부터 허파를 보호한다

코안은 단순히 공기를 들이쉬고 내쉬기만 하는 곳이 아니라, 들이마신 공기 속에 있는 티끌이나 먼지를 제거하는 중요한 역할을 한다. 비도와 비공에 자라난 코털(비모 vibrissae)이 바로 공기정화기의 필터 역할을 담당한다.

또 비도는 기관지(bronchus)와 허파(폐 lung)에 찬 공기가 들어가지 않도록 공기를 가온·가습하는 기능도 지니고 있다. 비도는 공기의 온도를 25~37°C, 습도를 35~80%로 조절해 쾌적한 상태로 기관지로 보낸다. 코안은 마치 인체에 설치된 에어컨이라고 할 수 있다.

코안의 구조

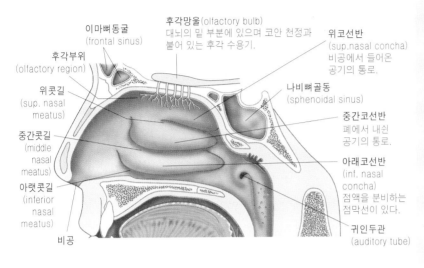

이마뼈동굴
(frontal sinus)

후각부위
(olfactory region)

위콧길
(sup. nasal
meatus)

중간콧길
(middle
nasal
meatus)

아랫콧길
(inferior
nasal
meatus)

비공

후각망울(olfactory bulb)
대뇌의 밑 부분에 있으며 코안 천정과
붙어 있는 후각 수용기.

위코선반
(sup.nasal concha)
비공에서 들어온
공기의 통로.

나비뼈골동
(sphenoidal sinus)

중간코선반
폐에서 내쉰
공기의 통로.

아래코선반
(inf. nasal
concha)
점액을 분비하는
점막선이 있다.

귀인두관
(auditory tube)

코안의 내부 구조

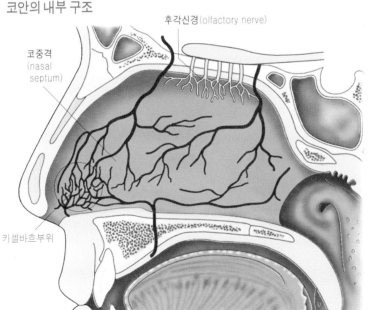

후각신경(olfactory nerve)

코중격
(nasal
septum)

키셀바흐부위

코 내부는 혈관이 많이 모여 있는데 특히 키셀바흐부위에는
동맥혈관이 밀집해 있어 다른 부위보다 출혈하기 쉽다.

내부에서 연결된
눈·코·귀

겉에서 보면 알 수 없지만 눈,
코, 귀 세 기관은 내부에서 관
으로 이어져 있다.

눈과 코는 코눈물관으로 연결
되어 눈물샘에서 나온 눈물의
양이 많을 때는 코눈물관을 지
나 콧구멍을 통해 밖으로 나온
다. 눈물을 흘리면 콧물이 나오
는 이유가 이 때문이다.

귀와 코는 귀인두관이라는 관
으로 이어져 있다. 귀인두관은
평소 닫혀있지만 가운데귀나
속귀에 있는 이물질을 코 밖으
로 내보내거나 달팽이의 소리
를 내보내는 역할을 한다. 몸의
안팎에 기압차로 귓속이 멍해
질 때도 귀인두관이 열려 기압
을 조정한다.

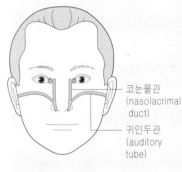

코눈물관
(nasolacrimal
duct)

귀인두관
(auditory
tube)

POINT

사람의 후각은 포유류 중에서 매우 둔
한 편이다. 개의 후각 수용세포의 수는
약 5억 개나 있는데 비해서 사람은
500만 개로 100분의 1밖에 안 된다.

냄새를 맡는 기능

냄새를 맡는 과정　냄새를 맡는 후각세포

위콧길(상비도 superior nasal meatus)의 천장에는 코점막(후점막 nasal mucosa)이라는 후각기가 있다. 코점막은 손가락 마디 하나 정도 되는 냄새수용기로 코에 들어온 냄새는 모두 여기에서 맡는다.

눈에 보이지 않지만 사람이 맡는 냄새란 냄새분자라는 화학 물질이다. 냄새분자는 휘발성으로 냄새를 발산하는 물체에서 떨어져 공기 속을 떠다닌다. 장미를 예로 들면 공기 속에는 장미에서 떨어진 무수한 냄새분자가 떠다닌다. 이때 코로 공기를 들이마시면 공기와 함께 냄새분자도 콧속으로 들어온다.

코점막에는 특수한 점액을 분비하는 후각샘(보먼선 olfactory gland)이 있다. 코로 들어온 미세한 냄새분자는 이 점액에 닿으면 용해된다. 그것을 후각세포(olfactory cell)에서 자라난 후소모가 잡는다. 후각세포는 냄새정보를 전기신호로 바꾸어 후각망울을 지나 대뇌의 후각영역에 연결된 후각신경으로 냄새정보를 보낸다.

본능적으로 냄새를 구별한다　냄새정보를 뇌로 보내는 기능

냄새정보는 후각세포가 감지해 전기신호로 바꾸면 후각기에서 뻗은 후각신경(olfactory nerve)을 지나 대뇌 아래의 후각망울(후구 olfactory bulb)에 전달되어 대뇌 겉질의 후각영역에서 판단한다. 사람이 식별할 수 있는 냄새의 수는 3,000~10,000 종류 정도인데 대뇌는 과거에 경험했던 냄새의 기억과 비교해서 다양한 판단을 내린다. 음식냄새를 맡으면 대뇌는 타액을 분비해서 식욕을 증진시킨다.

후각세포에서 후각망울로

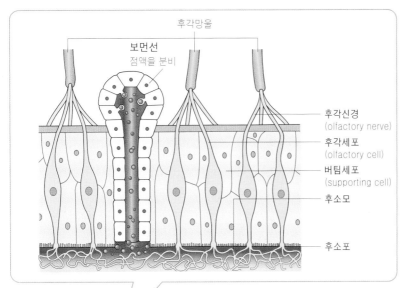

후각망울

보먼선
점액을 분비

후각신경
(olfactory nerve)

후각세포
(olfactory cell)

버팀세포
(supporting cell)

후소모

후소포

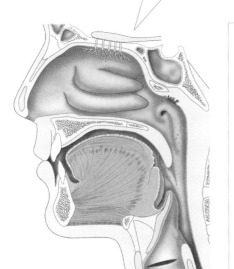

냄새가 대뇌에 전달되는 구조

후각망울
(olfactory bulb)
냄새분자를
잡는다.

후각신경
(olfactory nerve)
냄새정보를 후각
영역으로 전달한다.

후각
영역

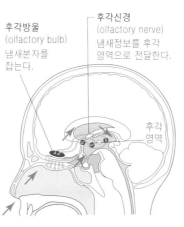

일곱 가지 기본 냄새

맛에는 쓴맛, 신맛, 단맛, 짠맛의 네가지 기본 맛이 있다. 마찬가지로 냄새에도 기본 냄새가 있다. 모두 일곱 가지로 장뇌, 사향, 방향, 박하, 알코올, 자극취, 부패취인데 후각세포가 냄새를 구분한다. 냄새에는 좋은 냄새와 나쁜 냄새가 있는데 부패취처럼 유해한 냄새는 나쁜 냄새이다. 나쁜 냄새를 맡으면 사람은 불쾌감을 느끼고 그것을 피하려고 한다.

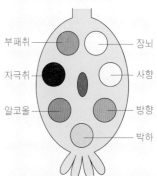

부패취

자극취

알코올

장뇌

사향

방향

박하

냄새는 후각세포로 나뉘어진다.

질병지식

재채기

이물질을 배출하는 반사운동

재채기란 코안(nasal cavity)에 들어온 이물질이나 먼지를 몸 밖으로 배출하거나 유독가스가 있는지 살펴 위험을 알리는 호흡근의 반사운동이다. 코안 속에 있는 비점막은 들이마신 공기를 따뜻하게 하고 이물질을 흡착하는 역할을 한다. 비점막은 뇌신경의 하나인 3차신경을 통해서 호흡근과 연락하기 때문에 티끌이나 먼지, 유독가스가 비점막에 흡착하면 그 자극을 3차신경을 지나 호흡근으로 보낸다. 자극을 받은 호흡근은 긴장하고, 그 긴장이 최고조에 도달하면 한꺼번에 이완한다. 이때 기도에서 공기가 세차게 나오는데 이를 재채기라 한다. 즉 재채기는 코로 들어온 이물질을 밖으로 내보내고, 유독가스의 존재를 알려주는 인체의 중요한 방위시스템 중의 하나이다. 코점막에 흡착한 이물질이 많을수록 재채기가 자주 나온다. 예를 들어, 초봄에 꽃가루 알레르기에 걸리면 재채기가 계속 나오는 이유는 꽃가루가 끊임없이 코점막을 자극하기 때문이다.

기 침

재채기와 같은 원리

기침도 재채기와 아주 비슷한 이유로 일어난다. 감기에 걸리면 코안, 인두(pharynx), 기관(trachea), 기관지(bronchus), 허파(lung) 같은 호흡기 점막 대부분에 염증이 생긴다. 그러면 민감해진 점막은 코로 들어온 이물질과 분비가 왕성해진 점액을 몸 밖으로 내보내려고 숨뇌를 자극해 기침이 나온다. 또 기도가 염증을 일으키면 허파꽈리 안에서 백혈구가 바이러스와 싸워서 생긴 백혈구의 잔해가 고름이 된다. 기침은 이렇게 모인 고름을 몸 밖으로 배출하기 위한 수단이다.

콧 물

콧물은 코점막의 분비물

코안점막은 아주 민감한 구조로 약한 자극에도 반응해서 많은 점액을 분비하

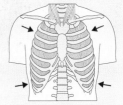

코로 들어온 티끌, 먼지, 바이러스는
비점막을 자극한다. 이 자극이 호흡근
에 전달되어 호흡근이 긴장한다.

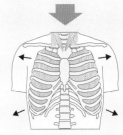

긴장이 최고조에 이르면 호흡근이 한
꺼번에 이완하여 그 기세로 재채기가
나온다. 유해물질을 몸 밖으로 내보내
기 위한 수단이다.

는 성질이 있다. 감기에 걸려 바이러스에 자극을 받거나 꽃가
루 알레르기 환자가 꽃가루에 자극 받는 것은 물론, 갑자기 찬
공기에 접촉하는 것만으로도 코점막은 점액을 분비한다. 이
것이 콧물이 된다. 단지 눈물을 흘릴 때 나오는 콧물은 눈에서
넘쳐 흐르는 눈물이다.

농후한 콧물이 나오는 이유

감기 초기에는 투명한 콧물이 나오지만 점점 색이 짙은 점
액성 콧물로 바뀐다. 감기증상이 진행되면서 코점막염증을
막기 위해 백혈구가 바이러스와 싸우면서 생긴 백혈구의 잔해
가 고름이 되어 점액과 섞여 농후하고 점성이 강한 콧물이 나
온다.

코 피

쉽게 상처 입는 코점막

코안에는 들이마신 바깥공기를 따뜻하게 하기 위해 모세혈
관이 밀집해 있다. 또 코점막은 얇고 민감하다. 따라서 코를
세게 풀면 바로 상처가 생기고 피가 난다. 자극이 강한 음식을
먹거나 목욕탕에서 현기증이 나거나, 정신적으로 흥분하면
혈압이 올라가고 혈액의 흐름이 증가해 코안의 혈관이 끊어져
피가 난다. 가벼운 출혈은 문제가 없지만, 피가 많이 나거나
쉽게 멈추지 않으면 코에 종양이 생겼거나 혈액병일 가능성도
있다. 코막힘이나 치아에 동통을 동반한 경우도 코안이나 부
코안(머리뼈 속에서 코안과 이어진 부분)에 종양이 생겼을 가
능성이 있다. 의사에게 진찰을 받도록 하자. 어린아이의 코 입
구에는 수많은 모세혈관이 모여 있다. 손가락으로 가볍게 건
드려도 피가 나기 쉽지만 성장하면서 자연스럽게 좋아진다.

코에 생기는 질병

비염 콧물이 나거나, 코가 막
히는 비염은 급성과 만성이 있
다. 급성비염이란 감기와 함께
증상이 나타나기 때문에 며칠
에서 한두 주면 회복된다. 만성
비염은 알레르기성과 코안점막
이 두꺼워지는 만성비후성 비
염, 화농성염증 등 여러 가지
원인이 있다. 증상에 따라 수술
이 필요한 경우도 있으므로 만
성이 의심될 때는 의사의 적절
한 진찰을 받아야 한다.

축농증 부코안에 고름이 차는
것으로, 정식명칭은 부코안염
이다. 만성 콧물, 두통, 머리가
무겁게 느껴지는 증상을 보이
며 만성화되면 주의력 산만, 기
억력 감퇴 등을 일으키기도 한
다. 원인은 바이러스 감염, 알
레르기체질, 선천적으로 코안
이 염증에 걸리기 쉬운 체질들
이 있으며, 증상에 따라 수술이
필요한 경우도 있다.

입과 혀의 구조

- 맛을 느낀다.
- 음식물과 타액을 골고루 섞어 식도로 보낸다.
- 말을 한다.

소화의 첫단계이며 말을 할 수 있는 언어기관

체내와 체외를 나누는 부드러운 막 입술의 역할

입(mouth)은 입술(구순 lips), 턱, 입천장(구개 soft palate), 혀밑(구강저)으로 둘러싸인 부분이다. 입에는 혀(tongue)와 치아(teeth)가 있다. 인체가 하나의 커다란 소화기관이라면 입은 입구에 해당한다. 입술은 인체라는 소화기관의 막과 같은 존재로 입으로 이물질이 들어가지 않도록 하며 입에 들어간 음식물이 밖으로 넘치지 않게 한다. 입술은 입 주위에 모여 있는 표정근육(expression muscle)으로 움직인다. 말을 할 때 복잡하게 모양이 변하기 때문에 여러 가지 소리를 낼 수 있다.

치아는 음식물을 잘게 부수어 소화를 돕고 음식물이 밖으로 나가지 않게 한다.

다양한 기능을 하는 근육덩어리 혀의 역할

혀는 자유로이 움직이는 유연한 근육덩어리로 종횡으로 뻗은 다발모양의 횡문근인 내설근과, 주변의 뼈에 이어진 외설근으로 되어 있다.

식사할 때 치아로 잘게 부순 음식물을 타액과 잘 섞어 식도로 보내는 역할을 한다. 혀 안쪽에 있는 후두덮개(epiglottis)는 음식물을 삼킬 때 기관으로 들어가지 않도록 기관입구를 막는다. 또 혀 표면에는 무수한 돌기(유두)가 있는데 이곳에서 맛을 느낀다. 말을 할 때 입술과 함께 복잡한 모양으로 변해 다양한 소리를 내어 발음을 돕는다.

입의 구조

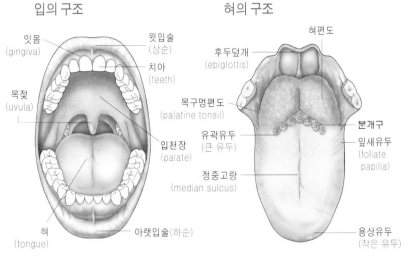

잇몸
(gingiva)

윗입술
(상순)

치아
(teeth)

목젖
(uvula)

입천장
(palate)

혀
(tongue)

아랫입술(하순)

혀의 구조

혀편도

후두덮개
(epiglottis)

목구멍편도
(palatine tonsil)

유곽유두
(큰 유두)

정중고랑
(median sulcus)

분개구

잎새유두
(foliate papilla)

용상유두
(작은 유두)

인두와 후두의 구조

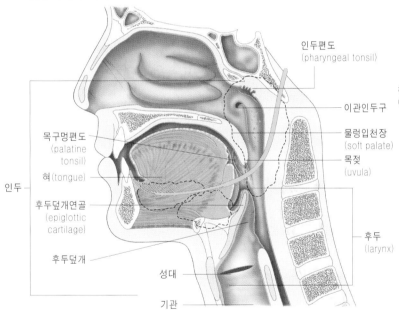

인두편도
(pharyngeal tonsil)

이관인두구

물렁입천장
(soft palate)

목젖
(uvula)

후두
(larynx)

목구멍편도
(palatine tonsil)

혀(tongue)

후두덮개연골
(epiglottic cartilage)

후두덮개

성대

기관

인두

타액의 역할

타액은 음식물을 씹거나 식도로 보낼 때 부드럽게 하는 역할을 한다. 타액에는 여러 가지 효소가 포함되어 있는데 대표적인 것이 탄수화물 분해를 돕는 아밀라아제이다. 또 퍼옥시타제라는 효소에는 살균작용이 있어 입 속을 청결하게 유지하고 치아에 충치가 생기지 않게 하는 역할을 한다.

타액이 나오는 곳

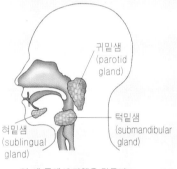

귀밑샘
(parotid gland)

턱밑샘
(submandibular gland)

혀밑샘
(sublingual gland)

이 세 곳에서 타액을 만든다.

POINT

입술은 포유동물만 가진 근육성질의 주름으로 원래는 젖을 빨기 위한 기관이었다. 또 입술이 붉은 것은 사람뿐이다.

미각 기능 ①

혀의 표면에 있는 작은 돌기가 맛을 느낀다   맛을 느끼는 맛봉오리

근육의 덩어리로 이루어진 혀(tongue)의 표면은 작은 돌기가 있는 점막으로 덮여 있다. 이 돌기를 유두라고 하며 유두 속에는 맛을 느끼는 맛봉오리(미뢰 taste buds)가 있다.

맛봉오리는 혀 전체에 약 1만 개가 있다. 맛봉오리가 특히 많은 곳은 혀의 가운데 부근에 있는 버섯 유두(fungiform papillae), 약간 안쪽의 성곽유두(유곽유두 circumvallate papillae), 좌우 끝에 있는 잎새 유두(엽상유두 foliate papillae)이다. 맛봉오리는 유두의 측면에 나란히 있으며, 유두 하나에 약 200개의 맛봉오리가 있다.

맛봉오리 속에는 맛 수용체인 미각세포(taste cell)가 있다. 맛봉오리 끝에는 맛구멍(미공 taste pore)이 있어 물과 타액에 녹은 음식의 맛 성분이 이곳을 통해 맛봉오리로 들어간다. 그러면 미각세포는 맛을 느끼고, 그 자극을 대뇌의 미각영역으로 전달한다.

부위에 따라 다른 맛을 느끼는 맛봉오리   네 가지 미각

그런데 음식의 맛은 실제로 여러 가지가 있지만 모든 미각은 단맛, 짠맛, 신맛, 쓴맛의 네 가지 기본 맛으로 되어 있다. 요리의 복잡한 맛도 모두 이 네 가지 맛이 혼합되어서 만들어진다.

모든 맛봉오리는 한 종류 이상의 미각에 반응할 수 있지만 하나의 기본 맛에 대해서 특히 민감하게 반응하는 부위가 따로 있다. 단맛은 혀끝, 짠맛은 혀끝과 양쪽 가장자리, 신맛은 혀 안쪽의 양쪽 가장자리, 쓴맛은 혀 안쪽에서 느낀다. 따라서 쓴 약을 먹을 때 혀끝에 놓고 재빨리 물과 함께 마시면 그다지 쓴맛을 느끼지 않고 먹을 수 있다.

네 가지 미각을 느끼는 부위

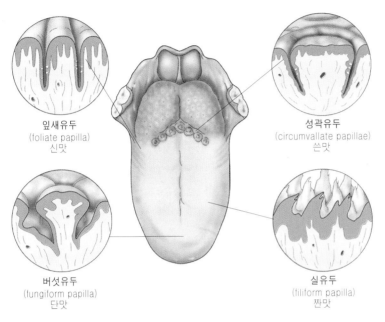

잎새유두
(foliate papilla)
신맛

성곽유두
(circumvallate papillae)
쓴맛

버섯유두
(fungiform papilla)
단맛

실유두
(filiform papilla)
짠맛

유두의 확대도

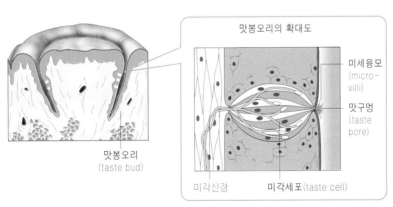

맛봉오리
(taste bud)

맛봉오리의 확대도

미세융모
(micro-
villi)

맛구멍
(taste
pore)

미각신경   미각세포(taste cell)

맛을 결정하는 조건

타액은 실제로 음식을 입에 넣었을 때만이 아니라, 요리를 보거나 냄새를 맡거나 혹은 상상하는 것만으로도 분비된다. 즉 식욕이란 미각과 함께 시각과 후각이 하나가 되어 자극을 받는 것이다. 시각과 후각은 맛 자체에도 큰 영향을 미친다. 감기로 코가 막히거나 어두운 곳에서 먹으면 맛을 별로 못 느끼는데 이것은 미각이 시각과 후각과도 밀접한 관계를 갖고 있다는 증거다.

눈을 감고 코를 막고 먹으면 맛을 잘 알 수 없다.

POINT

혀는 사람의 체온 정도에서 음식의 맛을 가장 잘 느낀다. 너무 뜨겁거나 차도 제대로 맛을 알 수 없다.

미각 기능②

맛 있으면 식욕이 생기는 이유 미각의 경로

음식의 맛은 혀(tongue)에 있는 맛봉오리(미뢰 taste buds)가 느끼고 그 정보를 대뇌로 보낸다. 그러면 그 결과에 따라 다양한 반사작용이 일어난다. 치아(teeth)는 음식물을 잘게 부수며, 혀는 타액과 잘 섞는다. 맛봉오리의 맛구멍(taste pore)에는 미세융모(microvilli)라는 미세한 돌기가 있는데 이것이 타액에 녹은 음식의 맛 성분을 잡는다.

미세융모가 감지한 맛 정보를 대뇌로 보내는 맛봉오리의 감각신경은 두 종류이다. 혀끝에서 3분의 2는 3차신경가지와 얼굴신경가지가 결합한 고실끈신경(고삭신경 chorda tympani nerve)이, 뒤쪽의 3분의 1은 혀인두신경(glossopharyngeal nerve)이 지배한다. 맛 정보는 이 두 가지 신경을 통해 숨뇌(연수 medulla oblongate)로 들어가 시상(thalamus)을 경유해 대뇌의 미각영역으로 보내진다. 그곳에서 비로소 맛이 있는지 없는지 판단을 내린다. 결과는 아주 짧은 시간에 본성감각영역과 운동영역에 전해진다. 그리고 맛이 있으면 타액이나 위액의 분비가 활발해져 소화가 진행되며 식욕이 왕성해진다. 맛이 없거나 부패했다면 얼굴을 찡그리거나 구토증세가 나타난다.

미각을 결정하는 조건

미각은 여러 조건에 따라 느끼는 맛이 다르다. 같은 음식이라도 그때의 상황에 따라 맛이 다르게 느껴진다. 음식은 10~40℃ 사이에서 가장 맛을 잘 알 수 있다. 예를 들어, 단맛은 차가운 것보다 뜨거운 쪽이 더 강하게 느낀다. 같은 분량의 설탕을 넣은 아이스커피와 뜨거운 커피에서는 아이스커피 쪽이 단맛이 약한 것처럼 느껴진다. 매운맛은 온도가 낮은 쪽이 잘 느껴지며, 수프나 된장국은 너무 뜨거운 것보다 약간 미지근한 쪽이 덜 짜게 먹게 되므로 건강에 좋다.

미각은 몸 상태에 따라 다르다. 코가 막히면 맛을 잘 알 수가 없다. 미각신경에 이상이 있거나 아연 섭취량이 부족하면 맛을 잘 느끼지 못하게 된다. 미각장애는 당뇨병이나 콩팥장애, 간장애 등의 병을 알리는 적신호이기도 하다.

▷ 주요질병

설 염

혀에 염증이 생기는 것으로 크게 나누어 카타르성 설염, 실질성 설염, 매독성 설염이 있다.

카타르성 설염은 혀가 곪아서 붉어지고, 표면이 거칠어져 까끌까끌해지는 것이 특징으로 구취를 동반하며 혀가 설태로 덮여 새하얗게 되는 경우도 있다. 실질성 설염은 혀 내부에 염증이 생기는 것이다.

모두 증상이 심해지면 통증과 발열로 식사가 어려울 정도가 된다. 이런 경우는 점적주사로 영양보급을 해야 한다.

대부분의 설염은 양치를 하거나 연고를 바르고, 항생물질 약물을 투여함으로써 치료할 수 있다.

모 설

혀 표면에 있는 유두가 길게 자라서 각질화되어 맛이 이상하게 느껴지고, 혀가 따끔거리는 것이 주요 증상이다. 혀가 갈색이나 흑색으로 변해서 흑설이라고도 한다. 항생물질을 복용할 때 흔히 보이는 증상이다.

구 설

혀 표면에 깊은 골이 생기는 것으로 구상설이라고도 한다. 선천적 기형으로 노년기에 많이 나타나며 젊을 때는 잘 보이지 않는다. 일반적으로 통증이나 미각장애 같은 증상이 없어서 특별히 치료하지 않는다. 그러나 골에 세균이 침입해 감염을 일으킬 수 있으므로 양치로 입 속을 청결하게 유지해야 한다.

구내염

입안 점막에 생기는 모든 염증을 말한다. 점막이 붉어지는 증상만 생기다 낫기도 하지만 짓무르거나 환부가 심해지기도 하고 수포가 생겨 새하얗게 되기도 한다. 여러 가지 이유로 발병하는데, 의치가 안 맞거나 입 속을 데는 등 입안에서 원인이 생기거나 감기, 과로, 위장장애로 몸 상태가 안 좋아서 생기는 경우도 있다.

원인에 따라 치료 방법이 다른데 언제나 입안을 청결히 유지하기만 해도 조기 치유를 기대할 수 있다.

설 암

충치나 의치가 맞지 않아 생기는 자극이 원인이다. 주로 구치부근의 혀끝에서 발생해 목이나 턱에 있는 림프절로 전이한다. 초기에는 식사 때 환부에 통증이 있는 정도로 자각증상이 거의 없지만, 시간이 지나면서 환부주위에 있는 신경에 영향이 미쳐 귀까지 통증이 퍼지기도 한다. 혀 내부의 근육이 병에 걸리면 대화가 힘들고 음식을 삼키기 어렵다. 환부를 절제하거나 레이저 치료를 한다. 절제부위가 크면 절제부분을 재생하는 수술을 한번 더 해서 혀의 기능을 회복시킨다. 환부는 눈으로 확인 할 수 있으므로 혀 표면이 새하얗게 되는 이상을 느끼면 빨리 진찰을 받아야 한다.

뇌에 미각이 전해지는 과정

고실끈신경
(chorda tympani nerve)

미각영역
(gustatory area)

시상
(thalamus)

뇌줄기
(brain stem)

미각
신경핵

맛봉오리
(taste bud)

혀인두신경
(glossopharyn-
geal nerve)

POINT

혀는 맛을 느낄 뿐만 아니라 감촉을 느끼는 신경도 있다. 음식 속에 딱딱한 것이나 이상한 감촉을 알 수 있는 이유는 이 신경이 뇌로 정보를 전달하기 때문이다.

치아의 구조

- 음식을 잘게 부순다.
- 발음을 돕는다.

음식을 잘게 부수는 32개의 치아는 인체에서 가장 단단한 기관

치아의 구조   인체에서 가장 단단한 치아

치아(teeth)는 혀와 함께 음식을 잘게 씹는 소화기관의 입구이다. 음식을 잘게 씹을 때는 체중만한 하중이 치아에 가해진다. 만약 치아가 약해서 음식을 잘 씹을 수 없으면 위장에 부담을 줘서 건강을 해칠 염려가 있다. 따라서 치아는 단단한 조직이고 아주 견고하게 만들어졌다. 그에 따라 치아를 지탱하는 잇몸 또한 매우 튼튼하다.

치아는 몇 가지 소재가 조합해 만들어졌다. 잇몸에서 자라 눈에 보이는 부분을 치아머리(dental crown)라고 하며 표면에 흰 부분은 에나멜질로 되어 있다. 이 에나멜질이 음식물과 직접 닿는 부분으로 인체에서 가장 단단한 조직이다. 에나멜질 속은 상아질로 만들어졌다. 잇몸에 묻혀 있는 치아뿌리(치근부 dental root)는 시멘트질이다.

치아 내부는 비어 있는데 이곳에 혈관과 신경이 있다. 이곳을 치아속질(치수 dental pulp)이라고 한다.

치아를 지탱하는 조직

치아는 잇몸이라는 조직으로 지탱한다. 잇몸(gingiva)은 치아의 토대가 되는 뼈를 덮는다. 치아와 뼈 사이에는 빈틈이 없어 세균이 침입하지 못하게 되어 있다. 또 음식을 씹을 때 가해지는 하중으로부터 조직을 보호하는 역할도 한다. 치조농루(치주병)란 잇몸에 염증이 생겨 치아가 흔들리는 병이다.

치아의 구조

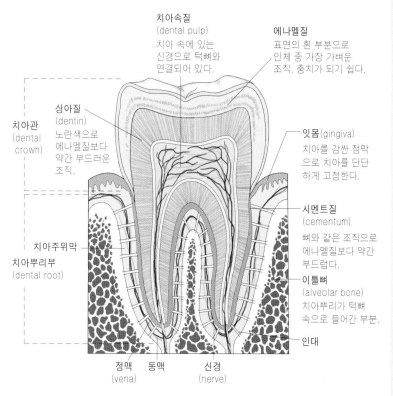

- 치아속질 (dental pulp) 치아 속에 있는 신경으로 턱뼈와 연결되어 있다.
- 에나멜질 표면의 흰 부분으로 인체 중 가장 가벼운 조직. 충치가 되기 쉽다.
- 상아질 (dentin) 노란색으로 에나멜질보다 약간 부드러운 조직.
- 치아관 (dental crown)
- 치아주위막
- 치아뿌리부 (dental root)
- 잇몸 (gingiva) 치아를 감싼 점막으로 치아를 단단하게 고정한다.
- 시멘트질 (cementum) 뼈와 같은 조직으로 에나멜질보다 약간 부드럽다.
- 이틀뼈 (alveolar bone) 치아뿌리가 턱뼈 속으로 들어간 부분.
- 인대
- 정맥 (vena)　동맥　신경 (nerve)

치조농루(치주염)의 진행과 치료

치주염은 잇몸염증과 치주염으로 나눈다. 염증이 잇몸부분에만 있으면 잇몸염증, 치아주위막, 이틀뼈까지 파괴되면 치주염이라고 한다.

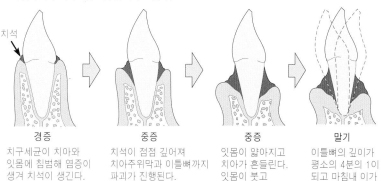

경증
치구세균이 치아와 잇몸에 침범해 염증이 생겨 치석이 생긴다.

중증
치석이 점점 깊어져 치아주위막과 이틀뼈까지 파괴가 진행된다.

중증
잇몸이 얇아지고 치아가 흔들린다. 잇몸이 붓고 물렁해진다.

말기
이틀뼈의 깊이가 평소의 4분의 1이 되고 마침내 이가 빠진다.

구취의 원인은 무엇일까?

구취의 원인에는 두 가지가 있다. 첫 번째 원인은 입에 있는데 숨을 멈추고 있어도 구취가 난다. 이것은 치아에 쌓인 치구에 세균이 번식해 생긴 부패와 번식이 원인이다. 또 충치나 치조농루에 걸려도 구취가 난다. 호흡할 때 구취가 나는 경우는 코, 인두, 기관, 허파 등 호흡기에 병이 있어서 조직의 일부가 부패균에 감염되어 생긴 괴저를 의심할 수 있다. 트림할 때 악취가 나면 식도와 위에 궤양이 의심된다.

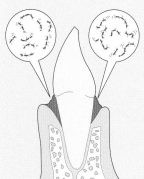

음식물의 가스로 뮤탄스균이 번식해 치구를 만든다.

POINT

젖니가 나기 시작하는 시기는 평균 생후 8개월 전후이다. 빠르면 4개월, 늦으면 17개월 정도로 개인차가 꽤 큰 편이다.

턱이 자라면서 다시 나는 간니

젖니가 간니로 바뀌는 과정

일생동안 사용하는 견고한 간니 　젖니와 간니

치아(teeth)는 젖니(유치 deciduous teeth, milk teeth)와 간니(영구치 permanent teeth)가 있다. 젖니는 생후 8개월 정도에 나기 시작해서 2~3세가 되면 모두 갖춰진다. 아직 턱이 덜 자라서 작으므로 젖니의 크기도 작고, 수도 20개 밖에 안 된다.

그런데 성장하면서 턱이 발달해 감에 따라 작은 젖니로는 음식을 씹기 힘들어진다. 그래서 초등학교에 올라갈 무렵부터 젖니가 빠지기 시작해 빠진 곳부터 간니가 올라온다.

모든 젖니가 빠지고 간니가 다시 나는 시기는 10~11세이다. 간니는 젖니보다 견고하며 두 번 다시 나지 않는다. 간니는 전치 6개(앞니 4개, 송곳니 2개), 어금니 10개로 위턱과 아래턱을 합하면 모두 32개이다.

역할이 다른 네 종류의 치아

사람의 치아는 모양에 따라 네 종류로 나누며 각기 맡은 역할도 다르다. 앞니(절치 incisors)는 가장 앞에 있는 얇고 평평한 치아로 음식을 자르기가 편리하다.

송곳니(견치 canine teeth)는 앞니 안쪽에 있는 치아로, 사자나 호랑이 같은 육식동물의 어금니에 해당한다. 끝이 뾰족하고 날카로워 음식을 찢는 역할을 맡는다.

송곳니 안쪽에 있는 어금니는 앞에 작은어금니(소구치 premolar teeth)와 그 뒤에 큰어금니(대구치 molar teeth)가 있는데, 모두 표면이 울퉁불퉁해서 음식을 잘게 으깨기 좋다. 그런데 가장 안에 있는 제3큰어금니(사랑니)는 약 70%의 사람만 나온다. 간니가 32개라는 말은 제3큰어금니 네 개를 포함한 것으로 사람에 따라 28개밖에 없는 경우도 있다.

치아의 종류

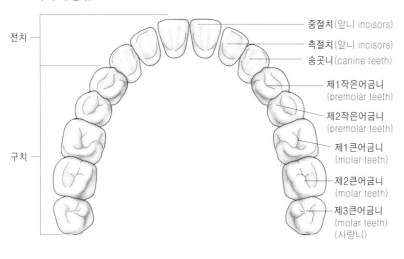

전치

구치

중절치(앞니 incisors)
측절치(앞니 incisors)
송곳니(canine teeth)
제1작은어금니
(premolar teeth)
제2작은어금니
(premolar teeth)
제1큰어금니
(molar teeth)
제2큰어금니
(molar teeth)
제3큰어금니
(molar teeth)
(사랑니)

4종류의 치아

절치(문치) 2개, 송곳니 1개, 작은어금니 2개, 큰어금니
3개가 좌우 상하 합쳐서 4조로 모두 32개가 있다.

앞니
(incisors)
가위처럼 음식
물을 자른다.

송곳니
(canine)
칼처럼 고기를
찢는다.

작은어금니
(premolar teeth)
맷돌처럼
잘게 부순다.

큰어금니
(molar teeth)
작은어금니처럼
잘게 부순다.

충치의 진행

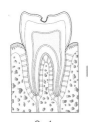
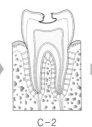
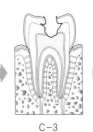
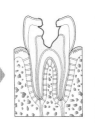

C-1
에나멜질에 흑갈색
이나 탁한 흰색이
보인다. 자각증상은
없다.

C-2
상아질까지 침식해
찬 음식이나 단
음식을 먹으면
시리다.

C-3
충치가 치수까지
진행되어 치수염을
일으킨다. 욱신거
리는 통증이 있다.

C-4
치아가 모두 녹아
서 치근만 남았다.
치수는 이미 죽은
상태.

젖니에서 간니로

치아가 다시 나오는 과정

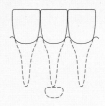

젖니 밑에 간니가
형성된다.

간니가 성장하기 시작하며
젖니가 밀려나온다.

간니가 완성되어
위로 나오기 시작한다.

POINT

충치의 원인은 유산을 만드는 뮤탄스
균이다. 설탕 같은 당분이 유산을 만든
다. 당분이 균에 싸이면서 뮤탄스균이
번식해 유산을 만들고 치아를 녹인다.

피부의 역할

- 외부 자극을 느낀다.
- 외부 자극으로부터 몸을 보호한다.
- 체온조절을 한다.

외부 자극에서 몸을 보호하고 체온조절을 하는 견고한 막

몸을 보호하고 체온을 조절 피부의 역할

몸의 표면을 덮고 있는 피부의 가장 큰 역할은 민감한 체내조직을 보호하는 일이다. 피부는 탄력성과 내수성이 풍부하기 때문에 외부의 자극, 더위, 추위, 태양광선의 자극 및 유해한 세균과 바이러스로부터 몸을 든든하게 보호해준다. 그리고 땀을 흘리거나 모공을 수축해 체온조절을 한다.

중요한 기관이 있는 진피 피부의 구조

피부(skin)는 표피(epidermis), 진피(dermis), 피부밑조직(subcutaneous tissue)으로 되어 있다. 표피는 가장 바깥층으로 기저부에서 끊임없이 새로운 세포를 만들어 성장하면서 위로 이동한다. 표면으로 이동한 세포는 마침내 때가 되어 떨어진다. 이렇게 차례차례 새로운 세포로 바뀌는 것을 재생이라고 한다. 표피 아래에는 표피보다 두꺼운 진피가 있는데 혈관(blood vessel), 모근(hair root), 기름샘(sebaceous gland), 탄력성 섬유 및 땀을 분비해 체온을 조절하는 땀샘(sweat gland)과 다양한 외부 자극을 감지하는 신경세포(감각수용기)가 있다.

이렇게 피부의 역할은 매우 중요한데, 화상으로 3분의 1 이상의 피부에 손상을 입으면 생명이 위험하다.

피부의 조직

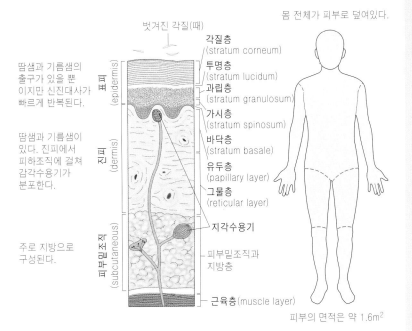

벗겨진 각질(때)

몸 전체가 피부로 덮여있다.

각질층
(stratum corneum)

투명층
(stratum lucidum)

과립층
(stratum granulosum)

가시층
(stratum spinosum)

바닥층
(stratum basale)

유두층
(papillary layer)

그물층
(reticular layer)

지각수용기

피부밑조직과
지방층

근육층(muscle layer)

피부의 면적은 약 1.6m²

표피
(epidermis)

진피
(dermis)

피부밑조직
(subcutaneous)

땀샘과 기름샘의 출구가 있을 뿐이지만 신진대사가 빠르게 반복된다.

땀샘과 기름샘이 있다. 진피에서 피하조직에 걸쳐 감각수용기가 분포한다.

주로 지방으로 구성된다.

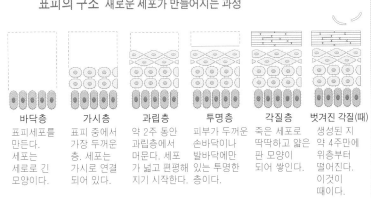

표피의 구조 새로운 세포가 만들어지는 과정

바닥층
표피세포를 만든다. 세포는 세로로 긴 모양이다.

가시층
표피 중에서 가장 두꺼운 층. 세포는 가시로 연결되어 있다.

과립층
약 2주 동안 과립층에서 머문다. 세포가 넓고 편평해지기 시작한다.

투명층
피부가 두꺼운 손바닥이나 발바닥에만 있는 투명한 층이다.

각질층
죽은 세포로 딱딱하고 얇은 판 모양이 되어 쌓인다.

벗겨진 각질(때)
생성된 지 약 4주만에 위층부터 떨어진다. 이것이 때이다.

화상

성인의 피부면적은 약 1.6m²이다. 피부는 몸을 보호할 뿐 아니라 호흡을 하고 땀을 분비하는 등 여러 가지 역할을 한다. 일반적으로 피부의 3분의 1이 손실되면 살아가기가 어려우며, 화상부위가 넓으면 생명을 앗아갈 정도로 위험하다. 화상의 정도는 깊이와 면적으로 판정하는데 제1도~제3도로 등급을 붙인다. 화상이 심하고 치료를 해도 피부의 자연재생이 어려울 경우는 신체의 다른 부분의 피부를 이식하는 수술을 한다.

피부의 깊이로 본 화상단계

제1도(홍반)	표피에만 화상
제2도(수포)	진피까지 이르는 화상
제3도(괴사)	피하조직까지 이르는 화상

POINT

인종과 개인에 따라 피부색이 다른 이유는 바닥층에 포함된 세포가 지닌 멜라닌 색소량의 차이 때문이다. 멜라닌은 백인에게 적고 흑인이 많으며 황인종은 중간이다.

피부감각

감각기로서의 피부   피부는 다섯 가지 감각을 감지하는 수용기

피부(skin)는 몸을 보호할 뿐 아니라 감각기의 역할도 한다.

표피(epidermis)의 아래층에 해당하는 진피(dermis)에는 온각, 냉각, 압각, 통각, 촉각을 감지하는 점상 수용기가 있다. 수용기가 받은 자극은 감각신경에서 대뇌의 신체감각영역과 신체감각연합영역으로 전달되어 비로소 뜨겁거나 차가운 감각이 생긴다.

다섯 가지 감각

피부 표면에는 다섯 가지 감각을 감지하는 감각점이 점점이 흩어져 있다. 감각점은 각각의 감각수용기가 있는 부분에 따라서 존재한다.

온각수용체는 진피 안에 있는 루피니소체(Ruffini's corpuscle)에 있는데 뜨거운 것에 닿으면 열을 흡수해 피부온도가 올라가는 것을 감지한다. 냉각은 표피 안에 있는 자율신경종말(autonomic nerve ending)에서 느낀다. 냉각수용체는 차가운 것에 닿을 때 피부온도가 내려가는 것을 감지한다.

압각수용체는 두 가지가 있는데 약한 압력과 강한 압력을 따로 느낀다. 통각도 냉각처럼 표피 안에 있는 자율신경종말에서 감지한다.

민감한 부분과 둔감한 부분

그런데 수용기는 피부표면에 골고루 분포하는 것이 아니라, 모여 있는 부분과 드문드문 있는 부분이 있다. 피부표면에 작은 몽둥이로 두 점을 동시에 대는 두 점 역치 실험을 하면 손가락 끝은 수용기가 많아서 거리가 약간만 떨어져도 두 점을 분명하게 느끼지만 대퇴부와 등은 수용기가 적어서 두 점의 거리가 어느 정도 많이 떨어질 때까지 한 점을 누르는 것처럼 느낀다.

피부의 감각과 수용체

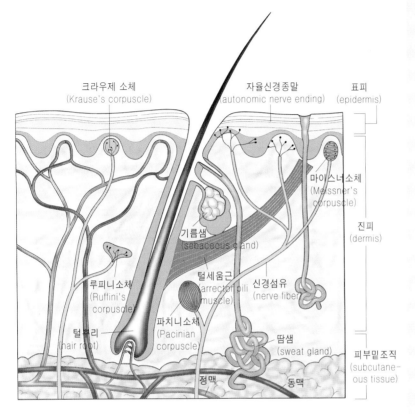

크라우제 소체
(Krause's corpuscle)

자율신경종말
(autonomic nerve ending)

표피
(epidermis)

마이스너소체
(Meissner's corpuscle)

진피
(dermis)

기름샘
(sebaceous gland)

루피니소체
(Ruffini's corpuscle)

털세움근
(arrector pili muscle)

신경섬유
(nerve fiber)

파치니소체
(Pacinian corpuscle)

털뿌리
(hair root)

땀샘
(sweat gland)

피부밑조직
(subcutane-ous tissue)

정맥

동맥

다섯 가지 감각

압각	약한 압각과 강한 압각을 따로 느끼는 두 가지의 수용기가 있다. 파치니소체, 마이스너소체에서 감지한다.
온각	뜨거운 것에 닿으면 열을 흡수해 피부온도가 올라가는 것을 감지한다. 루피니소체, 자율신경종말이 감지한다.
촉각	털뿌리 주변에 분포하며 사물에 닿을 때 감촉을 감지한다. 파치니소체, 마이스너소체가 감지한다.
통각	신경종말이 피부에 가해진 통증을 감지한다. 자율신경종말이 감지한다.
냉각	차가운 것에 닿으면 피부온도가 내려가는 것을 감지한다. 크라우제소체, 자율신경종말이 감지한다.

내장의 감각

몸 속에 있는 내장에도 감각수용기가 있다. 그러나 피부표면에 비해서 수용기의 수가 매우 적기 때문에 내장 스스로는 그다지 통증을 느끼지 못한다. 맹장염에 걸리면 내장이 심하게 아픈 이유는, 맹장 자체가 통증을 느껴서가 아니라 맹장을 감싼 복막에 수용체가 많아서 통증에 대해 매우 민감하게 반응하기 때문이다.

둔감한 내장에 비해서 혀끝은 수용체가 많고 매우 민감하다. 실험에서 두 점 사이가 약 1mm 밖에 떨어지지 않았는데도 그것을 느낄 수 있었다.

POINT

피부의 두께는 평균 0.1~0.2mm이다. 그러나 손바닥의 표피는 약 0.7mm, 발바닥은 약 1.3mm나 된다.

체온조절기능

모공, 혈관, 땀으로 조절 체온을 일정하게 유지하는 조직

사람의 체온을 평균 36.5℃ 전후로 유지하기 위해 피부가 하는 역할이 매우 크다.

기온이 낮을 때는 진피 속에 있는 털세움근(입모근 arrector pili muscle)이 수축해 모공과 땀구멍(sweat pore)이 닫힌다. 이때 피부에 생기는 것이 소름으로 체표면의 구멍을 막아서 몸에서 열이 빠져나가지 못하게 한다. 동시에 얼굴색이 창백해지는데, 혈관이 수축해서 피부의 붉은 기가 사라지기 때문이다.

기온이 높을 때는 땀샘에서 땀이 나와 피부표면을 적신다. 땀이 증발하면서 몸의 열을 빼앗아 체온이 너무 올라가지 않도록 한다. 동시에 피부표면 가까이 있는 혈관이 확장되어 혈관에서도 열을 내보내 체온을 일정하게 유지한다. 더우면 피부가 붉은 기를 띠는 이유는 이 때문이다.

지시를 내리는 것은 대뇌

이렇게 피부는 체온조절에 중요한 역할을 한다. 그러나 모공을 막아 소름이 돋거나 땀을 흘리는 작용은 피부 스스로 하는 것이 아니라 사이뇌의 시상하부에 있는 체온조절중추의 명령에 따른 것이다.

피부의 온각과 냉각수용체가 외부 온도의 변화를 느끼면 그 정보는 신경을 통해 체온중추신경에도 반응이 일어난다. 그러면 다음은 체온중추신경에서 자율신경을 통해서 모공을 닫거나 땀을 흘리라는 명령을 전달해 피부에 변화가 일어난다. 따라서 자율신경실조증에 걸리면 발한에 이상이 생겨 체온조절이 제대로 되지 않는다.

기온이 낮아 추울 때 – 소름이 돋는다.

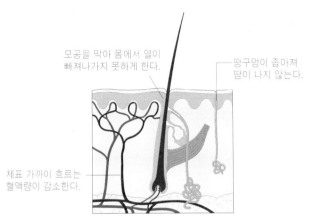

모공을 막아 몸에서 열이
빠져나가지 못하게 한다.

땅구멍이 좁아져
땀이 나지 않는다.

체표 가까이 흐르는
혈액량이 감소한다.

기온이 높아 더울 때 – 땀이 난다.

모공이 열려 몸에서
열이 빠져나간다.

땀이 나고 증발하면서
열을 빼앗는다.

체표 가까이 흐르는
혈액량이 증가한다.

체온조절

1.온열성 발한

기온의 상승이나 운동 후에
흘리는 땀.

2.정신성 발한

예민한 사람이나 긴장했을 때
흘리는 땀.

3.미각성 발한

매운 음식이나 자극이 강한
음식을 먹었을 때 흘리는 땀.

질병지식

아토피성 피부염

아이들에게 많이 걸리는 피부염의 한 종류

알레르기의 한 종류로 아토피성 체질이라는 특이한 체질에 생기는 피부염이다. 유아기 때 발생하기 쉬운 것이 특징이며 성인에게도 보이는데 이런 경우는 만성화·중증화 경향이 있다.

1) 증 상

전형적인 증상은 연령에 따라 다르나 유아기에는 침윤성 습진이 많이 발견되며 유아~초등학생에게는 피부건조 현상이 나타나는 것이 특징이다. 증상은 수년 이상 계속되는 경우가 많은데 사춘기에는 가벼워지는 것이 보통이다. 단지 나타나는 증상이 사람마다 달라서 청년기가 되어도 완치되지 않는 경우도 있다.

2) 근본적인 치료법

병의 원인이 아토피성 체질 때문인 것은 알지만 획기적인 치료법이나 체질개선법은 밝혀진 게 없다. 우유, 계란, 콩 같은 특정음식물 때문에 발병한다는 설도 있지만 확실한 증거는 없다.

따라서 치료는 콩팥위샘겉질 호르몬 도포나, 항히스타민제를 내복해 가려움이나 그 밖의 증상을 억제하는 것이 주목적이 되었다. 환부에는 되도록 자극을 주지 않는 일이 중요하며 낮 동안 피부 관리에 주의해 악화되지 않도록 조심한다. 특히 유아는 피부를 심하게 긁지 않도록 주의할 필요가 있다.

또 알레르기를 악화시키는 원인을 밝혀내 제거하는 것도 중요하다.

어쨌든 특효약도 명쾌한 치료법도 확립되지 않은 현 단계에서는 악화되지 않도록 주의하면서 끈기 있게 병과 친숙해질 필요가 있다.

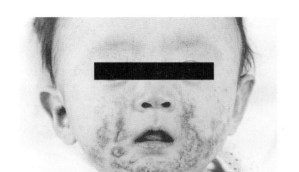

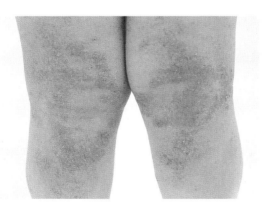

사진자료 제공 : 고려의학

유아기의 아토피

주로 얼굴이 튼 것처럼 양 볼이 발개지고 습진이 생긴다. 팔, 다리뿐만 아니라 머리까지 습진이 생길 수 있다.

털의 역할

- 몸을 보호한다.
- 몸을 보온한다.

피부 위에 자라 소중한 피부를 상처로부터 지킨다

털의 구조   길이는 다르지만 기본 구조는 같다

털(모발 hair)은 머리털(두발 scalp hairs)과 체모 모두를 말하는데 길이, 두께, 밀도는 자라는 부위에 따라 다르다. 몸을 보호·보온하는 역할을 하므로 대체적으로 보호가 필요하고 중요한 부분일수록 많이 자란다. 털은 피부의 각질이 분화해서 자란 것으로 3층 구조를 하고 있다. 가장 바깥층의 큐티클(cuticle)은 비늘처럼 겹쳐 있으며, 그 안쪽의 모겉질은 멜라닌 색소를 함유한 세포로 구성되어 있다. 중심부의 모수질은 중공 세포로, 피부에서 운반된 영양분을 털에 공급한다. 털뿌리(hair root)인 털망울 부위에는 멜라닌 색소를 만드는 세포가 있다. 털의 뿌리부분은 피부가 함몰해서 생긴 모포가 감싸고 있다.

털은 계속 자라다 성장이 멈추면 수명이 다해 빠진다. 털은 진피 속에서 자라므로 도중에 끊거나 잘라도 성장이 멈추지 않는다. 머리카락은 한 달에 약 1.2cm씩 자라며, 수명은 3~4년이다. 한편 속눈썹은 수명이 3~4개월이다.

피부와 털의 색을 결정하는 멜라닌

피부(skin)와 털은 멜라닌이라는 흑갈색 색소를 만드는 세포를 가지고 있다. 피부와 털의 색이 다양한 이유는 멜라닌을 포함한 양이 다르기 때문인데, 멜라닌이 많을수록 짙은 색이 된다. 멜라닌이 없어지면 백발이 된다.

털의 구조

모소피
(cuticle)

뿌리집
(root sheath)

털줄기
(hair shaft)

털뿌리
(hair root)

털망울
(hair bulb)
멜라닌
색소를
만든다.

혈관
털에 영양을
보급한다.

모모기
털을 성장
시킨다.

털세움근
(arrector pili m.)
털을 세우거나
눕혀서 체온을
조절한다.

털의 구조

모피질　모수질

멜라닌
(melanin)

모소피
(큐티클 cuticle)

털의 성장과정

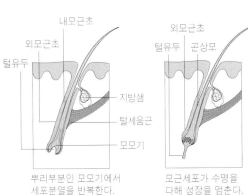

성장기

내모근초
외모근초
털유두

지방샘
털세움근
모모기

뿌리부분인 모모기에서
세포분열을 반복한다.

퇴행기

외모근초
털유두　곤상모

모근세포가 수명을
다해 성장을 멈춘다.

휴지탈모기

곤상모
모모

새로
자라는
털

털유두
(hair
papilla)

늙은 털이 빠지고
모모기에서 새로운
털을 만든다.

원형탈모증

원형탈모증이란 머리카락이 한 곳이나 여러 곳에 둥근 모양으로 빠지는 탈모증상으로 눈썹, 속눈썹, 수염, 체모가 빠지는 경우도 있다. 신경계통이나 호르몬 이상, 알레르기, 스트레스, 피부병 등 원인은 여러 가지가 있다.
치료는 주로 콩팥위샘겉질 호르몬제에 의한 외용요법이며 탈모된 면적이 넓을수록 치료 시간도 오래 걸린다. 그러나 머리의 혈액순환이 좋아지거나, 균형 잡힌 식생활을 하면 대부분의 원형탈모증은 회복할 수 있다.

스트레스도 정신적인 상처를 주므로 탈모증이 생길 수 있다.

POINT

털은 직모(생머리), 곱슬머리, 고수머리가 있다. 이것은 털단면의 모양이 달라서인데 생머리는 원형, 곱슬머리는 타원형, 고수머리는 긴 타원형이다.

손톱의 구조

- 손가락 끝을 보호한다.
- 물건을 잡는다.

섬세한 몸의 끝을 보호하기 위해서 일생 동안 성장을 계속하는 각질의 갑옷

손톱은 조모에서 계속 자란다   손톱은 각질화된 피부

손톱(nail)은 피부의 일부가 각질화된 것으로 손가락 끝을 보호하며 물건을 잡는 역할을 한다.

겉에 보이는 부분을 조갑, 피부 속에 있는 부분을 손톱뿌리(조근 nail root)라고 한다. 조갑 안쪽을 조상, 그 뿌리를 조모라고 한다. 손톱조직은 조모에서 만들며, 하루에 0.1 mm 정도의 속도로 자란다. 조갑이 손상되어도 손톱은 다시 자라지만 조모조직이 손상되면 다시 자라지 않는다.

조갑 뿌리 부분에 반달모양을 한 흰 부분을 조반월이라고 한다. 색이 하얀 이유는 내부 층에서 아직 완전히 각질화되지 못했기 때문이다.

손톱에 나타나는 여러 가지 증상

손톱모양으로 건강상태를 알 수 있다. 건강한 손톱은 선홍빛을 띠지만 산소결핍이나 빈혈이면 보라색이 된다. 백선균이 원인인 무좀에 걸리면 흰색이 된다. 손톱모양도 중요한데 빈혈로 철분이 부족하면 손톱 가운데 부분이 움푹 팬다. 손톱이 부풀어 두껍게 자라면 간경변, 폐의 만성질환이 의심된다. 영양상태가 나쁘면 손톱 끝이 갈라지기 쉽고, 세로로 줄이 생기는 것은 노화 때문이다.

손톱 구조

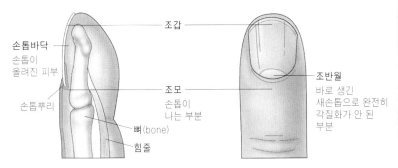

조갑

손톱바닥
손톱이
올려진 피부

조모
손톱이
나는 부분

손톱뿌리

조반월
바로 생긴
새손톱으로 완전히
각질화가 안 된
부분

뼈(bone)

힘줄

손톱으로 보는 건강체크

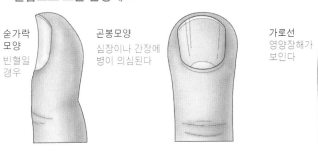

숟가락
모양
빈혈일
경우

곤봉모양
심장이나 간장에
병이 의심된다

가로선
영양장해가
보인다

	끝이 탁한 흰색이다.	손톱무좀
손톱의 색	흰 점이나 선이 보인다.	신장장해, 저알부민혈증 등
	청자색으로 보인다.	치아노제
	검은 줄이 보인다.	윌슨병, 포르피린증
손톱의 줄무늬	가로선이나, 가로로 골이 패였다.	병을 앓아서 손톱의 성장이 멎은 흔적.
	세로선이 있다.	노화현상
손톱 모양	손톱 가운데가 숟가락처럼 패어 있다.	철분결핍성빈혈, 산소나 알칼리ㆍ유기용제의 영향
	조갑이 자라서 자란 손톱이 손가락 끝을 감싼 상태.	폐의 만성질환 선천성 심질환, 간경변 등.

굳은살과 티눈

굳은살과 티눈은 각질이 두꺼워진 것으로 같은 부분에 반복해서 가해진 압력이나 마찰이 원인이다. 굳은살은 자극에 약한 피부를 보호하기 위한 것으로 각질이 표피 위로 두껍게 된다. 그러나 티눈은 각질이 피부 속으로 자란다. 가운데에 각질로 생긴 눈이 있어 그 눈이 신경을 자극하기 때문에 통증을 느낀다.

굳은살은 각질을 제거하는 것만으로 치료할 수 있으나, 티눈은 각질 눈을 제거해야 하므로 혼자서 제거하기보다는 피부과에서 진찰 받는 방법이 보다 확실하다.

굳은살

굳은살은 표피 위로 자라기 때문에 통증을 느끼지 않는다.

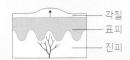

각질
표피
진피

티 눈

티눈은 진피 쪽으로 자라기 때문에 통각을 자극해 통증을 느낀다.

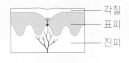

각질
표피
진피

POINT

손톱은 손가락 끝을 보호하기 위해서 표피의 각질층이 진화한 것으로 보인다. 뿌리 부분부터 손끝까지 자라는 데 약 3개월이 걸린다.

읽을거리

머리털이 빠지는 과정

• 털이 빠지는 과정

사람에 따라 약간의 차이가 있지만, 머리털은 매일 70가닥 정도 빠지며 그만큼 다른 모공에서 다시 자란다. 계속 자라던 털뿌리가 휴지기에 들어가면 털 만들기를 멈추고 서서히 피부 밖으로 내보낸다. 그리고 약 3개월 정도 지나면 그 털은 자연히 빠진다. 성장기 때는 70g 정도로 힘을 줘야 뽑히던 털도 마지막에는 바람만 불어도 빠지는 상태가 된다. 바로 빠질 털은 아주 작은 힘, 예를 들어 머리를 감거나 빗질만 해도 쉽게 뽑힌다. 2, 3일에 한 번씩 머리를 감으면 한꺼번에 머리가 빠지기 때문에 놀랄 만한 양이 된다.

• 탈모의 원인과 대처법

보통 탈모의 원인은 노화 때문이다. 털의 성장기간이 짧아지고 수명이 다한 털이 빠지고 새롭게 털이 만들어지기까지의 간격이 길어져서 머리숱이 적어지고 털자체도 가늘어진다. 또한 남성에게 대머리가 많은 이유는 성호르몬 때문이라고 한다. 우리는 남녀 구분 없이 남성호르몬과 여성호르몬을 모두 가지고 있는데 그 양에 차이가 있을 뿐이다. 일반적으로 남성호르몬이 많으면 숱이 많고 여성호르몬이 많으면 숱이 적다. 그러나 머리카락은 상황이 약간 다른데, 몸에 털이 많은데도 불구하고 머리에만 숱이 적은 사람이 많다. 실제는 머리에도 남성호르몬은 원활히 분비되고 있지만, 머리에서 털 호르몬 수용기가 반응하지 않기 때문이다. 이유가 무엇인지는 아직 불확실한데 대머리의 원인은 분명 유전적 소인(체질)과 생활환경, 스트레스 때문일 것이라고 한다. 생활환경을 바꾸고 스트레스는 줄일 수 있지만, 현재 획기적인 치료법은 나오지 않았다. 혈관 확장제, 항남성호르몬제, 본인자신의 털뿌리를 포함한 털을 채취해 탈모된 부분에 이식해 털을 소생시키는 방법도 있다. 그러나 이식한 부분이 염증, 화농할 가능성도 있기 때문에 주의가 필요하다. 발모효과가 있어서 세계적으로 주목을 받았던 약제, 미노크시질은 부작용이 염려된다.

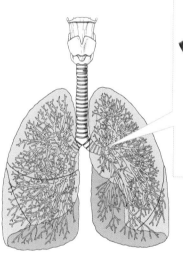

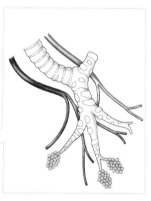

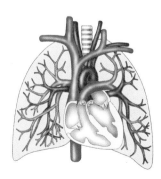

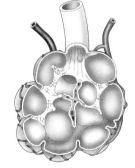

4장 호흡기관

- 공기를 기관으로 보낸다.
- 음식물을 식도로 보낸다.
- 성대를 울려 소리를 낸다.
- 편도에서 항체를 만들어 세균으로부터 몸을 보호한다.

목에 있는 인두와 후두가 음식물과 공기를 구분

음식물과 공기의 통로   인두의 구조

우리가 보통 목이라고 하면 코안에서부터 기관입구에 해당하는 인두(pharynx)와 후두(larynx) 부분이다. 인두란 코안, 입, 기관, 식도에 연결된 공기와 음식물의 통로로 상인두, 중인두, 하인두인 세 부분으로 나눈다. 상인두는 코와 이어져 있고 중인두는 입 안쪽, 하인두는 기관, 식도와 연결된 부분이다.

인두는 공기와 음식물의 통로로서 공기는 기관으로, 음식물은 식도로 나누어 보내는 역할을 한다. 이 역할을 담당하는 곳이 인두 중간쯤에 있는 물렁입천장과 인두 위에 있는 후두덮개이다.

성대, 결후가 있는 후두   후두의 구조

인두 아래가 후두로 기관으로 가는 입구에 해당한다. 방패연골(갑상연골 thyroid cartilage), 환상연골, 회염연골, 피열연골이 연골을 둘러싸고 있다. 이 중에서 방패연골을 일반적으로 목젖(uvula)이라고 한다. 또 인두는 공기의 통로뿐 아니라, 소리를 내는 성대가 있는 부분이기도 하다. 성대는 인두의 좌우 벽에서 길게 늘어진 두 장의 주름으로, 호흡할 때는 성대 사이가 열리고 소리를 낼 때는 서로 맞붙는 구조이다.

또 인두의 점막은 반사적으로 기침을 하는 기능이 발달해서 이물질이 침입하면 세차게 기침을 해서 이물질을 배출한다.

인두와 후두의 구조

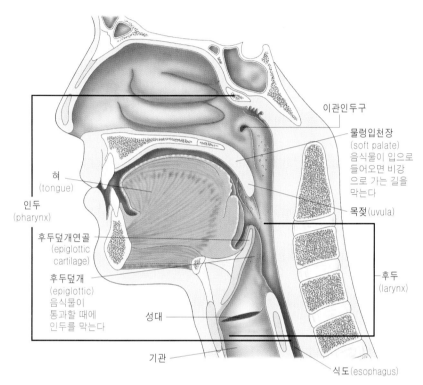

이관인두구

물렁입천장
(soft palate)
음식물이 입으로
들어오면 비강
으로 가는 길을
막는다

혀
(tongue)

인두
(pharynx)

목젖 (uvula)

후두덮개연골
(epiglottic
cartilage)

후두
(larynx)

후두덮개
(epiglottic)
음식물이
통과할 때에
인두를 막는다

성대

기관

식도(esophagus)

몸을 세균으로부터 지키는 네 가지 편도

목에는 외부에서 침입하는 세균에 대한 방위기능을 갖추고 있다. 그것이 편도이다. 모양이 아몬드처럼 생겨서 편도라고 부른다.

편도는 림프조직이 모여서 커진 부분으로 입을 열 때 양쪽에 보이는 구개편도 이외에 인두편도, 설근편도, 이관편도가 있다. 세균이 침입하면 편도에 염증이 생기고, 이것이 자극이 되어 세균에 적합한 항체를 만들어 몸 밖으로 내보낸다.

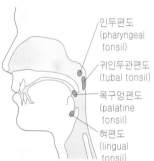

인두편도
(pharyngeal
tonsil)

귀인두관편도
(tubal tonsil)

목구멍편도
(palatine
tonsil)

혀편도
(lingual
tonsil)

음식물과 공기 통로의 전환

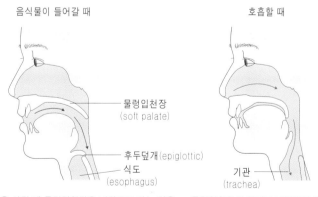

음식물이 들어갈 때

호흡할 때

물렁입천장
(soft palate)

후두덮개(epiglottic)
식도
(esophagus)

기관
(trachea)

음식을 삼킬 때 물렁입천장은 비강으로 가는 길을 막고 후두덮개는 기관으로 가는 길을 막는다.

물렁입천장이 아래로 내려가고 후두덮개가 혀에 붙어 기관으로 가는 길을 확보한다.

성대의 구조

성대가 진동해서 목소리가 나온다　발성의 원리

성대(vocal)는 후두공간(laryngeal cavity)의 중앙부분에 길게 늘어진 주름으로 된 근육으로 좌우 주름과 주름의 사이를 성대문(glottis)이라고 한다.

성대문은 호흡을 할 때는 공기를 지나가게 하기 위해 열리지만, 소리를 낼 때는 미닫이문처럼 완전히 닫힌다. 성대문이 닫히고 열리는 것은 후두(larynx)의 연골 사이에 있는 후두근육(laryngeal muscle)이 늘어나거나 줄어들기 때문이다.

인두근은 뇌에서 나온 반회신경 줄기가 지배하는데 대뇌겉질에 있는 어떤 영역에서 소리를 낼 필요를 느끼면 반회신경을 통해 인두근으로 명령을 내린다. 그러면 인두근은 늘어나고 후두 안의 성대는 수축해 성대문을 닫는다.

흐름이 막힌 공기 때문에 내압이 높아지고, 압력이 어느 정도 높아지면 성대문이 열리며 공기가 밖으로 나온다. 그때 성대가 1초에 100~300회나 짧게 진동해 음파가 되어 근원인 소리가 나온다.

성대의 진동수 때문에 소리의 높낮이가 다르다　남성과 여성의 목소리 차이

성대의 길이는 남성은 약 20mm, 여성은 약 16mm로 남성이 약간 더 두꺼운 것이 특징이다. 소리는 성대의 진동수가 많을수록 높다. 여성의 목소리가 남성보다 높은 것은 성대의 길이가 남성보다 짧아 진동이 빠르기 때문이다. 남성의 목소리가 저음인 이유는 사춘기 때 방패연골(갑상연골 thyroid cartilage)이 돌출하면서 성대주름(vocal fold)이 길게 늘어지기 때문이다.

또 성대의 진폭이 클수록 큰 소리가 나는 것을 알 수 있다. 큰 소리를 낼 때는 성대문이 닫히고 진폭이 커지며, 작은 소리를 낼 때는 성대문이 약간 열리며 진폭을 작게 한다.

성대의 구조

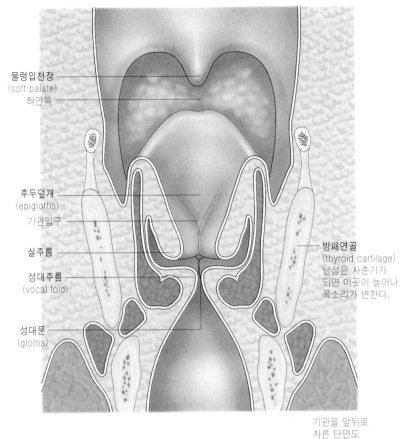

- 물렁입천장 (soft palate)
- 혀안쪽
- 후두덮개 (epiglottis)
- 기관입구
- 실주름
- 성대주름 (vocal fold)
- 성대문 (glottis)
- 방패연골 (thyroid cartilage) 남성은 사춘기가 되면 이곳이 늘어나 목소리가 변한다.

기관을 앞뒤로 자른 단면도

노래방 폴립

목소리를 너무 많이 사용해 성대에 폴립(양성종양)이 생기는 경우가 있다. 이것이 인두(성대) 폴립인데, 최근에는 노래방을 자주 가는 사람들이 늘어나면서 노래방 폴립이라는 말까지 생겼다.

주로 목에 이물감이 느껴지고 목소리가 쉬는 증상이 나타난다. 원인은 성대의 진동 이상, 점막안쪽에 염증과 출혈, 부종이 발생해 두 장의 성대가 제대로 맞붙지 못하기 때문이다. 생긴지 얼마 안 된 경우는 성대를 쉬게 하고 소염제를 흡입하거나 내복약으로 제거할 수 있지만, 오래되어서 딱딱해진 경우는 수술로 제거한다.

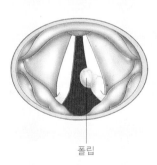

폴립

성대의 역할

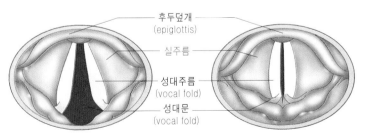

- 후두덮개 (epiglottis)
- 실주름
- 성대주름 (vocal fold)
- 성대문 (vocal fold)

호흡할 때

성대의 길이는 남성이 약 20 mm, 여성이 약 16 mm이다. 호흡할 때는 공기가 통과할 수 있게 성대문이 열린다.

말할 때

닫힌 성대문에 공기가 부딪쳐 성대가 떨려 그 진동이 소리가 된다. 속삭일 때는 성대문이 열린다.

POINT

코를 고는 것은 잠을 잘 때 물렁입천장의 긴장이 풀리며 호흡할 때마다 진동해서 나는 소리이다. 예사롭게 넘기기 쉬운데 심한 경우는 목구멍편도와 후두편도가 비대해진 경우일 수도 있다.

기관·기관지의 구조

수십 개의 가지로 나뉘어 허파에 도달한다 공기를 허파로 보내는 과정

공기와 음식물의 통로인 인두(pharynx)는 아랫부분이 식도(esophagus)와 기관 (trachea)으로 나뉜다. 기관은 후두를 지나 아래로 내려가면 허파와 이어진 근·연골성 관이 있는데 길이는 10∼11cm이다.

기관은 또한 허파문이라고 하는 좌우 허파 입구의 바로 앞에 있는데, 우주기관지 및 좌주기관지라고 하는 두 줄기의 기관지(bronchus)로 나누어진다. 각각의 주기관지는 허파 내부에서 15∼16번의 분지를 반복해 마침내 종말세기관지가 된다. 그리고 17∼19번째 분지에 나타나는 호흡세기관지는 허파꽈리(폐포 pulmonary alveolus)와 연결되어 있으며, 이곳에서 산소를 공급하고 이산화탄소를 받는 가스교환이 이루어진다.

점막자극으로 일어나는 기침과 재채기 기침과 재채기가 나오는 과정

기관내벽에는 섬모(cilium)라는 가는 점막돌기가 있다. 공기와 함께 침입한 티끌이나 먼지가 이 섬모에 붙어 기관점막을 자극하면 신경이 뻗어 있는 가로막과 늑간근이 갑자기 수축한다. 이것이 바로 기침이다.

이때 섬모에 붙었던 티끌과 먼지는 식도에서 위로 들어가 소화되는데 양이 많으면 점액에 싸여 가래가 되어 입으로 토해 나온다. 또 콧속에서 코안 점막에 티끌과 먼지가 붙어 신경을 자극해 밖으로 내보내려는 반응이 재채기이다.

기침, 재채기, 가래가 나오는 구조

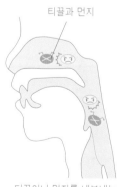

티끌과 먼지

티끌이나 먼지를 내보내는 반응을 한다.

기관과 기관지의 경로

호흡기관의 전체 그림

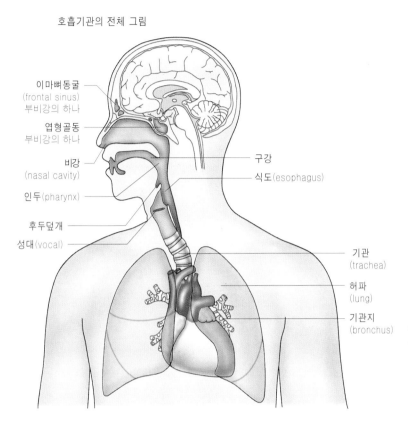

- 이마뼈동굴 (frontal sinus) 부비강의 하나
- 엽형골동 부비강의 하나
- 비강 (nasal cavity)
- 인두 (pharynx)
- 후두덮개
- 성대 (vocal)
- 구강
- 식도 (esophagus)
- 기관 (trachea)
- 허파 (lung)
- 기관지 (bronchus)

기관과 기관지의 모양

기관의 구조

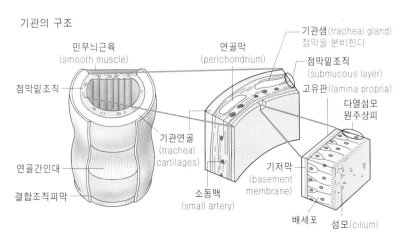

- 민무늬근육 (smooth muscle)
- 점막밑조직
- 연골간인대
- 결합조직피막
- 기관연골 (tracheal cartilages)
- 소동맥 (small artery)
- 연골막 (perichondrium)
- 기관샘 (tracheal gland) 점막을 분비한다
- 점막밑조직 (submucous layer)
- 고유판 (lamina propria)
- 다열섬모 원주상피
- 기저막 (basement membrane)
- 배세포
- 섬모 (cilium)

기관지염

기관지점막에 염증이 생기는 증상이 기관지염인데, 급성과 만성이 있다. 만성기관지염은 1년 중 3개월 이상에 걸쳐 기침과 가래가 나오며, 이것이 2년 이상 계속되는 경우도 있다.
급성기관지염은 바이러스성 감기가 기관지를 중심으로 걸리는 경우가 많고 주요증상은 마른기침이다. 마침내 소량의 가래를 동반하게 된다. 기침이 멈추지 않아 가슴과 근육에 통증을 느끼기도 한다.

급성기관지염에서 볼 수 있는 기관지의 변화

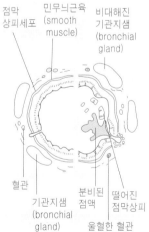

정상　　급성기관지염

- 점막 상피세포
- 민무늬근육 (smooth muscle)
- 비대해진 기관지샘 (bronchial gland)
- 혈관
- 기관지샘 (bronchial gland)
- 분비된 점액
- 떨어진 점막상피
- 울혈한 혈관

POINT

위 속이 가득 찼거나 긴장 때문에 횡격신경이 자극을 받아 가로막이 경련한다. 그에 따라 좁아진 성대가 공기를 내뱉으면서 딸꾹질이 나온다.

허파의 구조

- 혈액에 산소를 공급한다.
- 불필요한 이산화탄소를 내보낸다.

혈액 속의 이산화탄소를 흡수하고 산소를 공급하는 가스교환의 장소

허파는 좌우에 한 개씩 있는 장기   허파의 역할

허파(폐 lung)는 척추, 갈비뼈(ribs), 복장뼈(흉골 sternum)로 둘러싸인 가슴우리(흉곽 thoracic cage) 속에 있는 장기로 잎 모양을 하고 있다. 허파의 역할은 기관을 통해 공기를 받아들여 심장에서 보내온 혈액에 산소를 건네고 대신에 이산화탄소를 받아 몸 밖으로 내보낸다.

허파는 오른허파(right lung)와 왼허파(left lung)가 있다. 오른허파는 위엽(superior lobe), 중간엽(middle lobe), 아래엽(inferior lobe)으로 되어 있는데 왼허파는 위엽과 아래엽밖에 없다.

양쪽 허파의 모양이 약간 다르고 왼허파가 오른허파에 비해 조금 작은 이유는 왼허파 가까이 심장이 있기 때문이다.

허파동맥과 허파정맥이 뻗어 있는 허파의 내부   허파의 내부

허파 속에는 기관지(bronchus) 외에 허파동맥(폐동맥 pulmonary trunk)과 허파정맥(폐정맥 pulmonary vein)이 구석구석 뻗어 있다. 허파동맥은 심장(heart)에서 오염된 혈액을 허파로 보내고 허파정맥은 허파에서 심장으로 깨끗해진 혈액을 보내는 역할을 한다.

또 허파동맥은 기관지를 따라 여러 갈래로 나뉘어 있지만, 허파정맥은 약간 떨어져 이웃한 허파동맥의 중간을 잇는 것처럼 뻗어 있다.

기관지 끝에는 종말세기관지가 있고 그 끝에 허파꽈리(폐포 pulmonary alveolus)가 붙어 있다. 허파꽈리는 아주 작은 거품모양 주머니로 양쪽 허파에 있는 허파꽈리는 약 6억 개가 넘으며 표면적은 50~65m² 정도이다.

허파 구조

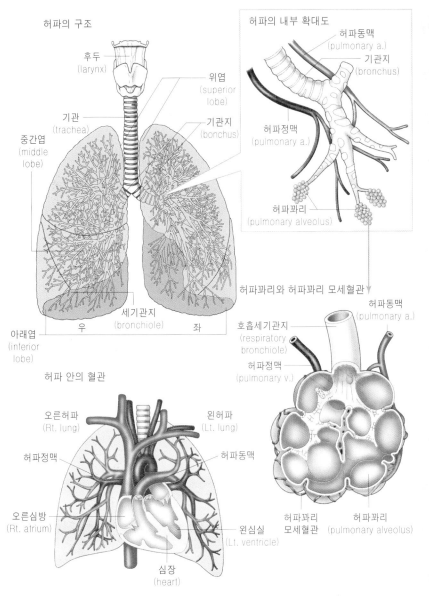

허파의 구조

후두 (larynx)
위엽 (superior lobe)
기관 (trachea)
기관지 (bonchus)
중간엽 (middle lobe)
세기관지 (bronchiole)
아래엽 (inferior lobe)
우   좌

허파의 내부 확대도

허파동맥 (pulmonary a.)
기관지 (bronchus)
허파정맥 (pulmonary a.)
허파꽈리 (pulmonary alveolus)

허파꽈리와 허파꽈리 모세혈관

호흡세기관지 (respiratory bronchiole)
허파정맥 (pulmonary v.)
허파동맥 (pulmonary a.)
허파꽈리 모세혈관
허파꽈리 (pulmonary alveolus)

허파 안의 혈관

오른허파 (Rt. lung)
왼허파 (Lt. lung)
허파정맥
허파동맥
오른심방 (Rt. atrium)
왼심실 (Lt. ventricle)
심장 (heart)

폐렴

폐렴이란 허파 속에 있는 허파꽈리가 균이나 바이러스에 감염되어 염증을 일으키는 병이다. 세균이 원인인 세균성 폐렴과 바이러스가 원인인 바이러스성 폐렴이 있다. 보통 감기나 인플루엔자, 상기도염을 오래 앓고 난 후에 발병하는 경우가 많다.

증상 : 감기처럼 목에 통증이 계속되며 갑자기 열이 오르고 호흡이 힘들어지며 가슴에 통증이 생긴다. 또 저항력이 약한 노인의 경우는 반드시 고열을 동반하지 않으므로 주의가 필요하다.

세균성 폐렴 : 구강 안에 머물던 세균이 기관이나 기관지로 들어가 기관지염을 일으키고 염증을 일으키는 경우가 많다. 평소 건강한 사람이 감기에 걸렸을 때 걸리기 쉽다.

바이러스성 폐렴 : 바이러스가 외부에서 허파로 침입해 일어나는 경우와 태어날 때부터 가지고 있던 바이러스가 허파에서 증식한 경우가 있다.

POINT

사람의 허파는 어류의 부레에서 진화했다고 한다. 양서류, 파충류와 포유류의 허파를 비교해보면, 가스교환을 할 수 있도록 허파꽈리가 차츰 발달해 왔다.

가스교환 과정

가스교환의 주인공은 헤모글로빈 산소와 이산화탄소를 교환하는 헤모글로빈

호흡을 통해 들이마신 공기는 허파로 보내져 공기 속의 산소가 혈액에 흡수되어 온 몸으로 보내진다.

이 역할을 담당하는 것이 적혈구 안에 있는 헤모글로빈이라는 물질이다. 헤모글로빈은 산소가 많은 곳에서는 산소와 결합하고, 적은 곳에서는 산소를 버리는 성질이 있다. 반대로 이산화탄소가 많은 곳에서는 이산화탄소와 결합하고, 적은 곳에서는 이산화탄소를 버린다. 헤모글로빈은 산소와 결합하면 선홍색, 이산화탄소와 결합하면 검붉은 색을 띤다. 동맥혈이 선홍색이고 정맥혈이 검붉은 것은 이 때문이다.

이 성질을 이용해 온몸을 돌아서 이산화탄소를 가득 함유한 적혈구는 허파에서 이산화탄소를 버리고 대신에 산소와 결합해 온몸으로 운반한다.

산소와 이산화탄소 분자가 드나드는 얇은 막 가스교환이 일어나는 장소, 허파꽈리

산소와 이산화탄소의 교환이 일어나는 곳은 기관지의 제일 끝에 연결된 허파꽈리 (폐포 pulmonary alveolus)이다. 이 허파꽈리 속에는 모세혈관이 많이 있다. 허파꽈리 벽은 매우 얇기 때문에 산소와 이산화탄소 분자가 자유롭게 드나들 수 있다. 이곳에서 이산화탄소를 가져온 헤모글로빈은 허파꽈리 속에서 이산화탄소를 버리고 허파꽈리 속에 있는 산소를 가지고 심장(heart)을 지나 온몸으로 보내진다.

좌우 양쪽 허파의 표면적은 약 60㎡이다. 공기와 혈액이 만나는 부분이 이렇게 넓기 때문에 효율적으로 가스교환을 할 수 있다.

허파의 역할

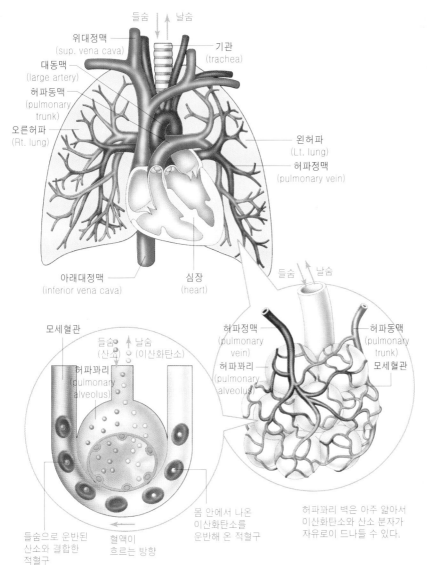

들숨 ↑↓ 날숨

위대정맥
(sup. vena cava)

대동맥
(large artery)

허파동맥
(pulmonary trunk)

오른허파
(Rt. lung)

기관
(trachea)

왼허파
(Lt. lung)

허파정맥
(pulmonary vein)

아래대정맥
(inferior vena cava)

심장
(heart)

모세혈관

들숨 ↑↓ 날숨
(산소) (이산화탄소)

허파꽈리
(pulmonary alveolus)

들숨으로 운반된 산소와 결합한 적혈구

혈액이 흐르는 방향

몸 안에서 나온 이산화탄소를 운반해 온 적혈구

허파정맥
(pulmonary vein)

허파꽈리
(pulmonary alveolus)

허파동맥
(pulmonary trunk)

모세혈관

들숨 ↑↓ 날숨

허파꽈리 벽은 아주 얇아서 이산화탄소와 산소 분자가 자유로이 드나들 수 있다.

폐결핵

결핵균이라는 가늘고 긴 막대 모양 균이 허파에 감염되어 일어나는 만성염증이다. 환자의 기침이나 재채기로 주변에 감염될 위험이 있으므로 주의해야 한다. 또 바로 발병하지 않고 오랫동안 체내에 잠복하는 특징이 있다. 대부분 항결핵약을 사용한 약물요법으로 치료하는데 장기간 안정을 해야 하므로 일단 감염되면 치료하기 어렵다.

증상 : 기침과 가래, 가슴통증, 호흡곤란 외에 온몸이 나른하고 미열이 계속된다. 결핵은 많은 에너지를 소비하는 병으로 체중감소와 식은땀은 결핵을 의심하는 증상 중 하나이다.

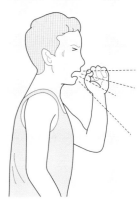

POINT

기관지종말에 있는 허파꽈리는 지름이 0.1~0.2mm의 크기로 포도송이처럼 붙어 있다. 아주 얇은 막으로 가스교환의 중요한 역할을 한다.

호흡과정

호흡은 늑간근과 가로막의 작용 　호흡

사람은 몸 안으로 산소를 들이마시고, 이산화탄소를 내쉬는 신진대사를 항상 반복하는데 이 신진대사를 호흡이라고 한다. 호흡에 관한 장기를 호흡기라고 하며 이 중에서 가장 중요한 역할을 하는 부분이 허파(lung)이다. 또한 평상시 성인이 1분 동안 반복하는 호흡수는 평균 16번이다. 한 번에 들이쉬는 공기량은 500 ml 정도이므로 하루에 실제로 1만 ml 이상의 공기가 필요하다.

우리들은 무의식 중에 호흡을 계속하고 있다. 이것은 갈비사이근육(늑간근 intercostal muscles)과 가로막(횡경막 diaphragm)의 운동으로 허파가 스스로 확장과 수축을 하기 때문이다. 갈비사이근육과 가로막을 의식적으로 움직이는 경우도 있지만, 평소에는 자율신경이 지배한다.

흉식호흡과 복식호흡의 차이 　호흡의 종류

코와 입으로 공기를 들이마시고 허파에서 오염된 공기를 내뱉는 과정을 외호흡(허파호흡), 허파조직종말에서 일어나는 가스교환을 내호흡(조직호흡)이라고 한다. 일반적인 호흡은 외호흡을 말한다.

호흡에는 흉식호흡과 복식호흡이 있다. 흉식호흡은 갈비사이근육이 긴장과 이완을 하면서 일어나고 복식호흡은 가로막이 위아래로 움직이며 일어난다.

사실 호흡은 이 두 가지가 함께 일어난다. 평상시 호흡할 때는 복식호흡을 하지만 격렬한 운동을 시작하면 체내조직이 많은 산소를 필요로 하기 때문에 갈비뼈운동에 의한 흉식호흡이 점차 커지고 빨라진다.

호흡법

흉식호흡 갈비사이근육의 수축으로 흉곽이 수축·확장한다. 이에 따라 허파가 수축·확장된다.

복식호흡 가로막이 위아래로 움직이면서 흉곽의 크기가 변해 허파가 줄어들거나 부푼다.

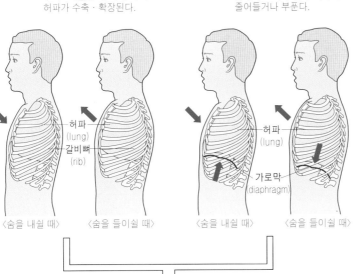

허파 (lung)
갈비뼈 (rib)
허파 (lung)
가로막 (diaphragm)

〈숨을 내쉴 때〉   〈숨을 들이쉴 때〉   〈숨을 내쉴 때〉   〈숨을 들이쉴 때〉

실제 호흡 늑간근의 후퇴·전진, 횡격막의 상하운동이 함께 일어나 흉곽과 허파의 크기가 변한다.

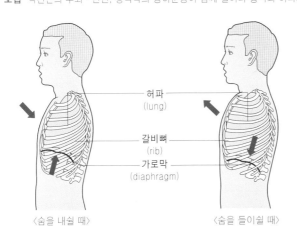

허파 (lung)
갈비뼈 (rib)
가로막 (diaphragm)

〈숨을 내쉴 때〉   〈숨을 들이쉴 때〉

들숨과 날숨의 구성

들숨과 날숨의 산소 차이에서 약 6%의 산소가 몸 속에서 소비되는 것을 알 수 있다.

들숨의 구성

질소 78%
산소 21%
기타 0.97%
이산화탄소 0.03%

날숨의 구성

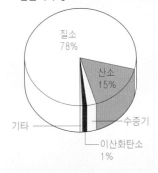

질소 78%
산소 15%
기타
수증기
이산화탄소 1%

POINT

갈비사이근육과 가로막은 자율신경과 뇌신경이 지배한다. 의식하지 못하는 사이에 호흡을 할 수 있는 것은 자율신경이, 의식적으로 크게 숨을 들이쉬거나 숨을 멈추는 것은 뇌신경이 작용한다.

내호흡 과정

에너지를 만드는 호흡 세포내부에서 일어나는 내호흡

사람의 호흡은 외호흡과 내호흡이라는 두 단계를 거친다. 외호흡은 호흡기관을 통해 공기 속에 있는 산소를 들이마시고 반대로 불필요한 이산화탄소를 내뱉는 호흡이다.

외호흡으로 들이마신 산소는 허파에서 혈액으로 들어가 온몸으로 운반되어 몸의 각 세포 속에서 음식물의 영양소(단백질, 지방, 탄수화물)를 에너지로 바꾸는 데 사용된다. 이때 이산화탄소와 물이 생긴다. 이 과정을 내호흡이라고 한다. 내호흡으로 생긴 이산화탄소와 물은 혈액이 운반해 몸 밖으로 나간다. 내호흡과 외호흡의 다리 역할을 하는 것이 혈액과 간질액이다. 에너지를 얻기 위해서 호흡은 필수 불가결한 과정이다.

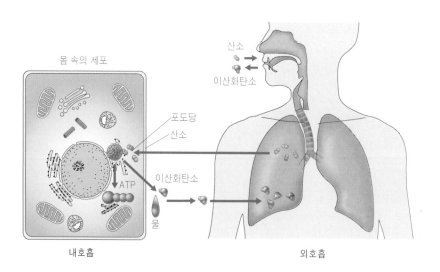

ATP(아데노신3인산)은 세포 안의 포도당이 산소와
화학작용을 할 때 만들어진 고에너지 물질이다.

질병지식

폐 암

1) 원 인

   폐암은 정확히 말하면 기관에 생기면 기관암, 기관지에 생기면 기관지암이라고 한다.

   폐암의 주요 원인은 담배연기 속에 있는 유해물질인 타르 때문이다. 현재 확실한 상관관계를 밝히는 연구를 하고 있는데 통계적으로 담배를 많이 피우는 사람에게 폐암 발생률이 높은 것은 의심할 여지가 없는 사실이다. 흡연량이 많으면 많을수록, 흡연을 시작한 나이가 어릴수록 발암률은 높아지고 반대로 금연을 할수록 발암률이 점점 낮아진다.

2) 증 상

① **허파문형** : 허파 입구주변의 두꺼운 기관지에 발생하는 것을 허파문형이라고 한다. 조기에 기침이 나는 것이 특징으로 마른기침을 하며 가끔 가래도 같이 나온다. 가래에는 혈액이 섞이기도 하며 열이 심하고 폐렴과 아주 비슷한 증상을 보이기도 한다. 약으로 기침이 잦아들기도 해서 감기로 착각하기 쉬우나 복용을 중단하면 재발한다.

② **허파야형** : 허파 끝에 있는 세기관지(bronchiole)에서 발생하는 것을 허파야형이라고 한다. 가슴통증이 있을 수 있는데 조기에는 자각증상이 보이지 않기도 한다. 암이 발생하고 조금 지나, 허파문림프절에 암세포가 전이하면 허파문형처럼 기침과 혈담이 나오며 쉰 목소리가

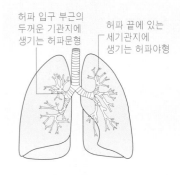

폐암에는 두 가지 형태가 있다.

허파 입구 부근의 두꺼운 기관지에 생기는 허파문형

허파 끝에 있는 세기관지에 생기는 허파야형

흡연과 폐암의 관계

흡연은 폐암의 큰 원인이 되며 흡연량과 흡연년수가 많을수록 암발생률이 높다.

난다. 또 폐암이 흉막으로 옮아 암성흉막염을 일으키기도 한다. 흉수가 차면 호흡곤란이 오고 가슴통증을 느끼는 경우도 있다. 가슴통은 느끼지 못할 정도로 가벼운 정도에서 잠을 잘 수 없을 만큼 심한 정도까지 다양하다.

3) 검사방법

X선 검사가 가장 일반적이다. 허파에 음영이 나타나면 기관지경검사, 기관지 조영검사, 기관지 찰과세포검사, 객담검사, 혈액검사 등을 해서 진단한다.

단지 세기관지(bronchiole)에 생긴 허파야형일 경우는 비교적 발견하기 쉽고, 굵은 기관지에 생긴 허파문형암은 조기일 때 발견하기 어렵다고 한다. 또 조기 폐암은 암세포의 영향으로 가래가 자주 나오면서 세균감염으로 폐렴에 걸리기 쉬운 것이 특징이다. 따라서 X선 검사에 이상이 없다고 해도 혈담과 함께 기침이 나올 경우나 폐렴이 반복되는 경우는 객담조사를 비롯한

생물의 호흡

사람은 허파로 호흡하지만 다른 생물은 다양한 방법으로 호흡을 한다. 지렁이는 피부가 얇아서 몸 전체로 직접 호흡을 한다. 물고기, 조개, 게처럼 물 속에서 생활하는 생물의 대부분은 아가미로, 풍뎅이 같은 곤충은 몸 속에 망처럼 생긴 기관으로 호흡한다. 양서류인 개구리는 피부와 허파로 호흡한다.

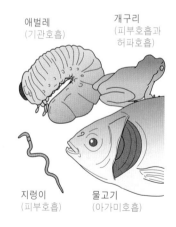

애벌레
(기관호흡)

개구리
(피부호흡과 허파호흡)

지렁이
(피부호흡)

물고기
(아가미호흡)

정밀검사를 받아 둘 필요가 있다.

4) 치료법

수술로 종양을 제거하는 방법이 가장 일반적이다. 최근 폐암수술은 빠르게 발달해서, 80세가 넘은 고령환자라도 안심하고 수술 받을 수 있다. 허파를 절제해서 암세포를 완전히 제거하면 수술 후 열흘 정도면 걸을 수 있다. 합병증이나 항암제에 의한 부작용이 없으면 1~2개월 정도면 퇴원할 수 있다. 퇴원 후에는 일상생활에 전혀 지장이 없고 평소의 생활을 보낼 수 있다. 수술에는 암의 크기와 전이의 유무에 따라 다음과 같은 종류가 있다.

① **허파적제술** : 허파문형 암에 적용되는 수술로 암이 생긴 한쪽 허파를 전부 제거한다.

② **허파엽절제술** : 허파는 오른쪽이 3엽(세 부분), 왼쪽이 2엽(두 부분)으로 되어 있다. 암이 이중 한쪽 허파엽(lobe)에만 있을 경우 그 허파엽을 절제한다.

③ **기관지 형성술** : 암이 있는 허파엽을 절제하고 남은 허파나 기관지를 두꺼운 기관지(trachea)나 기관에 봉합한다.

④ **방사선조사 · 화학요법** : 수술이 불가능한 경우는 방사선조사나 항암제를 투여하는 화학요법으로 치료한다.

치료는 수술로 절제하는 방법이 일반적

기관지형성술

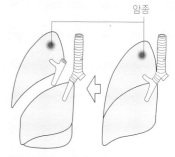

암종

암이 발생한 허파엽을 절제해서 남은 허파 또는 그 기관지를 두꺼운 기관지나 기관에 봉합한다.

폐엽절제술

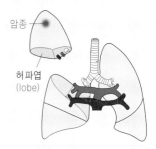

암종

허파엽
(lobe)

암이 퍼지지 않았을 경우 오른허파 3엽, 왼허파 2엽 중, 암이 발생한 허파엽만 절제한다.

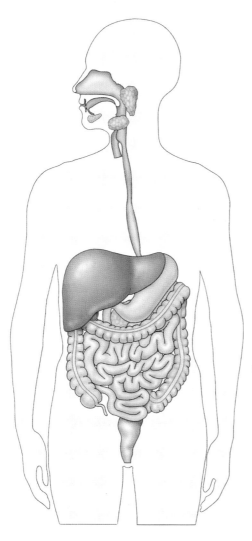

5장

소화기관

소화관의 역할

• 음식물을 소화·흡수한다.

음식물은 입이나 위에서 대충 해체되고, 작은창자에서 잘게 분해되어 몸 안으로 흡수된다

입에서 항문까지 연결된 하나의 통로 소화 기능

입(mouth)에서 식도(esophagus), 위(stomach), 장을 거쳐 항문에 이르는 10 m 정도의 하나로 이어진 관을 총칭해서 소화관(alimentary canal)이라고 한다. 소화관의 역할은 소화와 흡수로, 음식물에 포함된 영양분이나 수분을 체내에 투입한다.

인체는 수분, 염분, 비타민 등을 직접 혈액 속으로 투입할 수 있다. 그러나 음식물 대부분은 탄수화물이나 단백질, 지방이며 이들은 복잡한 구조의 커다란 분자로 이루어져 있기 때문에 그 상태로는 혈액 속에 투입할 수 없다. 그래서 이 영양분은 체내에서 잘게 분해된다.

음식물의 흐름

소화는 입안에서 음식물이 치아에 의해 잘게 부서지고 침과 섞인다. 그 뒤 음식물은 식도를 통해 위로 들어가고, 위에서 강산성 소화액과 위 근육의 수축운동으로 걸쭉한 죽 상태가 되어 샘창자(십이지장 duodenum)로 보내져서 쓸개즙(담즙 bile juice)·이자액(이자액 pancreatic juice)과 섞여 작은창자(소장 small intestine)로 넘어간다. 작은창자에서는 음식물에 포함되어 있던 영양소 대부분과 수분의 약 80%가 흡수된다. 흡수된 영양소는 장 혈관을 통해 간에 보내져서 과학적 처리를 거친 뒤, 몸의 각 부분으로 운송된다. 영양소를 흡수한 섬유질이나 수분 등은 큰창자로 이동하고, 남은 찌꺼기는 수분을 흡수하여 대변이 되어 항문으로 배출된다.

소화에 관련된 기관

침샘
(salivary gland)

식도
(esophagus)

간장

위
(stomach)

잘록창자띠
(teniae coil)

이자
(pancreas)

샘창자
(duodenum)

쓸개
(gallbladder)

가로잘록창자
(transverse colon)

오름잘록창자
(ascending colon)

작은창자
(공장, 회장
small intestine)

막창자
(cecum)

내림잘록창자
(descending colon)

막창자꼬리
(vermiform appendix)

곧창자
(rectum)

구불잘록창자
(sigmoid colon)

작은창자를 에워싼 막창자, 결장(오름잘록창자, 가로잘록창자,
내림잘록창자, 구불잘록창자), 곧창자를 큰창자라고 한다.

소화 · 흡수 소요시간

식도 통과시간
고체는 30~60초
액체는 1~6초

위 소화시간
고체는 4시간
액체는 1~5분

작은창자의 소화 · 흡수시간
7~9시간

큰창자의 통과시간
10여시간

변으로 배출되는 시간
24~72시간

소화기관의 음식물 통과시간

입으로 들어간 음식물은 60초 이내에 식도를 통과하여 위로 옮겨진다. 음식물은 위 속에서 2~4시간 머문 뒤, 걸쭉한 죽 상태가 되어 작은창자로 이동한다. 작은창자에서는 먼저 샘창자로 들어가고 여러 가지 효소나 쓸개즙, 이자액이 분비되어 소화가 한번에 진행된다. 작은창자에서 영양분이나 수분의 일부를 흡수한 음식물 찌꺼기는 큰창자로 옮겨져서 대변으로 배출되는 시간은 식후 24~72시간이다. 또한 음식물의 통과시간은 소화 부위가 짧고 흡수 부위가 길다.

식도의 역할

• 음식물을 위로 보낸다.

연동운동을 해서 음식물을 강제적으로 위에 보낸다

음식물은 중력에 의해 위로 내려가는 것이 아니다   음식물이 통과하는 기능

식도(esophagus)는 목과 위를 연결하는 관 모양으로 음식물이 통과하는 길이다. 길이는 성인이 약 25cm이고, 단면은 좌우 약 2cm, 전후 약 1cm의 원통모양이다. 관은 평상시 납작한 상태로 있다가 음식물이 들어오면 크게 확장한다.

음식물은 중력에 의해 위로 내려가는 것이 아니다. 관벽에 있는 윤상근과 종주근이 물결처럼 연동운동을 해서 음식물을 위에 강제적으로 보낸다. 그러므로 음식물이 누워 있어도 위로 제대로 가는 것이다. 또 식도 내벽은 점액이 분비되어 음식물이 쉽게 통과한다.

음식물이 쉽게 막히는 장소   식도 구조

식도는 구조적으로 입구와 기관지(bronchus)가 교차하는 부분, 가로막(diaphragm)을 가로지르는 부분이 가늘게 되어 있다. 이 때문에 음식물을 충분히 씹지 않고 삼키면 이 세 부분에서 자주 막힌다.

밥을 먹을 때 음식이 목에 걸린다고 호소하는 사람들의 대부분은 병에 걸려서가 아니라 정신적인 경우가 많다고 한다. 그러나 동시에, 이 세 부분은 식도암이 생기기 쉬운 곳이므로 음식물을 잘 씹었는 데도 자주 삼키기 어렵거나, 늘 같은 부분에서 걸리는 것 같다면 주의할 필요가 있다.

식도 위치

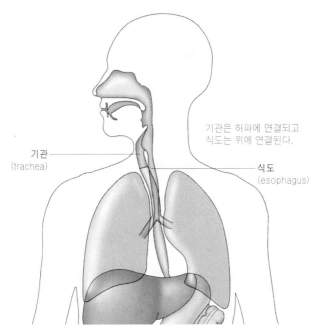

기관은 허파에 연결되고
식도는 위에 연결된다.

기관
(trachea)

식도
(esophagus)

식도의 연동운동

음식물의 작용

식도로 들어간 음식물은 천천
히 위로 보내진다. 이 작용을
연동운동이라고 한다.

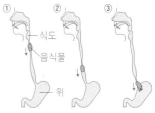

① 식도
음식물

② ③ 위

음식물은 식도로 내려가는 것이 아니
고 근육이 연달아 수축운동을 하여 위
로 보낸다.

음식물이 막히기 쉬운 부분

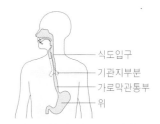

식도입구
기관지부분
가로막관통부
위

음식물이 통과할 경우 식도의 윤상근
과 종주근은 물결처럼 한 부분이 수축
하고는 다음 부분이 이어서 수축하는
식으로 연동운동을 한 뒤, 천천히 위
로 보낸다. 이 때문에 거꾸로 서도 음
식물은 역류하지 않는다.

식도 구조

점막
(mucous membrane)

점막근육판
(lamina muscularis
mucosae)

점막하정맥총

점막밑조직
(submucous layer)

종주근

윤상근

속공간
(lumen)

![POINT]

음식물을 자신의 의지로 삼킬 수는 있
지만, 목구멍으로 들어가면 삼킴반사
운동이 시작되어 자신의 의지로는 멈
출 수가 없다.

음식물이 들어오는 기능

목의 물렁입천장과 후두덮개, 식도에서 위로 통하는
들문이 음식물의 역류를 막는다

삼킴(음식물을 삼키는 동작)의 반사운동 음식물을 삼키는 기능

음식물이 들어오면 혀가 밀어 넣듯이 후두(larynx 목구멍 상부)로 보낸다. 이 때 인두 (pharynx)는 물렁입천장(soft palate)이 위로 올라가고 코 입구가 막혀지므로 음식물이 코로 역류하는 것을 방지한다.

음식물은 목안으로 들어오면 후두덮개(epiglottis) 위로 끌려 올라가는 모양이 된다. 후두덮개는 기관 입구를 막는 뚜껑 역할을 하므로 음식물이 기관으로 들어가지 않고 식도(esophagus)로 간다. 그러나 급하게 음식물을 삼켜서 기관(trachea)으로 들어가는 일도 있는데, 이때는 침입물을 밖으로 몰아내려고 반사적으로 기침이 나온다.

들문의 조임근이 닫히고 음식물을 위로 보낸다 음식물이 들어오는 기능

식도에서 위로 통하는 부분을 들문(분문 cardia)이라고 한다. 여기에는 조임근(괄약근 sphincter)이 있으며 대개는 닫혀 있다. 그 이유는 위로 들어온 음식물을 식도로 역류하지 못하게 하기 위해서이다. 음식물이 식도를 통해 들문 근처까지 가면 자동적으로 열려서 위로 이동할 수 있는 구조가 된다.

기름기 많은 음식을 먹거나 폭음·폭식으로 가슴앓이를 느끼는 것은 위가 소화불량을 일으켜 들문의 조임근이 느슨해지기 때문이다. 이렇게 되면 위에 있던 내용물이 위액과 함께 식도로 역류하게 된다. 위액에는 염산이 포함되어 있기 때문에 이 성분이 식도 표면을 자극해서 가슴앓이를 일으키게 하는 것이다.

입에서 식도까지 음식물의 흐름

물렁입천장
(soft palate)

목젖
(uvula)

음식물

혀
(tongue)

기관
(trachea)

식도
(esophagus)

음식물이 목구멍으로
들어가면 코로 통하는
부분이 목젖으로 닫힌다.

후두덮개
(epiglottis)

음식물이 목 안쪽으로
들어가면 후두덮개는 기관
으로 통하는 입구를 닫는다.

음식물은 혀와 목구멍 벽
의 근육에 눌려서 식도로
보내진다.

질병지식

식도염

식도염에는 급성과 만성이 있는데, 많이 보이는 증상으로는 위액이나 샘창자액의 역류로 인해 발생하는 역류성 식도염이다. 급성은 감염증(인두염)과 약물을 잘못 마시거나, 지나치게 뜨겁거나 찬 음식물 등의 자극이 원인이다. 만성은 위액·췌장액이 역류하여 식도의 점막을 손상시킴으로써 일어나는 경우가 많다.

1) 원인과 증상

위 수술로 들문을 절제하거나 여러 가지 원인으로 들문의 역할이 약해졌을 때 자주 발생하고, 식도점막이 짓무르고 가슴앓이를 느낀다. 과음·과식으로 일어나는 가슴앓이도 식도염의 일종이다.

2) 예방법

위액과 샘창자액이 역류하지 않도록 항상 식도를 위보다 높게 하려는 마음가짐을 갖고, 잘 때도 상반신을 높게 하면 증상을 어느 정도 예방할 수 있다.

식도암

식도암은 위암·큰창자암과 비교하면 발병률이 낮지만, 그 진행이 빨라서 수술이 어려운 경우가 많으므로 조기발견과 조기치료가 가장 중요하다.

1) 원 인

강한 알코올 음료를 많이 마시거나 뜨거운 음식을 좋아하는 사람, 흡연자에게 발생하는 빈도 높은 질병이라고 통계학적으로 잘 나타나 있다. 알코올류나 뜨거운 음식은 식도점막을 자극하기 때문에 염증을 유발하기 쉽고 이런 증상이 반복되면 점막이 변형하여 암으로 진행된다.

2) 증 상

음식을 먹을 때 가슴에 걸리는 느낌이 있다. 초기에는 딱딱한 음식이 걸리는 정도지만 증상이 진행되면 유동식도 넘기기 어렵게 된다. 그 밖에 뜨겁거나 찬 음식이 식도를 자극하기도 하고 흉골 밑의 쓰라린 통증과 위의 불쾌감을 느끼게 되는데, 아무 증상이 아닌 경우도 있으므로 정기적인 검사가 중요하다.

3) 치료법

확실한 방법은 수술로 암 부위를 절제하는 것이다. 그러나 식도는 기관 · 혈관과 교차하고 가슴막공간(흉강 pleural cavity)의 가장 안쪽에 있기 때문에 수술이 어렵다는 문제점도 있다. 전이가 보이지 않는 조기암의 경우는 레이저 광선이나 고주파 전류를 사용하여 태우거나, 점막절제로 100% 치료할 수 있다.

식도암이 생기기 쉬운 부분과 그 비율

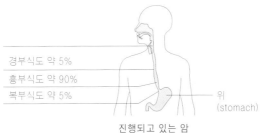

경부식도 약 5%
흉부식도 약 90%
복부식도 약 5%

위 (stomach)

진행되고 있는 암

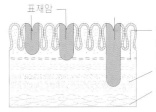

표재암
점막근육판 (lamina muscularis mucous)
점막밑층
윤근층

표재암으로 림프절로 전이하지 않는 암을 조기암이라고 한다.

위의 역할

- 음식물을 위액과 섞이게 한다.
- 음식물을 살균한다.
- 음식물을 샘창자에서의 소화상태로 만들어서 일시적으로 저장한다.
- 음식물을 샘창자로 내보낸다.

음식물을 위액과 섞어서 유동상태로 만들고, 샘창자로 소화·흡수되게 한다

$1\,cm^2$당 100개나 있는 위샘　위액을 분비하는 위샘

위(stomach)는 성인이 약 1.5ℓ의 용량을 갖고 있는 주머니 모양의 소화기관이다. 주요 역할은 음식물을 위액과 섞이게 하고 샘창자(십이지장 duodenum)에서 본격적인 소화·흡수작용을 할 수 있게 준비하는 일이다.

위 내부에 물결같이 생긴 주름은 위샘 구멍인데 $1\,cm^2$당 100개나 뚫려 있다. 들문부분(cardia portion)과 날문부분(pyloric portion) 위샘에서는 위를 보호하기 위한 점액을, 위저부와 위체부 위샘(gastric gland)에서는 펩시노겐과 염산을 많이 분비한다. 날문안뜰부분에서는 알칼리성 점액을 만드는 샘이 있어서, 위액에서 산성이 된 음식물을 샘창자로 보내기 전에 중성으로 만든다.

근육의 신축운동으로 음식물을 분해한다　음식물을 섞이게 하는 기능

위의 근육층은 속빗층(종주근 inner oblique layer), 중간돌림층(윤상근 middle circular layer), 바깥세로층(사주근 outer longitudinal layer)이라는 3층의 민무늬근육(smooth muscle)으로 구성되어 있다. 이들 근육이 종, 횡, 사선으로 수축·이완을 반복함으로써 음식물은 위액과 뒤섞여 죽처럼 될 때까지 분해된다. 이 위의 연동운동은 15～20초 간격으로 일어나고 서서히 내용물을 날문 쪽으로 보낸다.

날문은 조임근(괄약근 sphincter)으로 되어 있고 위에서 샘창자로 가는 출구이다. 이곳을 통과하는 음식물이 중성이나 약산성이면 열리지만, 강한 산성일 경우는 샘창자 내벽이 산으로 짓무르는 것을 방지하기 위해 반사적으로 닫힌다.

위 구조

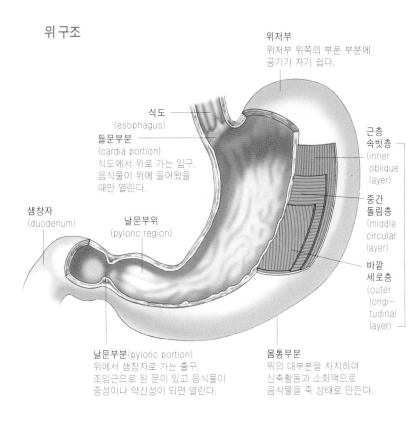

위저부
위저부 위쪽의 부푼 부분에
공기가 차기 쉽다.

식도
(esophagus)

들문부분
(cardia portion)
식도에서 위로 가는 입구.
음식물이 위에 들어왔을
때만 열린다.

샘창자
(duodenum)

날문부위
(pyloric region)

근층
속빗층
(inner
oblique
layer)

**중간
돌림층**
(middle
circular
layer)

**바깥
세로층**
(outer
longi-
tudinal
layer)

날문부분(pyloric portion)
위에서 샘창자로 가는 출구.
조임근으로 된 문이 있고 음식물이
중성이나 약산성이 되면 열린다.

몸통부분
위의 대부분을 차지하며
신축활동과 소화액으로
음식물을 죽 상태로 만든다.

위벽 구조

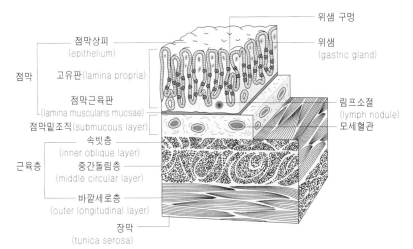

위샘 구멍

점막상피
(epithelium)

위샘
(gastric gland)

점막 **고유판**(lamina propria)

점막근육판
(lamina muscularis mucsae)

림프소절
(lymph nodule)

점막밑조직(submucous layer)

모세혈관

속빗층
(inner oblique layer)

근육층 **중간돌림층**
(middle circular layer)

바깥세로층
(outer longitudinal layer)

장막
(tunica serosa)

위의 연동원리

① 조임근(날문)이 닫힌 상태

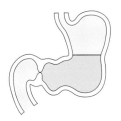

먹은 음식물은 위에 저장되며
위액이 분비된다.

② 섞이는 상태

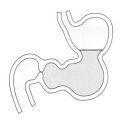

음식물은 위액과 뒤섞여 유동
상태가 될 때까지 분해된다.

③ 조임근이 열린 상태

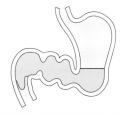

음식물이 알칼리성 점액으로 중화
되면 조임근이 열리면서 내보낸다.

위액의 기능

염산과 펩신이 주성분   세 종류의 위액

위 내벽에는 분비샘이 많아서 음식물이 섞이는 것을 도와주기 때문에 하루에 1.5~2.5ℓ의 위액을 분비한다. 위액의 주성분은 염산·펩시노겐·점액 세 종류이다.

염산 : pH 1.0~2.5라는 상당히 강한 산성으로 피부를 짓무르게 할 정도이다. 벽세포에서 분비되는 이 강렬한 산성은 음식물을 살균하고 부패나 발효되는 것을 막는다.

펩시노겐 : 주세포에서 분비되는 펩시노겐은 염산에 의해 활성화되면 펩신으로 변한다. 펩신은 단백질 덩어리를 미세하게 분해하는 소화효소로, 샘창자에서 본격적인 소화·흡수를 할 수 있게 준비해준다.

점액 : 위 내벽이 강한 염산에 침식당하지 않게 보호하는 작용을 한다. 위가 위액으로 소화되지 않는 이유는 이 점액이 부세포에서 분비되기 때문이다.

위액의 분비량을 조정하는 자율신경   스트레스로 무너지기 쉬운 위 기능

위액의 분비량과 위 운동은 자율신경에 깊이 관여하고 그 사람의 정신상태에 의해 크게 좌우된다. 노여움, 슬픔, 걱정이나 스트레스를 느낄 때는 위액의 분비량이 상당량 감소한다. 그렇게 되면 소화기능이 떨어져서 내용물이 평상시보다 오랜 시간 동안 위 안에 고인다. 위에 음식물이 오래 남아 있으면 무엇에 눌린 듯 위가 무겁게 느껴진다. 또 스트레스로 자율신경 균형이 깨지면 위를 보호하는 점액 분비가 상당히 둔해진다. 이 때문에 염산을 포함한 위액이 분비되면서 위 내벽이 녹아 위궤양을 일으키게 된다.

위 점막에 대한 공격인자(위액)와 방어인자(점액)의 절묘한 균형으로, 위는 음식물만 소화하고 위 자체는 소화시키지 않는다. 긴장과 스트레스가 위에 악영향을 끼치는 것도 이런 이유에서이다.

트림은 왜 나올까?

> 트림은 위저부에 찬 기체가 입 밖으로 배출되는 현상.

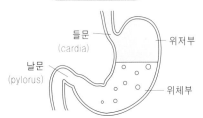

들문 (cardia)
날문 (pylorus)
위저부
위체부

맥주를 마시거나 음식과 함께 들이마신 공기는 상부에 있는 위저부에 모인다. 그 기체가 일정량 차면 위가 수축되고 들문이 열리면서 입으로 배출된다. 이것이 트림이다.

구토는 왜 나올까?

> 소화될 때는 유문이 닫히고 분문이 열린다.

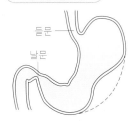

들문
날문

구토는 위에 유해한 물질이 들어왔을 때 갑자기 입 밖으로 쏟아내려는 반사운동의 하나이다. 구토중추의 명령으로 위의 날문이 닫히고 분문이 열리면서 식도의 수축운동으로 인해 토해낸다.

위장약을 고르는 방법

가슴앓이는 위액에 절은 음식물이 식도로 역류해 내벽을 자극하기 때문에 일어난다. 위가 쓰리거나 가슴앓이 하는 사람은 위산 분비량이 많고, 반대로 가슴 답답증을 느끼는 사람은 위 기능이 약해져서 소화불량을 일으키게 된다. 시판되는 위장약을 고를 때는 '가슴앓이'로 위산과다인 사람은 제산제, '가슴 답답증'으로 소화불량인 사람은 소화제가 잘 듣는다. 종합위장약에는 제산제, 소화제, 진통제, 건위제, 점막보호제가 골고루 함유되어 있다.

위샘 구조

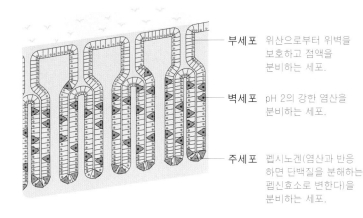

부세포 위산으로부터 위벽을 보호하고 점액을 분비하는 세포.

벽세포 pH 2의 강한 염산을 분비하는 세포.

주세포 펩시노겐(염산과 반응하면 단백질을 분해하는 펩신효소로 변한다)을 분비하는 세포.

위장약 주요성분	
생약계 건위 소화제	황백, 황련, 생강, 계피
소화효소제	디아스타제, 키네타아제, 리파제, 프로자임
제산제	탄산수소나트륨, 합성규산알루미늄, 메타규산알루민산마그네슘
점막보호제	methylmethionine sulfonium chloride, Sucralfate, Aldioxa

스트레스가 위에 끼치는 영향

초조함은 위액의 분비를 억제하고 소화불량을 일으키며, 불안감이나 긴장은 자율신경의 균형을 깨트려 위를 보호하는 점액이 분비되지 않게 한다.

정상적인 위 점막

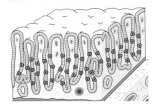

위축된 위 점막

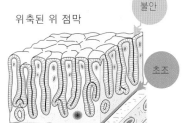

불안
초조

위샘에서 위액(염산, 펩시노겐)과 점액이 균형 있게 분비된다.

위샘이 위축해서 위액과 점액의 분비량 균형이 깨진다.

POINT

정상이던 장기나 조직의 체적이 감소하고, 그 기능이 저하되는 현상을 위축이라고 한다.

질병지식

위 암

1) 원 인

위암의 발생원인은 아직 해명하지 못하고 있지만 식생활을 중심으로 한 생활습관이 크게 관련한다고 보고 있다. 지나치게 많이 먹거나 급하게 먹는 습관, 과음, 흡연, 짠 음식을 좋아하는 사람 등에게 발생률이 높고, 이런 환경요인이 사람이 가진 암 유전자의 유발인자가 될 수도 있다고 한다. 위암은 우리나라에서 가장 흔히 발생하는 암으로 50 ~ 60대에 많이 발생하고 있다.

2) 증 상

초기에는 별다른 증상을 보이지 않으며, 왠지 위가 무겁고 식욕이 없어지는 등 다른 위장병과 비슷한 증세를 보인다. 암이 진행되면 초기증세가 점점 심해지면서 체중감소, 빈혈, 권태감 등이 나타난다. 진행이 계속 되면서 위 주변에 딱딱한 덩어리가 느껴지고 복수가 차는데, 그 정도가 되면 다른 부분으로 전이될 가능성이 매우 높다.

위암이 발생하기 쉬운 부분

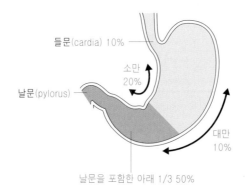

들문(cardia) 10%
소만 20%
날문(pylorus)
대만 10%
날문을 포함한 아래 1/3 50%

위암은 샘창자와 연결된 날문 근처가 발생확률이 높다.

가장 효과적인 외과치료법

위암에 가장 좋은 치료법은 수술로 위를 절제하는 외과치료법이다. 절제 부위는 암조직 부위나 진행속도에 따라 다르다. 조기암의 경우는 수술로 어느 정도 완치될 수 있다.

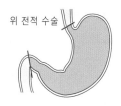
위 전적 수술

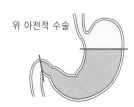
위 아전적 수술

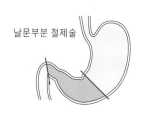
날문부분 절제술

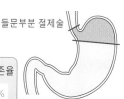
들문부분 절제술

3) 진 행

　암은 제일 먼저 내측점막상피에 발생하고 장막에 침윤한다. 점막밑조직까지만 진행된 암은 90 % 이상 치료가 가능하지만, 근육층에 이른 진행위암은 림프절로 전이하는 경우도 적지 않다. 또 암이 장막을 뚫고 복강 내에서 암세포를 증식하는 '복막파종'이 되면, 치료율은 50 % 정도이다. 수술 후 5년이 지났어도 재발하지 않는다면 그 암은 완치되었다고 보며, 이를 '5년 생존율'이라고 한다.

4) 검 사

① **X선 진단** : X선 사진을 촬영하고 위암에 동반한 암성 궤양이나 변형이 위벽에 없는지를 검사한다.

② **내시경 진단** : X선 사진에서 위병 증상이 확인되면 내시경(위 카메라)을 이용해 자세히 위 전체를 검사한다.

③ **생검** : 위병으로 의심되는 조직을 내시경 끝의 가위로 채취해서 병리검사를 통해 암 여부를 확인한다.

위암 진행도

고유판 (lamina propria)	초기위암	조기위암	진행위암 (근육층 암)	진행위암 (장막밑층암)	진행위암 (장막 암)

점막밑조직
(submucous layer)

근육층
(muscle layer)

장막하층

장막
(tunica serosa)

암 진행률과 5년 생존율

점막	약 99%
점막조직	약 90%
근육층	약 80%
장막밑층	약 60%
장막	약 40%

POINT

어떤 현상을 일으키는 원인이 되거나 다른 현상에 영향을 끼치는 원인이 되는 요소를 인자라고 한다. 위험인자, 유전인자가 있다.

내시경 진단

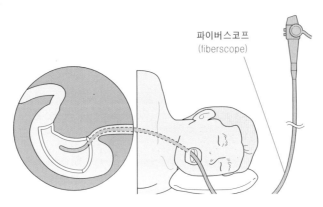

파이버스코프
(fiberscope)

④ **종양마커 진단** : 체내에 종양마커(암세포가 있다고 산출되는 특수한 물질)
의 유무를 혈액검사로 조사한다.

5) 치 료

① **외과치료** : 암세포 부위를 수술로 제거하는 치료법으로, 현재 완치율이 가
장 높다. 조기암에는 특히 높고, 암이 점막층까지만 진행되었다면 100%에
가까운 완치율을 보이며, 점막밑조직이라면 90%정도 완치된다.

② **내시경치료** : 조기암에서 암세포가 조금도 전이할 가능성이 없을 때 레이
저를 부착한 내시경으로 암세포 부위를 태우고 잘라내는 치료방법이다.
또 마이크로파를 이용하여 암세포를 응고시키거나 고농도 에탄올을 주사
하여 암조직을 죽이는 치료법도 있다.

③ **화학치료** : 암이 진행되어 수술이 불가능한 환자에게는 연명수단으로 항
암제를 투여한다. 또 수술의 보조수단으로도 사용하여 수술효과를 더 높인
다.

위궤양

1) 원 인

위궤양은 스트레스로 자율신경이 무너지면서 위 내벽을 보호하는 점막보다 위액(염산, 펩시노겐)이 많이 분비되어 위 자신을 소화시켜버리는 병이다. 또 스트레스 외에도 알코올, 담배, 아스피린 같은 소염진통제, 향신료 등의 기호품도 위액의 균형을 무너뜨리는 인자가 된다. 최근에는 위궤양의 원인으로 헬리코박터 파이로리균의 감염설도 보고 되고 있다.

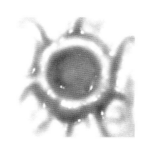

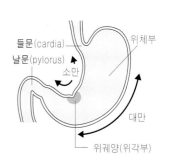

들문(cardia)
날문(pylorus)
소만
위체부
대만
위궤양(위각부)

위궤양은 위가 만곡하는 소만부, 특히 위각부에서 많이 보인다.

2) 증 상

가장 많은 자각증상은 명치통증이다. 특히 공복일 때와 음료수를 마시거나 식사를 할 때 통증이 사라지는 경우는 위궤

위궤양 진행도

궤양 1,2는 초기 단계의 궤양이고, 가장 흔한 증상은 궤양 3으로 근층까지 파고든 상태. 궤양 4는 구멍이 근층을 관통해 장막밑층에 이른 상태. 천공성 궤양은 위벽에 구멍이 뚫린 상태이므로 급성복막염의 위험이 있는 중병.

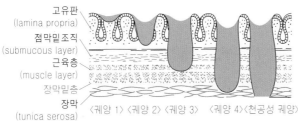

고유판
(lamina propria)
점막밑조직
(submucous layer)
근육층
(muscle layer)
장막밑층
장막
(tunica serosa)
〈궤양 1〉〈궤양 2〉〈궤양 3〉　〈궤양 4〉〈천공성 궤양〉

양일 가능성이 높다. 통증이 완화되는 것은 음식물로 인해 위액이 중화되기 때문이다. 심한 궤양은 등까지 통증이 오는 경우도 있다.

3) 진 행

위궤양은 스트레스나 항생물질 남용으로도 쉽게 걸릴 수 있는데, 식이요법·약물요법으로 신속히 치료할 수 있는 병이기도 하다.

그러나 위궤양이 진행되면 토혈·하혈로 시작하여 쇼크 상태를 보이는 경우가 있으므로 조속히 의사의 진단을 받아야 한다. 또한 궤양이 심해지면 위벽에 구멍이 뚫리는 경우도 있고, 진단을 잘못 내려서 복막염으로 생명이 위험할 수도 있다.

4) 검 사

일반적으로 바륨을 마시고 X선 검사를 하거나 파이버스코프로 위를 직접 관찰하는 내시경 검사가 있다. 경우에 따라서는 조직의 일부를 채취하여 생검을 한다. 위·샘창자궤양의 증상은 위암과 흡사한 경우도 있고, 이 검사로 궤양인지 암인지 확실하게 식별할 수 있다.

5) 치 료

약물요법과 식이요법 약물요법과 식이요법이 주체가 되어 수술을 필요로 하는 경우가 상당히 감소하고 있다. 약으로 위산분비를 감소시키거나, 위산을 중화시키는 것, 위점막의 방어 작용을 높이는 것 등 세 종류가 있으며 환자의 증상에 따라 처방한다. 식사는 세끼를 정확한 시간에 먹는다는 자세와 향신료가 강한 자극성 음식을 피한다면 평상시처럼 식사해도 상관없다. 무엇보다도 긴장·불안 같은 스트레스를 피하고 정신적으로 안정을 취하는 일이 가장 중요하다. 위궤양은 한 달 후에 50 %, 두 달 후에 90 %가 치료되는 쉽게 낫는 병이지만, 재발이 많아서 치유와 재발을 반복하는 동안 합병증을 유발하므로 수술이 필요한 경우도 있다.

급성위염

1) 원 인

정신적 · 육체적 스트레스, 화학물질 약제 복용, 자극이 강한 음료 섭취, 특정 음식물에 보이는 알레르기 반응, 기생충 감염 등을 원인으로 보고 있다. 또 간, 콩팥 등 장기에 중증질환을 앓던 경험이 있는 사람에게도 재발하기 쉽다.

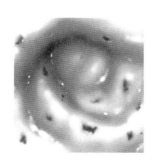

2) 증 상

위점막에 발적, 부종, 짓무름이 일어나고 위 주변을 중심으로 격통, 구토, 발열 등의 강한 증상이 급격히 나타나는 점이 특징이다.

3) 검사와 치료

드러난 증상에서 급성위염을 의심하는 결정적인 검사로는 위내시경 검사가 있다. 요법으로는 전술했듯이 원인을 없애는 방법이 가장 중요하다. 특히 흡연은 위점막의 혈류를 저하시키고 점액분비를 약화시키므로 피하는 것이 좋다. 가벼운 증상은 내복약을 복용함으로써 단기간에 치료할 수 있다.

위궤양 · 위염의 원인인
헬리코박터 파이로리균

1983년 헬리코박터 파이로리라는 세균이 위점막에서 발견되었다. 강한 산이 있는 위에서 생식할 수 있는 파이로리균은 위염이나 위 · 십이지장궤양, 나아가 위암의 유력한 인자로, 많은 연구를 하고 있지만 아직 결론에 이르지는 못했다. 파이로리균의 유무는 혈액, 오줌, 날숨으로 알 수 있다. 만일 파이로리균이 검출되었어도 항생물질로 균을 제거할 수 있다.

POINT

생체조직의 일부를 채취해서 현미경으로 관찰하고 병리학적 검진을 실시하기 위한 검사를 생검이라고 한다. 병의 증세를 검사하기 위해 궤양이나 종양의 일부를 채취 · 절제한다.

본격적인 소화활동을 한다

샘창자의 기능

• 쓸개즙과 이자액을 분비해 음식물을
소화시킨다.

쓸개즙과 이자액의 강력한 소화액의 분비로 본격적인 소화가 시작된다

손가락 열두 개 만큼의 길이를 갖는 샘창자 샘창자의 소화 기능

샘창자(십이지장 duodenum)는 위(stomach)와 연결된 작은창자의 일부로, 둥글게 부푼 구부와 내벽에 윤상 주름이 있는 관부로 되어 있다. 말굽 모양의 길이가 약 25cm인 샘창자는 손가락 열두 개를 옆으로 늘어놓은 길이가 된다고 하여 십이지장이라 불리기도 한다.

관부에는 크고 작은 유두가 두 개 있으며 이 구멍에서 쓸개즙(담즙 bile juice)과 이자액(췌액 pancreatic juice)이라는 소화액이 분비되면서 본격적인 소화활동이 이루어진다. 쓸개즙은 간에서 만들어져 쓸개(gallbladder)에 모이는 소화액으로 지방을 분해하는 역할을 하며, 이자(pancreas)에서 만들어진 이자액은 단백질·탄수화물·지방을 분해한다. 구부와 유두 주위에는 샘창자샘(duodenal gland, 브룬너샘 Brunner's gland)이 있고 소화하는 데 중요한 역할을 맡고 있다.

강력한 소화액이 영양소를 분해 쓸개즙과 이자액의 역할

위에서 보낸 음식물에는 산성이 남아 있고 그 자극으로 샘창자에서 판크레오자이민이라는 호르몬을 분비한다. 이 호르몬은 쓸개와 이자에 작용하여 쓸개즙과 이자액이라는 소화액을 샘창자 유두로 배출시킨다.

이자액에는 단백질을 분해하는 트립신, 키모트립신, 엘라스타제와 탄수화물을 분해하는 아밀라제, 지방을 분해하는 리파제가 포함되어 있다. 쓸개즙에는 소화효소가 들어 있지 않지만 지방을 유화시키는 능력이 있어서 이자액의 리파제와 함께 지방을 분해한다.

샘창자(duodenum) 구조

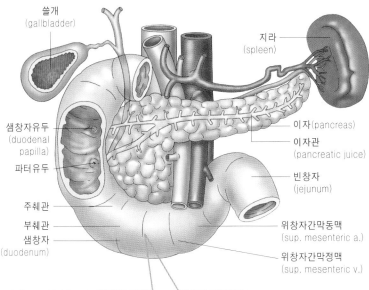

쓸개
(gallbladder)

지라
(spleen)

샘창자유두
(duodenal
papilla)

파터유두

주췌관

부췌관

샘창자
(duodenum)

이자(pancreas)

이자관
(pancreatic juice)

빈창자
(jejunum)

위창자간막동맥
(sup. mesenteric a.)

위창자간막정맥
(sup. mesenteric v.)

샘창자 내벽

점막샘
(mucosal gland)

샘창자샘
(duodenal gland)

점막선에서는 점액, 샘창자에서는
소화관 호르몬이 분비된다.

소화액 분비

이자에서 만든 이자액은 샘창자 유두로 배출되고, 쓸개에서 농축된 쓸개즙은 파터유두로 배출된다. 모든 음식물이 샘창자로 들어옴과 동시에 배출되고 음식물의 소화·흡수를 도와준다.

십이지장궤양

원인

위액에 포함된 강한 염산에 의해 샘창자에 생기는 궤양을 십이지장궤양이라고 한다. 위액의 균형을 깨트리는 원인으로 스트레스나 체질적인 유전, 자극이 강한 음식물 등을 들 수 있다.

증상

가장 많은 자각 증상은 명치통증으로, 단순한 압박감에서 타는 듯한 통증까지 여러 가지가 있다. 일반적으로 궤양 크기와 통증의 강약은 관계가 없지만, 깊은 부위에 궤양이 생긴 경우에는 격통이 등까지 미친다.

궤양이 생기기 쉬운 부위

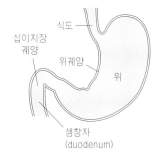

식도

십이지장
궤양

위궤양

위

샘창자
(duodenum)

작은창자의 기능

• 영양분을 소화 · 흡수한다.
• 수분을 흡수한다.

음식물을 소화하고 영양분을 흡수하는, 길이 약 7~8 m의 관

몸 안에서 가장 긴 장기 작은창자 구조

작은창자(소장 small intestine)는 샘창자(십이지장 duodenum) · 빈창자(공장 jejunum) · 돌창자(회장 ileum) 등 세 부분으로 나누며, 길이가 약 7~8m나 되는 소화관이다. 사람의 몸 안에서 가장 긴 소화관이지만 몸 안에서는 장관의 근육으로 3m정도 수축되어 있다.

샘창자를 제외한 작은창자의 전반인 빈창자 길이는 약 5분의 2, 후반인 돌창자는 약 5분의 3을 차지한다. 또 빈창자과 돌창자은 해부학 편의상 구분되었을 뿐, 돌창자가 장액 분비가 조금 많은 것을 제외하면 역할은 거의 똑같다.

긴 작은창자는 창자간막(mesentery)에 의해 복강 후벽에 고정되어 있고, 창자간막 내부에는 혈관 · 림프관 · 신경이 연결되어 있다.

작은창자의 표면적은 인간 체표면적의 다섯 배 작은창자의 내부 구조

작은창자의 지름은 약 4cm로, 내벽은 주름이 많고 500만 개의 융모(villus)가 빽빽하게 돋아 있다. 이들 융모의 소돌기 표면도 더하면 전체 표면적은 약 200m^2(60평)정도로, 인간의 체표 면적보다 약 다섯 배나 되는 넓이이다. 작은창자의 표면적은 소화물과 접촉하는 면적을 가능한 넓게 만들어 수분과 영양분의 소화 · 흡수활동을 원활하게 해준다.

융모 길이는 1mm 정도이고, 안에는 모세혈관망과 한 개의 림프관이 통해 있다. 영양분은 융모 표면에 있는 흡수상피라는 조직에 흡수되어 모세혈관을 따라 혈액과 함께 간으로 운반된다.

작은창자의 내벽 모양

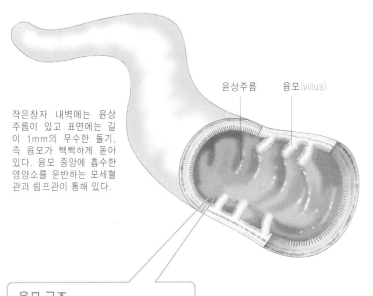

작은창자 내벽에는 윤상
주름이 있고 표면에는 길
이 1mm의 무수한 돌기,
즉 융모가 빽빽하게 돋아
있다. 융모 중앙에 흡수한
영양소를 운반하는 모세혈
관과 림프관이 통해 있다.

윤상주름   융모(villus)

융모 구조

융모
(villus)   모세혈관   장액샘

흡수
상피

융모는 단층의 영양흡수세
포(상피세포)로 덮여 있으
며 그 세포 표면에는 미세융
모가 촘촘하게 발달되어 있
다.

세정맥
세동맥

림프관   창자샘(intestinal gland)

미세융모

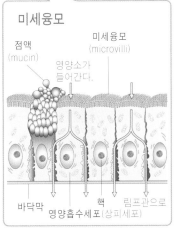

점액
(mucin)   미세융모
(microvilli)

영양소가
들어간다.

바닥막   핵   림프관으로
영양흡수세포(상피세포)

장 염

장염은 급성과 만성이 있다. 급
성은 병원균의 감염에 의해 걸
리는 경우가 많다. 만성은 감염
이외 질환의 영향을 들 수 있
다. 이 밖에도 원인불명의 장염
이 있다.

급성장염 : 작은창자 · 큰창자가
세균과 바이러스에 감염되어
설사, 복통, 구토, 발열, 혈변
등을 일으킨다. 가장 많은 질
환은 세균에 의한 세균성장염
이다. 원인균은 살모넬라, 장
염 비브리오, 황색포도상구균
등이다.

만성장염 : 급성장염처럼 설사,
복통, 혈변 등의 증상이 나타난
다. 일부 감염성 장염, 염증성
장질환, 교원병에 의한 장염이
있다.

치료 : 설사를 계속하면 탈수증
이 일어나기 때문에 윤액을 해
야 한다. 복통이 심할 때는 장
의 안정을 위해 절식하고, 자극
성 있는 음식, 향신료, 고지방
음식, 알코올은 삼간다.

작은창자의 영양흡수 기능

미세융모 표면의 종말소화효소 역할로 마지막 소화 활동이 빠르게 이루어진다

융모라는 돌기가 영양분을 흡수 융모의 소화활동

샘창자(십이지장 duodenum)에서는 먼저 효소, 쓸개즙(담즙 bile juice), 이자액(췌액 pancreatic juice) 등이 분비되고 음식물과 섞여서 이 음식물에 포함된 단백질을 아미노산으로, 당질을 포도당으로, 지방을 지방산으로 만든 상태에서 영양소를 분해한다.

다음, 소화물은 빈창자(jejunum)로 운반되어 영양분이 흡수되는데 여기서 중요한 역할을 하는 것은 내벽에 돋아있는 융모(villus)라는 소돌기이다. 융모 표면은 약 6,000개의 영양흡수세포로 덮여 있으며 이 표면에는 더 촘촘한 미세융모가 있다. 소화물이 분해되어 나온 영양소는 여기서 빠르게 흡수된다.

작은창자(소장 small intestine)는 소화관 속에서 소화와 흡수를 담당하는 장기이다. 음식물은 샘창자와 빈창자에서 소화를 대부분 끝낸 상태고, 돌창자(ileum)에서는 주로 소화된 영양소의 흡수가 이루어진다.

미세융모의 소화효소 역할

융모 표면을 확대해 보면 영양흡수세포의 바깥 측면에 세밀한 미세융모가 빈틈 없이 돋아있다. 미세융모 표면에는 영양소를 최종적으로 분해하는 효소(종말소화효소)가 있으며, 그 효소와 충돌한 영양소는 최소 크기로 분해되어 빠르게 흡수된다. 소중한 영양소를 미세융모 주변에 있는 세균에 빼앗기지 않기 위해서이다.

영양흡수와 소화 기능

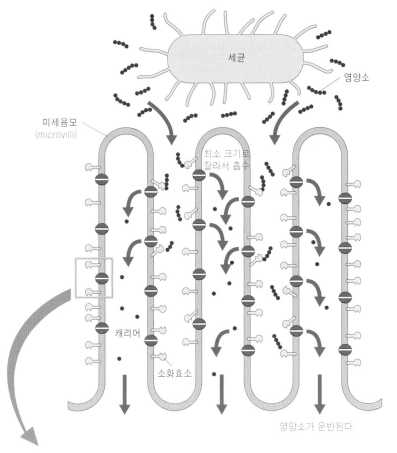

미세융모 표면에 있는 종말소화효소가
영양소를 잘게 분해하여 흡수한다.

세균

영양소

미세융모
(microvilli)

최소 크기로
잘라서 흡수

캐리어

소화효소

영양소가 운반된다.

착한균과 나쁜균이 존재하는 장 안의 세균

빈창자·돌창자 이하 장기에는 세균이 존재하며 큰창자에는 약 1000종류, 100조 개나 되는 세균이 모여 있다. 세균에는 비피더스균과 아시도필루스균이라는 착한균이 있고 웰치균이나 큰창자균 같은 나쁜균이 있으며 보통은 착한균이 나쁜균의 번식을 억제하고 있다. 그러나 항생물질의 사용이나 노화로 이 균형이 깨지면서 여러 가지 질환의 원인이 되고 있다.

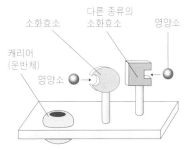

소화효소

다른 종류의
소화효소

영양소

캐리어
(운반체)

영양소

종말소화효소는 다양한 종류가 있으며 모든 영양소가 흡수되는 것은 아니다. 그러나 최소 크기까지 분해되면 종류가 다른 영양소라도 흡수할 수 있다. 흡수한 뒤, 자신에게 맞는 단백질이나 지방으로 재합성한다.

캐리어에 의해
빠르게 흡수된다.

합치하지 않으면
분해되지 않는다.

합치하면
분해된다.

흡수된 영양

POINT

영양흡수세포는 24시간 동안 만들어지고 변한다. 영양의 흡수력을 유지하기 위해 인체 안에서 가장 짧게 사는 세포이다.

큰창자의 기능

- 수분을 흡수한다.
- 변을 만든다.

소화물의 수분을 흡수하고 고형화된 변을 만든다

소화물의 남은 찌꺼기를 대변으로 바꿔준다 큰창자의 구조와 역할

큰창자(대장 large intestine)는 막창자(맹장 cecum) · 잘록창자(결장 colon) · 곧창자(직장 rectum)의 세 부분으로 나누며 길이는 성인이 약 1.5 m이다. 큰창자의 주요 역할은 수분 흡수로, 작은창자(소장 small intestine)에서 큰창자로 보내진 죽처럼 된 음식물은 잘록창자를 지나는 사이 서서히 수분을 흡수하여 처음의 약 4분의 1의 용적이 된다.

막창자

작은창자에서 큰창자로 이행하는 부분을 돌막창자판막(회맹판 ileocecal valve)이라고 한다. 돌막창자판막보다 아래를 막창자라고 하며 앞쪽에 창자꼬리(충수 vermiform appendix)라는 돌기가 있다. 동물의 경우에는 소화의 기능을 하는 경우도 있지만 사람의 막창자는 그 역할을 하지 않는다.

잘록창자

오름잘록창자(상행결장 ascending colon) · 가로잘록창자(횡행결장 transverse colon) · 내림잘록창자(하행결장 descending colon) · 구불잘록창자(S상결장 sigmoid colon)의 네 부분으로 나누며, 작은창자에서 소화 · 흡수된 소화물의 남은 찌꺼기는 연동운동으로 이 부분을 지난다. 이곳에서는 작은창자에서 소화되지 않은 섬유질을 분해해서 흡수하는 일 외에, 어느 정도의 수분도 흡수한다. 이렇듯 잘록창자를 지나면서 소화물은 차츰 대변의 형태를 갖춰간다.

곧창자

구불잘록창자와 항문을 연결하는 20 cm정도 길이의 기관으로, 곧창자는 소화 · 흡수의 기능은 없다. 작은창자, 잘록창자를 지난 소화물은 곧창자에 이르면서 완전한 대변이 된다.

큰창자 구조

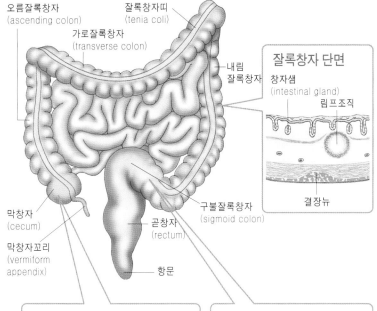

오름잘록창자
(ascending colon)

잘록창자띠
(tenia coli)

가로잘록창자
(transverse colon)

내림
잘록창자

막창자
(cecum)

막창자꼬리
(vermiform
appendix)

곧창자
(rectum)

구불잘록창자
(sigmoid colon)

항문

잘록창자 단면

창자샘
(intestinal gland)

림프조직

결장뉴

수분을 짜내는 큰창자의 잘록한 부분

소화물은 종주근과 윤상근이 일으키는 연동운동으로 오름잘록창자에서 가로잘록창자, 내림잘록창자, 구불잘록창자를 지나면서, 그 사이 짜진 수분은 흡수되고 고형화되어 간다. 큰창자으로 들어온 소화물은 구불잘록창자에서 처음보다 줄어든 4분의 1 정도의 용적이 된다. 큰창자 내벽은 일정한 간격으로 부풀었다 잘록해지는 부위가 있는데, 이곳은 내용물을 저장해 두었다 연동운동이 일어났을 때 내용물에서 수분의 흡수를 쉽게 하는 부위이다.

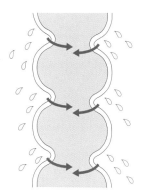

수분을 흡수하기 위해 잘록해져 있다.

막창자 단면

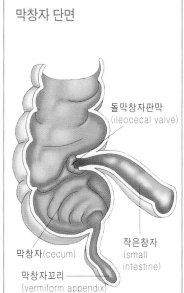

돌막창자판막
(ileocecal valve)

막창자(cecum)

막창자꼬리
(vermiform appendix)

작은창자
(small
intestine)

구불잘록창자 단면

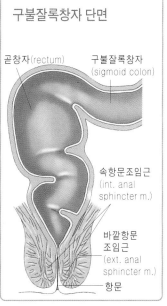

곧창자(rectum)

구불잘록창자
(sigmoid colon)

속항문조임근
(int. anal
sphincter m.)

바깥항문
조임근
(ext. anal
sphincter m.)

항문

항문의 기능

• 변을 배설한다.

변을 배설하는 소화기의 최종 지점

변의 형성 소화기의 최하부

곧창자(직장 rectum)에 연결된 항문은 소화기의 제일 밑 부분으로 소화물의 남은 찌꺼기 즉, 대변을 이곳으로 배설시킨다.

항문에는 마음대로 조절할 수 없는 속항문조임근(내항문괄약근 internal anal sphincter muscle)과 조절이 가능한 바깥항문조임근(외항문괄약근 external anal sphincter muscle)이 있고, 대변은 이 조임근(괄약근 sphincter)에 의해 쉽게 새어나오지 않는다.

소화물은 큰창자(대장 large intestine)로 들어오면 액체 상태가 된다. 그러나 수분은 차례차례 흡수되어 잘록창자(결장 colon) 한가운데에서는 죽 상태, 구불잘록창자(S상 결장 sigmoid colon)에서는 변 상태가 된다.

곧창자에서는 수분이 70%로 되며 1000ml 정도의 수분을 함유한 150~200g의 변이 항문으로 배출된다. 수분량이 많으면 설사이다.

내압으로 일어나는 배변반사 (배변 기능)

곧창자가 배설물로 가득 차고 내압이 일정 이상이 되면 대뇌로 자극이 전달되어 배변반사가 일어난다. 이 반사로 대변을 보고 싶은 마음이 들면 스스로 속항문조임근이 이완된다. 그러나 바깥항문조임근은 자기 의지로 이완하지 않는 한 닫혀 있으므로 근처에 화장실이 없는 경우 우리는 대변을 참을 수 있는 것이다.

수면 중에 대변을 배설하지 않는 것도 대뇌에서 바깥항문조임근으로 폐쇄명령을 내

항문 구조

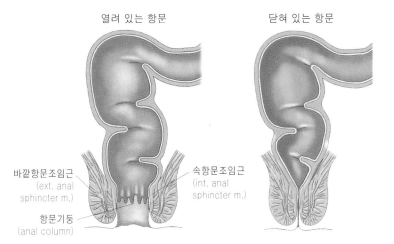

열려 있는 항문

닫혀 있는 항문

바깥항문조임근
(ext. anal
sphincter m.)

속항문조임근
(int. anal
sphincter m.)

항문기둥
(anal column)

배변

곧창자에 변이 차고 내압이 높아지면 골반신경과 척수를 지나 대뇌로 자극이 전달되어 반사적으로 대변을 보고 싶은 느낌이 든다. 화장실에 들어가면 바깥항문조임근이 자력으로 이완하고, 그때 배에 힘을 주면 복압이 상승하여 변을 내보내고 항문이 열리면서 배설이 일어난다.

소화물이 변이 되기까지

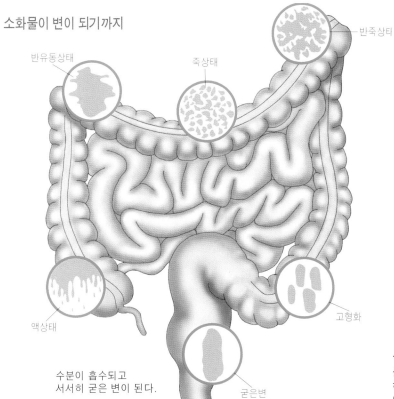

반죽상태

반유동상태

죽상태

액상태

고형화

수분이 흡수되고
서서히 굳은 변이 된다.

굳은변

POINT

설사는 큰창자가 수분을 충분히 흡수하지 못한 상태를 말하며 급성과 만성이 있다. 급성은 식중독이나 바이러스 등으로 일어난다.

렸기 때문이다. 그리고 복압이 낮은 사람은 속항문조임근으로의 자극이 부족하기 때문에 변비에 걸리기 쉽다.

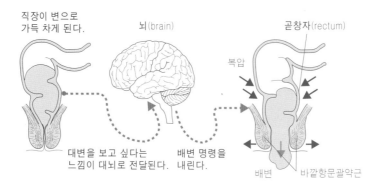

직장이 변으로
가득 차게 된다.

뇌(brain)

곧창자(rectum)

복압

대변을 보고 싶다는
느낌이 대뇌로 전달된다.

배변 명령을
내린다.

배변   바깥항문괄약근

질병지식

충수염

　막창자 선단에 붙은 5~7cm의 가늘고 긴 부속기관이 막창자꼬리(충수, vermiform appendix)로, 이곳에 염증이 생기는 병을 막창자꼬리염(일명 막창자염)이라고 한다. 초식동물은 막창자꼬리가 발달했지만 육식동물과 인간의 막창자꼬리는 퇴화했기 때문에 염증이 생겼을 경우 제거해도 큰 지장은 없다고 하는데, 최근에는 면역기능과 관련 있다는 설도 있다. 염증이 막창자까지 미치는 증상을 맹장염이라고 한다.

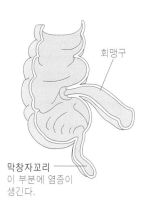

회맹구

막창자꼬리 ——
이 부분에 염증이
생긴다.

1) 원 인

　대부분은 장내 세균으로 감염되며 바이러스 감염에 의해서도 염증이 생긴다. 폭음이나 폭식, 과로, 감기, 변비, 스트레스 등도 유발 원인이 된다.

2) 증 상

　복통이 처음에 우하복부에 일어나는 사람이 약 3분의 1, 상복부나 배꼽 주위, 부정 하복부에 일어나기 시작하여 시간이 지나면서 우하복부로 이행하는 사람이 3분의 2정도이다. 구토를 하는 것도 큰 특징으로 급성충수염의 90%가 이 증상을 나타낸다. 또 발열도 일어나지만 고열이 아닌 경우가 많다고 한다.

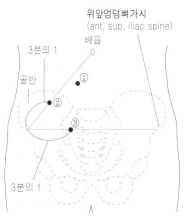

위앞엉덩뼈가시
(ant. sup. iliac spine)

배꼽

3분의 1

골반

①

②

③

3분의 1

충수염 초기에 나타나기 쉬운 압통점
　① 배꼽 우하방 1~2cm부위
　② 위앞엉덩뼈가시(상전장골극 ant. sup. iliac spine) 와 배꼽을 연결하는 선의 오른쪽 1/3 부위
　③ 좌우 위앞엉덩뼈가시를 연결하는 오른쪽 1/3 부위

대장암

대장암은 큰창자의 대부분을 차지하는 결장암과 직장암으로 구분한다. 15~20 cm인 곧창자에 발생할 확률이 가장 높고 다음으로 구불잘록창자, 오름잘록창자, 가로잘록창자 순이다. 조기암은 양성종양인 큰창자폴립과 비슷해서 확인하기가 대단히 어렵다고 한다.

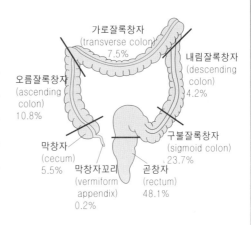

가로잘록창자 (transverse colon) 7.5%
내림잘록창자 (descending colon) 4.2%
오름잘록창자 (ascending colon) 10.8%
구불잘록창자 (sigmoid colon) 23.7%
막창자 (cecum) 5.5%
막창자꼬리 (vermiform appendix) 0.2%
곧창자 (rectum) 48.1%

대장암 발생부위와 발생률

1) 원인

대장암의 증가는 지방이나 동물성 단백질의 과다섭취 등 서구화된 식생활에 원인이 있다. 따라서 이를 예방하기 위해서는 지방 및 동물성 단백질 섭취량을 줄이고 음식물섬유나 비타민류가 많은 음식물을 먹는 식생활 개선이 필요하다.

2) 증상

① **결장암** : 초기 증상의 80 % 정도가 쿡쿡 찌르는 듯한 복통과 구토이다. 그 절반 정도의 사람에게 혈변 증상이 보이고, 변이 전체적으로 암적색을 띠거나 새까만 혈액 덩어리가 변에 섞여 나오기도 한다. 발병하고 나서 2~3년은 자각 증상이 없기 때문에 정기적인 검진이 중요하다.

② **직장암** : 초기 증상은 항문출혈이 있고, 출혈은 선홍색이다. 초기에는 통증이 거의 없고, 궤양이 커지거나 곧창자협착이 진행되면 복통과 팽만감, 항문 주위에 좌골신경통을 일으킨다.

3) 치료

수술방법은 진행 상태나 암 발생부위에 따라 다르지만 환부를 외과적으로 절제하는 것이 원칙이다. 그러나 발생 초기라면 내시경 절제를 이용하여 개복하지 않고도 완치될 수 있다.

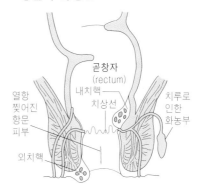

항문 주위 증상

치질

치질(hemorrhoid)은 치핵 · 열항 · 치루(hemorrhoidal fistula) · 탈항 · 항문주위염 등 항문 주위에 생기는 질환으로, 이들 중 치핵 · 열항 · 치루가 90% 정도를 차지한다. 예방법으로는 변비, 설사를 하지 않는 일이다. 특히 변비는 배변시 항문을 손상시키거나 울혈을 일으키므로 주의할 필요가 있다.

1) 치 핵

항문 주위의 정맥총이 울혈되어 덩어리 상태가 되는 것을 치핵이라고 하며 흔히 사마귀치질이라고도 한다. 내치핵은 통증을 거의 느끼지 못하고 선혈이 나오며 외치핵은 피 섞인 물집이 생겨서 항상 아픈 것이 특징이다.

2) 열 항

굳은 변으로 항문이 찢어지는 증상을 가리키며 항문열상이라고도 한다. 한번 찢어진 부위는 굳은 변을 배출할 때마다 찢어져서 세균감염을 일으킨다. 배변시 출혈과 통증이 따른다.

3) 치 루

곧창자과 항문 사이에 있는 치상선이라는 움푹 패인 부위에 궤양이 생겨서 계속 진행되면 조임근(괄약근 sphincter)을 꿰뚫고 항문 주위의 피부에 구멍을 만들므로 누치라고도 한다. 항문점막이 항상 감염되기 때문에 치료가 어렵고 수술 외에는 별다른 치료 방법이 없다.

인체의 화학공장
간의 기능

- 영양분을 활용할 수 있는 형태로 분해 · 합성한다.
- 글리코겐과 지방을 저장한다.
- 유해물질을 해독한다.
- 쓸개즙을 생산한다.

인체에서 최대, 최중량, 최고 온도의 장기

인체에서 가장 크고 무거운 장기 간의 구조와 역할

간(liver)은 우흉갈비뼈 하측에 위치하며 성인 남자가 약 1,200g, 여자가 1,000g인 인체에서 가장 큰 장기이다. 다량의 혈액을 포함하고 있기 때문에 인체에서 최고 온도를 유지하며 암적갈색을 띤다.

간에는 고유간동맥(proper hepatic artery)과 문맥(portal vein)이 통과한다. 고유간동맥은 간활동에 필요한 산소와 영양을 공급하고, 문맥은 위(stomach), 장, 이자(췌장 pancreas), 지라(비장 spleen)에서 유입되는 혈액을 간으로 운반하는 역할을 맡고 있다. 간은 오른엽(right lobe)과 왼엽(left lobe)으로 나뉘며 양엽에 각각 한 개씩 사이관(간관 intercalated duct)이 달려 있다. 이 관은 간이 만든 쓸개즙(담즙 bile juice)의 운송관으로 쓸개(담낭 gallbladder)에 쓸개즙을 보낸다.

영양소를 처리 · 저장하는 장기 간소엽과 간세포

간의 기본 단위는 수십만 개의 간세포가 길게 연결되어 모인 간소엽(hepatic lobule)이다. 간소엽의 크기는 1~2mm^{2}이고 모세혈관이 미세한 간격으로 무수히 뻗어 있다. 간소엽에는 간동맥(hepatic artery 총간동맥, 고유간동맥)과 소화관(위, 작은창자, 큰창자), 지라로부터의 문맥(portal vein)이 유입된다.

고유간동맥에서 나온 모세혈관은 간활동을 위한 산소와 영양분을 흡수하고, 문맥에서 나온 모세혈관은 위 · 장에서 운반된 영양소와 독소를 유입해 처리하고 저장한다.

간 구조

간정맥
(hepatic v.)

가로막
(diaphragn)

아래대정맥(inf. vena cava)으로

간소엽

간막

왼엽
(left lobe)

오른엽
(right lobe)

온쓸개관
(common bile duct)
(쓸개관과 합류해서
샘창자로)

문맥
(portal v.)
(간으로)

고유간동맥
(proper hepatic
artery)
(간으로)

간소엽 구조

적혈구
(erythrocyte)

간세포
(hepatocyte)

성세포

모세혈관

간소엽 극간에 모세혈관이 통한다.

소엽사이동맥
(interlobular a.)
(간동맥)

중심정맥
(central v.)

소엽사이정맥
(interlobular v.)(문맥)

소엽사이쓸개관
(interlobular
bile duct)

아래대정맥으로

고유간동맥에서

온쓸개관으로　문맥에서

재생되는 간 기능

간의 재생능력은 월등히 뛰어나서 수술로 절제해도 원래 상태로 돌아오는 재생능력이 있다. 재생원리는 완전하게 해명되지 않았지만 간세포에 있는 염색체 수에 그 비밀이 있다고 한다. 통상 세포에 포함된 염색체는 46개이다. 그러나 간세포는 92개, 138개라는 두 배, 세 배의 염색체를 포함하고 있다. 이 때문에 다른 조직보다 빨리 재생하는 것이다.

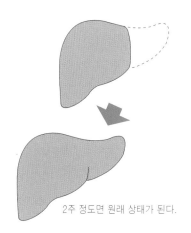

2주 정도면 원래 상태가 된다.

POINT

간은 무게가 1kg이상으로 뇌와 함께 몸 속에서 가장 무거운 장기이다. 심장이나 위장처럼 활동하지 않으며 소리 내지 않고 활동하기 때문에 '침묵의 장기' 라고 한다.

간의 역할

영양소의 대사 · 해독 · 저장기능이 있는 생명 유지의 필수 장기

포도당을 글리코겐 형태로 저장   영양분을 분해 · 합성하는 기능

간은 흡수한 영양분을 분해, 합성, 해독, 저장, 소화를 돕는 쓸개즙(담즙 bile juice) 생산 등 생명유지에 꼭 필요한 기관이다. 간의 가장 중요한 역할은 섭취한 영양분의 화학처리이다.

예를 들면, 인간이 활동하는 데 기본적인 에너지원은 탄수화물이다. 그러나 그 상태로는 활용할 수 없기 때문에 장 내에서 단당류로 분해되어 간으로 보내진다. 간에서는 포도당을 화학처리하여 처음으로 에너지원 그대로를 유지한 채 전신으로 공급한다. 그리고 나머지 포도당은 글리코겐이라는 물질로 변해 간에 저장된다.

암모니아 같은 유해물질을 분해   해독기능

몸을 구성하고 있는 단백질도 분해 · 합성이 이루어진다. 이때 인체에 유해한 암모니아가 발생하는데 간세포(hepatic cell)는 이것을 요소로 바꿔 콩팥에서 오줌으로 배출시키는 기능이 있다. 같은 원리로 약에 포함된 유해한 물질이나 소화 · 흡수 과정에서 생긴 약물도 분해해서 무해한 물질로 바꿔주는 기능도 있다. 또 오래된 적혈구에 포함된 헤모글로빈을 처리하는 역할도 있으며 분해된 빌리루빈 성분은 쓸개즙과 새로운 적혈구를 만드는 재료가 된다.

간의 역할

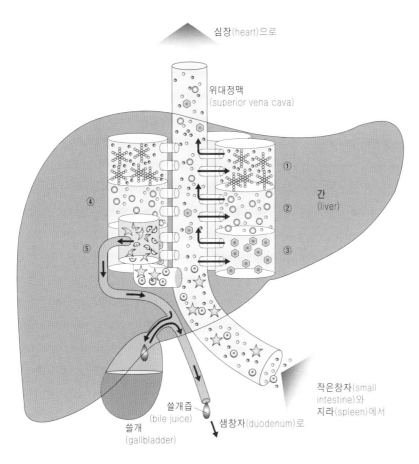

심장(heart)으로

위대정맥
(superior vena cava)

간
(liver)

① ② ③ ④ ⑤

쓸개즙
(bile juice)

쓸개
(gallbladder)

샘창자(duodenum)로

작은창자(small intestine)와
지라(spleen)에서

⁰⁰° 포도당	
글리코겐	⬡ 비타민류
⁰°° 아미노산	◉ 오래된 적혈구
○ 단백질	☆ 독물·노폐물

① 혈액 속의 포도당을 글리코겐으로
   저장한다.
② 아미노산에서 단백질을 합성한다.
③ 비타민류를 활동하기 쉬운 형태로
   바꿔서 저장한다.
④ 알코올을 해독하고 노폐물을 처리
   한다.
⑤ 오래된 적혈구를 재료로 삼아
   쓸개즙을 만든다.

간의 역할

쓸개즙 생산

장 내의 소화·흡수를 도와주는 쓸개즙을 만든다. 하루에 0.5~1ℓ의 쓸개즙을 만든다. 쓸개즙은 쓸개에 모여 있다가 샘창자로 보내진다.

글리코겐 저장

포도당을 글리코겐으로 바꿔서 저장하고 필요할 때 당으로 전환시킨다.

적혈구 분해

오래된 적혈구 속에 있는 헤모글로빈을 분해해서 쓸개즙 재료가 되는 빌리루빈 물질을 만든다. 또 간에 포함된 철분은 새로운 적혈구의 재료가 된다.

비타민 저장

비타민을 활동하기 쉬운 형태로 바꿔서 저장한다.

독 처리

알코올을 분해하거나 독물을 무해한 물질로 바꿔 쓸개즙의 재료로 만든다.

영양소 배출

저장된 영양소를 전신으로 보낸다.

영양소를 만들고 변화시키는 기능

작은창자에서 흡수된 영양소를 몸이 이용할 수 있는 형태로 만들고 바꾸는 화학처리공장

몸이 이용하기 쉬운 영양소로 바꾼다 각종 영양소의 변화

간(liver)은 필요에 따라 당에서 지방을 만들거나 반대로 아미노산이나 지방에서 당을 만들기도 한다. 그 밖에 비타민 B_1을 코카르복실라제 물질로 바꿔서 공급하는 등 여러 가지 비타민을 만들어서 바꾸는 역할을 한다. 이처럼 간은 섭취한 영양분을 몸이 이용할 수 있는 형태로 변화시켜서 공급하는 화학처리공장 역할을 수행한다. 음식물을 아무리 섭취해도 간이 제대로 기능하고 적절한 처리를 하지 않는 한, 영양분은 몸 속에서 활용되지 못한다. 간에서 조정·저장되는 영양소는 각각 그 처리 과정이 다르다.

탄수화물

밥, 빵, 감자 등에 함유된 탄수화물은 녹말, 자당, 유당 등의 당류로 나뉜다. 녹말은 침 속 소화효소 프티알린(침 속에 함유되어 있는 아밀라아제)에 의해 덱스트린이라는 호상물질로 바뀐 뒤, 샘창자에서 소화효소 아밀라제에 의해 맥아당(말토스)으로 바뀌고, 작은창자에서 말타아제에 의해 포도당(글루코스)으로 변한다. 당류는 작은창자에서 스크라제, 락타제 등 소화효소에 의해 갈락토스나 과당 단당류로 변한다. 그리고 간으로

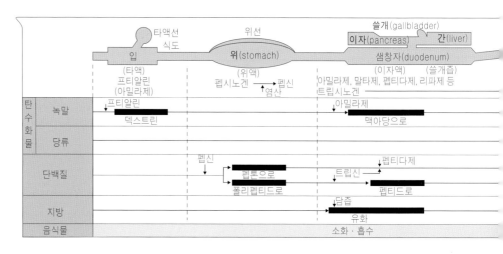

들어온 단당류는 포도당으로 통일되어 필요에 따라 전신으로 공급된다. 포도당은 전신에 있는 60조 개의 세포에 특히 중요한 에너지원이다. 또 저장하기에는 적합하지 않기 때문에 글리코겐이라는 단당류 집합체 형태로 간에 저장되어 혈액 속 당이 감소하면 포도당 형태로 돌아와 혈액으로 보내진다.

단백질

고기나 생선, 콩 제품 등에 함유된 단백질은 위에서 소화효소 펩신에 의해 펩톤이라는 분자보다 작은 물질로 변하고, 샘창자와 작은창자에서 각종 아미노산의 작은 분자로 변해서 흡수된다. 간에서는 혈액 속 당의 증감에 따라 아미노산과 지방산에서 포도당을 만들어 혈액 속으로 운반된다. 아미노산 일부는 몸에 맞는 단백질로 바뀌며 남은 단백질은 몸 안에 저장된다. 그리고 지방의 일부는 간에 보내지는데 대부분은 림프관에서 혈관으로 유입돼 전신의 세포조직에 축적된다.

지방

유지류나 고기 비계에 있는 지방은 샘창자에서 쓸개즙에 의해 흡수되기 쉬운 형태로 바뀐 뒤 작은창자에서 소화효소 리파제의 작용으로 글리세린과 지방산으로 분해된다. 이 두 물질은 개별적으로 흡수된 뒤 다시 지방으로 합성되어 간으로 운반된다.

지방은 간세포(hepatic cell)에서 콜레스테롤을 만드는 원료가 된다. 간세포에는 3 ~ 5%의 지방이 포함되어 있으며 항상 새로운 지방과 교체된다. 콜레스테롤은 세포막과 호르몬을 생성하는 중요한 물질이다.

비타민

야채와 과일에 풍부하게 함유된 비타민류는 간에 저장되고 비타민 B_1이 코카르복실라제로 변화하는 등 체내에 이용되기 쉬운 형태로 바뀐다.

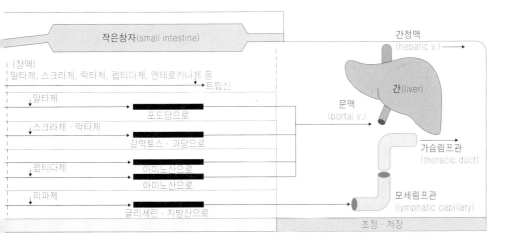

알코올을 분해하는 기능

간에서 알코올은 아세트알데히드에서 초산으로 분해

효소의 힘으로 알코올을 분해   알코올 분해도 해독의 일종

알코올 분해도 간(liver)의 역할이다. 위(stomach)와 장에서 섭취된 알코올이 간으로 모이면 간은 효소의 힘으로 이를 아세트알데히드, 초산 순으로 분해해 최종적으로는 이산화탄소와 수분이 되어 호흡이나 오줌과 함께 체외로 배출된다. 그러나 알코올량이 많거나 술을 너무 빨리 들이키면 분해도 되기 전에 처리 못한 알코올과 아세트알데히드가 온몸을 돌며 '취기'가 오른다. 간의 분해능력을 초과한 알코올 섭취는 급성알코올 중독의 원인이 되고 생명을 위협하게 된다.

사람이 지닌 효소량에는 개인차가 있는데 사람의 한계량을 넘는 알코올을 계속 섭취하면, 지방간(간세포에 지방이 쌓이는 질병)이 생기고 알코올성 간염을 유발할 확률이 높아진다. 간에는 파괴된 간세포를 재생하고 자력으로 복귀하는 작용이 있지만 이 능력을 초과한 알코올 섭취는 장애가 생긴다. 더욱이 알코올성 만성간염에서 간경변으로 이행하는 경우도 많으므로 과도한 알코올 섭취는 삼가야 한다.

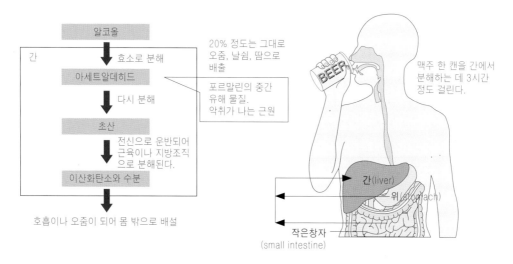

알코올

간 → 효소로 분해

아세트알데히드

다시 분해

초산

전신으로 운반되어 근육이나 지방조직으로 분해된다.

이산화탄소와 수분

호흡이나 오줌이 되어 몸 밖으로 배설

20% 정도는 그대로 오줌, 날숨, 땀으로 배출

포르말린의 중간 유해 물질. 악취가 나는 근원

맥주 한 캔을 간에서 분해하는 데 3시간 정도 걸린다.

간(liver)

위(stomach)

작은창자 (small intestine)

질병지식

알코올성 간장장애

다량의 알코올을 상습적으로 섭취하는 것이 원인으로 간에 장애가 일어나는 질병이다. 상습적인 음주란 '청주 1홉으로 환산해서 술을 매일 3병 이상, 5년 이상 마시는 행위'이다.

알코올성 간장장애에는 간에 대량의 중성지방이 쌓이는 알코올성 지방간, 간세포의 괴사나 변성을 일으키는 알코올성 간염, 간세포의 괴사는 일어나지 않고 선유만 증가하는 알코올성 간섬유증이 있다.

증상의 첫 단계는 알코올성 지방간으로 권태감, 피로감, 복부의 팽만감 등이 있는데 증상이 나타나지 않는 경우도 있다. 지방간이 됐는 데도 술을 계속 마시면 알코올성 간염이나 알코올성 간섬유증을 일으킨다. 이 단계에서 금주하고 적절한 치료를 받지 않으면 간경변이 되어 위험한 상태에 이르게 된다.

지방간

건강한 간은 약 5%의 지방을 가지고 있지만 비만증이나 대사질환에 걸림으로써 간세포에 지방이 다량으로 쌓이게 된다. 이런 상태를 지방간이라고 하며 알코올의 과도한 섭취로도 지방간이 된다. 본래 간의 지방은 단백질 성분인 아미노산에 의해 운반된다. 그러나 알코올을 대량으로 마시는 사람의 대부분은 술 마실 때 음식을 거의 먹지 않기 때문에 단백질이 결핍되어 아미노산이 부족해진다. 그러면서 지방이 간에 점점 쌓이면서 지방간이 되는 것이다.

지방간 자체는 특별한 장애가 없지만 오랜 기간 방치하면

적당량의 음주와 일주일에 이틀은 휴간일(休肝日)로

우리나라 성인 남자의 12%가 매일 술을 마시며, 다섯 명 가운데 한 명은 습관성 음주자라고 한다. 간에 부담을 주지 않는 술의 섭취량은 마시는 술에 포함된 알코올량으로 결정된다. 1회 마시는 알코올량을 60g 이하(청주 2.5홉 이하, 맥주 3병 이하, 위스키더블 3잔 이하)로 줄이고, 일주일에 이틀은 알코올을 섭취하지 않는 '휴간일'을 가져야 한다.

청주 1홉을 다른 알코올로 환산한 경우

종류	양
청주	1홉
위스키	싱글 1잔
브랜디	싱글 1잔
맥주	1병
소주	1/5컵
와인	와인글라스 1잔

지방이 쌓여서 지방성 간경변으로 발전할 염려가 있다.

지방간의 원인은 단백질 부족이므로 금주하고 고단백질 식사를 하면 곧 개선된다.

간경변

1) 원 인

알코올, 바이러스, 약물 등으로 인해 만성적으로 간 일부가 파괴되고, 파괴된 간세포가 재생할 때 콜라겐이라는 섬유성분이 만들어지면서 보수를 한다. 이 섬유상 물질이 증가하면 말랑말랑하고 매끄럽던 간 곳곳이 섬유 성분으로 구획이 생기고 탄력을 잃으면서 찌그러지고 굳어 버린다. 이 증상이 간경변이다. 문자 그대로 간이 굳어서 역할을 제대로 하지 못하는 질병이다. 간경변의 원인은 간염 바이러스가 가장 많고 C형 만성간염이 간경변으로 진행하는 경우도 많다. 한번 간경변을 일으키면 간세포 성질이 변하면서 간으로 들어오는 혈류가 나빠지고 정상적인 기능을 유지하기 어렵게 된다.

2) 증 상

천천히 진행하기 때문에 어느 시기까지는 아무 증상을 못 느낀다. 초기 증세로 복부팽만감 · 복통 · 구역질 · 구토 · 피로 · 식욕부진 · 변비 · 설사 등이 있으나, 간경변 특유의 증상이 아니기 때문에 잘 느끼지 못하다 간기능 검사로 발견되는 일이 많다.

알기 쉬운 간경변 증상은 황달과 복수를 들 수 있다. 통계적으로 간경변에 걸린 사람의 과반수가 가벼운 황달 증세를 보이며 황달이 심하게 나타날 때는 간 파괴가 진행되고 있다는 조짐이다. 복수는 수분이 혈관에서 스며 나와 복강에 고인 상태이므로 간경변 검진이 필수이다. 그 밖에 손바닥 특히, 엄지손가락 밑 부분의 볼록한 곳이 붉은 빛을 띠거나 앞가슴, 목, 어깨, 팔 등

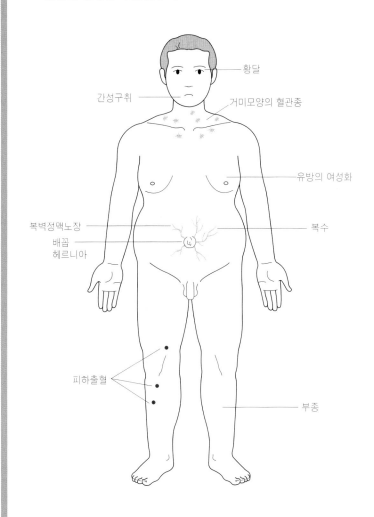

진행한 간장병의 전신상태

- 황달
- 간성구취
- 거미모양의 혈관종
- 유방의 여성화
- 복벽정맥노장
- 배꼽 헤르니아
- 복수
- 피하출혈
- 부종

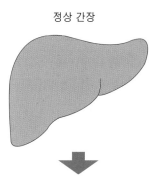

정상 간장

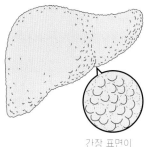

간경변 간장

간장 표면이 울퉁불퉁하다.

상반신 피부에 거미가 다리를 벌린 듯한 미세한 혈관 확장이 보인다. 남자의 경우 유방이 여자처럼 부풀거나 겨드랑이 털과 음모가 빠지고 성욕감퇴를 보이며 여자는 무월경이 나타난다.

3) 진 단

간 기능이나 혈류응고인자의 이상을 검사하는 혈류검사로는 확실히 진단할 수 없다. 복강경으로 간을 직접 관찰하거나 간 조직의 일부를 채취해서 간생검을 함으로써 자세한 증상과 원인을 파악할 수 있다.

4) 치 료

황달·복수가 있는 경우 입원해서 절대안정을 취한다. 이런 증상이 아닌 경우는 과로를 피하고 피곤하다면 즉시 휴식을 갖는 것이 좋다. 또 식후 두 시간 정도 누워서 안정을 취한다. 현재로서는 간경변을 확실히 치료할 약은 없으며 식이요법에 중점을 둔다. 식사는 고단백·고비타민·고칼로리가 원칙이다. 하루에 단백질 100g 전후, 총 칼로리 2000~3000kcal 이상을 섭취해야 한다. 그러나 비만증이나 당뇨병이 있는 사람은 이대로 하지 않고 의사의 지시를 따라야 한다.

5) 합병증

간경변의 진행으로 간 기능이 저하되면 여러 가지 합병증이 나타난다. 대사력과 해독작용이 약화되면 암모니아가 혈류를 타고 뇌로 들어가 간성뇌증이라는 의식장애가 일어난다. 또 식도정맥류가 파열되어 대출혈로 생명을 위협하는 경우도 있다. 더욱이 간경변 환자의 반 이상이 간암으로 이행되는 경우가 있어서 양자 간에는 밀접한 관계가 있다.

간 염

간염에는 급성과 만성이 있다. 급성간염은 현재 시점에서 근본적으로 치료할 약이 없기 때문에 충분한 영양과 안정을 취하는 일이 중요하다. 일반적으로 급성간염이란 급성 바이러스성 간염을 가리키며 A·B·C·D·E형이 있다.

1) A형 간염(A형 간염 바이러스)

A형 간염 환자에게 오염된 음료수나 날 음식 등을 접해 경구 감염되는 일이 많다. 증상은 권태감·구역질·식욕감퇴, 37~38℃의 발열이 있고 감기 같은 증세가 일주일 정도 계속된다. 소변이 짙은 갈색으로 맥주거품 같은 것도 보이며 일주일이 지나면 황달이 나타난다. 안정과 치료를 병행해서 정상적인 생활로 돌아오기까지는 약 3개월이 걸린다.

2) B형 간염(B형 간염 바이러스)

B형 간염 환자의 혈액·침·소변·변·정액 등으로 감염되는데 현재는 수혈 스크리닝으로 수혈 감염은 거의 보이지 않는다. 증상은 A형 간염과 거의 비슷하지만 발열증세는 없다. 통상 2~3개월 치료하면 완치된다.

3) C형 간염(C형 간염 바이러스)

수혈을 통해 감염되기 때문에 수혈 후 감염의 90% 이상이 C형 간염이다. 1992년 이후, 수혈 스크리닝을 실시해서 수혈로 감염되는 일은 거의 없어졌다. 또 면도칼이나 혈장제제의 주사에 의한 감염도 있다. 증상은 다른 간염 바이러스와 같지만 비교적 가볍고 출현빈도도 낮다. 그러나 치료에 시간이 걸리고 만성화할 확률이 높다는 것이 어려운 점이다. C형 간염에는 면역기구에 의존하지 않고 인공적으로 만든 인터페론을 투여하는 치료가 효과적이다. 그러나 의료비가 비싸고 부작용이 있다.

4) 만성간염

만성간염은 B형 간염 바이러스를 가진 어머니에게서 태어날 때 감염되며 증상이 없이 경과한 무증후성 보균자와의 접촉과 수혈 등으로 감염된 C형

간염(바이러스) 비교

원인 바이러스 특징	A형	B형	C형	E형	G형
감염 경로	경구	혈액	혈액 .	경구	혈액
잠복기	2~6주	4~24주	1~16주	1~8주	불명
자주 발병하는 연령	20~30세 (점차 고령화)	20~30세가 많다	모든 연령	모든 연령	모든 연령
모자감염	없다	많다	10%	없다	불명
만성화	없다	주로 보균자로부터	있다	없다	불명
예 방	면역글로불린 HA백신	면역글로불린 HA백신	없다	없다	없다

간염 바이러스에 의한 감염이 대부분이다.

간 암

　간암은 폐암, 위암, 대장암 다음으로 많이 발생하는 암이다. 처음부터 간에서 생기는 원발성 간암과 다른 장기에 발생한 암이 간에 전이되어 생기는 전이성 간암, 두 가지로 나눈다. 원발성 간암은 간세포에서 발생하는 간세포암과 간 속의 담관세포의 변이로 생기는 담관암이 있는데 대부분은 간세포암이다.

1) 원 인

　간세포암의 원인은 B형 간염 바이러스나 알코올과 관계가 있다고 한다. B형 간염의 만성화로 간경변이 되어 간암이 발병하거나 알코올성 간경변에서 간암이 발병하는 경우가 많다. 그 밖에 쌀과 땅콩에서 피는 곰팡이 일종, 흡연, 저영양 등도 간암의 위험인자로 본다. 간은 혈액이 들어오는 장기이기 때문에 다른 장기에서 생긴 암이 전이되기 쉽다. 대부분의 전이성 간암은 위암 · 대장암 · 폐암 · 유방암 · 췌장암에서 전이된다.

2) 증 상

권태감, 식욕부진 등 간경변과 비슷한 증상을 보이고 어느 정도 진행하면 우상복부와 등에 가벼운 통증을 느끼거나 미열, 황달 증세가 나타난다. 그 동안 우상복부에 딱딱한 덩어리가 만져지고 계속 진행되면 암성복막염을 일으키고 혈액이 고인 복수가 생겨서 복부가 부풀어 오른다. 암이 더 커지면 강한 통증이 오고 위독한 상태가 된다.

3) 치 료

간암은 예전에는 조기진단이 어려웠는데 지금은 초음파 에코진단으로 작은 간암의 발견도 가능해졌다. 치료법은 내과적 치료에서 수술까지 여러 가지가 있는데 최근에는 개복하지 않고 수술을 끝내는 치료법도 성과를 올리고 있다.

전이성 간암의 원발소

허파 (lung) 45%
식도 (esophagus) 15%
젖샘 (mammary gland) 77%
위 (stomach) 35%
쓸개즙통로 (biliary tract) 29%
이자 (pancreas) 68%
작은창자 (small intestine) 50%
신장 18%
큰창자 (large intestine) 26%
요관(ureter) 방광(urinary bladder) 25%
난소(ovary) 55%

쓸개의 기능

- 쓸개즙을 농축해서 저장한다.
- 쓸개즙을 필요에 따라 배출한다.

장에서 지방의 소화흡수를 도와주는 쓸개즙을 농축하여 저장

쓸개는 쓸개즙의 농축탱크 쓸개 구조

쓸개(담낭 gallbladder)는 간(liver)과 샘창자(십이지장 duodenum)를 잇는 관 도중에 있고 길이 10cm, 용적 30～50ml인 주머니 모양의 기관이다. 간에서 이어진 담관(좌·우)이 합쳐져 온쓸개관(총담관 common bile duct)이 되고, 쓸개와 온쓸개관은 주머니관(담낭관 cystic duct)이 연결하고 있다. 이를 총칭해 쓸개즙통로(담도 biliary tract)라고 한다.

장의 지방분 소화흡수를 도와주는 역할을 가진 쓸개즙(담즙 bile juice)은 간에서 만들어지고 반 정도가 담관을 거쳐 쓸개로 모인다. 쓸개즙은 90% 이상이 수분인데 쓸개에서 수분·염분이 흡수되어 5～10배로 농축된 다음 저장된다.

지방분의 소화흡수를 도와주는 쓸개즙 쓸개즙 역할

쓸개즙은 장의 소화흡수에 없어서는 안 될 존재지만 그 자체에 소화흡수효소는 없다. 음식물의 지방은 이자(췌장 pancreas)에 함유된 아밀라제와 리파제 등 소화효소에 의해 지방산과 글리세린으로 분해되는데, 이때 쓸개즙은 소화효소가 더 효율적으로 작용하도록 활성화하는 성질을 가지고 있다. 또 지방의 분해로 생긴 지방산을 장에서 흡수하기 쉬운 형태로 바꿔주는 역할도 맡고 있다. 물에 녹지 않는 지방산은 그 상태로 흡수되지 않기 때문에 쓸개즙이 작용하여 녹을 수 있는 형태로 전환해준다.

쓸개 구조

쓸개즙통로
(biliary tract)

간에서

왼간관
(right hepatic duct)

오른간관(left hepatic duct)

온쓸개관(common bile duct)

주머니관
(cystic duct)

쓸개

샘창자
(duodenum)

이자
(pancreas)

쓸개즙이 배출되는 시간

샘창자로 지방분이 많은 음식물이 들어오면 지방에 함유된 아미노산과 지방산의 자극으로 샘창자 및 빈창자에서 콜레시스토키닌이라는 소화관 호르몬이 분비된다. 이 호르몬의 자극을 받으면 쓸개는 민무늬근육을 수축시켜 쓸개즙을 짜내어 배출한다. 쓸개즙은 온쓸개관을 통해 샘창자에 이르고 이자에서 보내진 이자액과 합류하여 지방의 소화흡수를 돕는다. 쓸개즙은 식사 전후 한 시간 정도에서 배출되기 시작하여 배출량은 약 두 시간 후가 가장 많고 그 후 서서히 줄어든다.

이자액을 활성화해 소화흡수를 돕는다.

쓸개즙의 역할

• 지방의 소화흡수를 도와준다.

장에서 오는 신호로 배출되는 쓸개즙

성분은 쓸개즙산과 쓸개즙색소   쓸개즙 성분

성인이 하루에 1ℓ 정도 간에서 분비하는 쓸개즙(bile juice)은 약알칼리성의 황색액체이다. 간에서 만들어졌을 때는 황색이지만 쓸개에서 농축되면 새까만 색으로 변한다.

쓸개즙에는 쓸개즙산, 빌리루빈(쓸개즙색소), 콜레스테롤이 함유되어 있다. 쓸개즙산은 샘창자에서 유화된 지방이 작은창자에서 글리세린과 지방산으로 분해·흡수되는 것을 도와준다. 빌리노겐은 장내 세균의 대사작용으로 우로빌리노겐이라는 물질이 되고, 그 일부는 장에서 흡수되어 간으로 들어가 다시 쓸개즙 재료가 된다.

빌리루빈은 파괴된 적혈구의 일부   변과 함께 배설되는 빌리루빈

쓸개즙 성분의 하나인 빌리루빈은 오래되어 파괴된 적혈구의 일부이며 쓸개즙이 황색을 띠는 것도 빌리루빈 색소에 의해서이다. 보통 빌리루빈은 장으로 들어가 변과 함께 배설되지만 간기능에 이상이 있거나 담석이 생기면 쓸개즙으로 들어가지 않고 혈액 속에 섞인다. 혈액과 섞인 빌리루빈은 소변과 함께 배출되는데 이런 경우 소변 색은 진한 황색이나 갈색이 된다. 또 빌리루빈이 섞이지 않은 변은 하얗게 되는 일도 있다. 즉 소변과 대변의 색으로 간 이상이나 담석 유무를 판단할 수 있다.

질병지식

담 석

쓸개 및 쓸개관에 생기는 결석으로 성분상으로 분류하면 콜레스테롤 결석, 빌리루빈 결석과 이 두 가지가 혼합된 결석이 있다.

1) 원 인

확실한 원인은 알 수 없지만 일반적으로 지방분이 많은 음식을 먹거나 비만인 사람, 정신적인 긴장으로 스트레스를 받는 사람에게 주로 생긴다고 한다.

2) 증 상

우륵골하를 중심으로 심한 산통발작을 일으키며 통증은 오른쪽 등과 어깨에도 퍼진다. 구역질과 가벼운 황달증세를 보이기도 한다. 그러나 '침묵의 담석'이라 부르는 담석은 무증상인 경우도 많다.

3) 치 료

치료에는 담석용해제를 자주 사용한다. 최근에는 복강경으로 관찰하면서 개복하지 않고 전기메스로 쓸개를 잘라내는 수술도 행해지고 있다.

담낭염

1) 원 인

세균이 쓸개즙통로 내에 침입하여 감염·염증을 일으키는 질환으로 원인균으로는 대장균, 포도상구균, 연쇄구균

담석 치료

① 담석용해치료 : 약을 투여해 담석을 녹인다.
② 체외충격파결석파쇄법 : 몸 밖에서 충격파를 발생시켜 담석을 부순다.
③ 복강경하담낭적출법 : 복부에 작은 구멍을 내고, 복강경을 삽입해서 담낭을 적출한다.
④ 기존의 개복수술 : 복부를 크게 열고 담낭을 적출한다.

POINT

쓸개에서 배출되는 쓸개즙량은 어른이 1일 1ℓ 정도지만 지방이 많은 음식을 먹으면 배출량은 더욱 증가한다.

등이 있다. 지방이 많은 음식, 알코올, 커피 같은 자극음료, 폭음·폭식, 불규칙한 식사습관 등이 염증을 일으키는 요인이다.

2) 증상

급성인 경우는 우상복부의 통증과 발열이 난다. 통증은 오른쪽 등과 어깨로 퍼져 담석보다 길게 간다. 심해지면 손으로 만져질 정도로 부어 있다. 급성 쓸개염은 만성화되는 경우가 많다.

3) 치료

급성·만성 모두 항생물질인 약으로 치료를 주로 하지만 증상에 따라서는 수술로 쓸개를 적출해야 하는 경우도 있다.

담낭암

담낭암은 증상이 명확하지 않지만 상당히 진행하면 우상복부에 딱딱한 것이 생기고 황달이 나타난다. 그러나 지금은 초음파검사의 발달로 조기 담낭암이 발견되고 있다. 또 담석은 담낭암의 원인은 아니지만 담석이 생기면 물리적 자극이나 쓸개즙 성분의 변화로 영향을 받기 쉬워서 암이 될 확률이 높은 것은 사실이다.

담석이 있는 사람은 조기에 절제하든지 정기검사로 경과를 살펴봐야 한다.

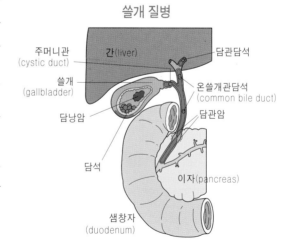

쓸개 질병

주머니관 (cystic duct)
간(liver)
담관담석
쓸개 (gallbladder)
온쓸개관담석 (common bile duct)
담낭암
담관암
담석
이자(pancreas)
샘창자 (duodenum)

이자와 지라의 역할

- 이자액을 분비한다.
- 혈당치를 조절한다.

소화액인 이자액과 혈당치를 조절하는 두 종류 호르몬을 분비

위 뒤쪽에 위치한 길이 15 cm의 장기　이자 구조

위(stomach)와 척추 사이에 있고 샘창자(십이지장 duodenum)로 둘러싸여 있는 이자(췌장 pancreas)는 길이 15cm, 두께 2cm 정도의 올챙이 모양의 기관으로 황색 빛을 띤다. 위의 뒤쪽으로 깊숙이 파묻혀 있기 때문에 몸 표면에서는 만져지지 않고 이자에 염증이 생기면 복부좌상 주위에 통증을 느낀다.

이자는 샘창자와 접한 부분을 두부·체부로 나누고, 지라와 접한 부분을 미부라 하며, 두부에서 미부로 갈수록 폭이 좁아진다. 또 이자에서는 장의 소화를 돕는 소화액인 이자액을 만든다.

이자액을 분비하는 외분비기능　이자액 역할

이자에는 단백질을 분해하는 트립신, 전분을 분해하는 아밀라제, 지방을 분해하는 리파제 등 많은 소화효소가 함유되어 있고, 위산에 의해 산성화된 내용물을 중화하고 쓸개(담낭 gallbladder)에서 분비되는 쓸개즙의 도움을 받아가며 장 내에서 소화활동을 부드럽게 이행한다.

이자액의 하루 분비량은 성인이 $0.7 \sim 1\ell$이다. 음식물이 위에서 샘창자로 들어옴과 동시에 샘창자에서는 소화관 호르몬이 혈중에 분비되고, 이것이 이자를 자극하여 이자액이 샘창자에 있는 샘창자유두(duodenal papilla)로부터 분비되는 기능을 한다.

호르몬을 만드는 내분비기능

이자에는 랑거한스섬(Langer hans' islet)이라는 특수한 세포가 모여 있으며 이 세포

집단에서 인슐린과 글루카곤이라는 정반대 성질을 지닌 두 개
의 호르몬이 분비되어 혈당치를 미묘하게 조절한다.

　랑거한스섬의 B세포에서 분비되는 인슐린은 혈액 속 포도당
이 에너지원으로 소비되는 것을 촉진하며, 지방으로 변하여 지
방조직에 쌓이거나 글리코겐으로 변하여 간에 축적되는 역할
을 한다. 또 A세포에서 분비되는 글루카곤은 전신의 지방조직
에 있는 지방을 포도당으로 변화시키거나 간에 축적된 글리코
겐을 포도당으로 전환하는 역할을 한다.

지라의 구조와 역할

　위 끝에 접해 있는 지라(비장)는 림프와 혈관계 기관으로 혈
액을 여과하고 노화된 적혈구를 파괴하며 림프구를 생산한다.

지라 구조

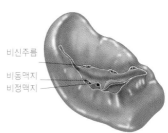

비신주름
비동맥지
비정맥지

암적색의 강낭콩 모양으로
길이는 10cm 정도

이자와 지라 위치

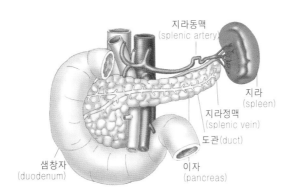

지라동맥
(splenic artery)

지라
(spleen)

지라정맥
(splenic vein)

도관(duct)

샘창자
(duodenum)

이자
(pancreas)

POINT

랑거한스섬은 독일의 병리학자 P.랑게
르한스가 발견하여 이 이름을 붙인 것
으로, 이자 전체에 약 200만 개 산재해
있다.

이자액이 분비되는 기능

호르몬 조작으로 분비되는 이자액

이자액(췌액)은 자율신경 작용으로 분비된다. 즉 음식을 보거나 냄새를 맡으면 분비되는데 이자액 분비는 기본적으로 호르몬에 의해 조작된다.

음식물이 위에서 샘창자로 들어와 샘창자 점막에 닿으면 그 자극으로 이자에서 두 종류의 호르몬이 분비된다. 하나는 소화관 호르몬의 일종인 판크레오자이민으로 이 호르몬에 의해 선방이 자극 받아 유기성분·전해질·수분을 분비한다. 또 하나는 소화관 호르몬 세크레틴으로 이 호르몬에 의해 도관이 자극되어 전해질·수분을 분비한다.

위에서 보내온 소화물에는 아직 위산의 영향으로 산성이 남아 있어서 이자액 속 소화효소의 대부분은 그 힘을 발휘할 수 없다. 그러나 소화효소는 도관을 통과하는 사이 탄산수소나트륨을 주체로 하는 전해질·수분과 섞여 약알칼리성 액체로 되기 때문에, 소화물 산성이 중화되고 소화력을 발휘할 수 있는 것이다.

이자액은 위와 침샘이 정상적으로 기능하지 않아도 충분히 그것을 보충할 수 있을 정도의 강한 소화능력을 지니고 있다.

이자가 이자액으로 녹지 않는 이유

이자액은 매우 강력한 소화액이지만 이자 자체를 녹이지는 않는다. 그 이유는 아밀라제와 리파제 이외의 소화효소가 샘창자로 들어오기까지는 불활성 상태에 있기 때문이다.

예를 들면, 트립신은 이자 내에서 트립시노겐으로, 엘라스타제는 프로엘라스타제라는 불활성 형태로 존재한다. 그 외에 단백질분해효소와 지방분해효소도 이자 속에서는 불활성 상태로 존재한다.

이자의 선방세포

이자의 일부를 확대한 그림

랑거한스섬
(Langerhans' islet)
호르몬이 나온다.
선방세포에서
볼 수 있다.

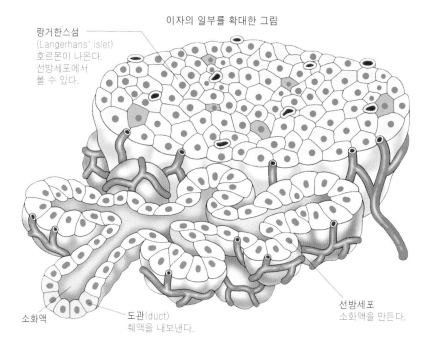

소화액

도관(duct)
췌액을 내보낸다.

선방세포
소화액을 만든다.

이자액의 소화 역할

단백질(육류)

단백질은 이자액의 트립신,
키모트립신, 엘라스타제가
분해한다.

탄수화물(빵)

탄수화물은 이자액 속의
아밀라제가 분해한다

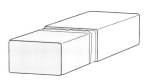

지방(버터)

지방은 이자액 속의 리파제와
쓸개즙이 합쳐져서 분해한다.

급성췌염

쓸개즙통로 출구가 폐쇄되어 쓸개즙이 췌관으로 역류하거나 세균감염을 일으키고 이자 속에서 효소가 소화작용을 일으키는 것이 원인이다. 지방이 많은 음식물 섭취, 과식, 과음 등도 유발원인이 된다. 증상은 상복부에 격통을 느끼며 위경련이라고도 한다. 통증은 지속적이며 등과 좌복부, 좌견에 방산통이 오고 혈압저하, 빈맥 등을 동반한다.

급성췌염으로 통증이
나타나는 장소

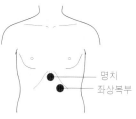

명치
좌상복부

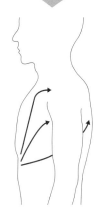

시간이 경과함에 따라 상복부 전체로 퍼진다. 등, 좌견, 좌상완내측으로 퍼지는 경우도 있다.

POINT

이자 또는 랑거한스섬 B세포에 어떤 이상이 있으면 인슐린이 정상적으로 분비되지 않는다. 인슐린 분비의 이상은 당뇨병의 원인이 된다.

혈당량 조절 기능

혈당치란

사람의 혈액 속에 함유된 글루코스를 혈당이라 하고 그 양을 혈당치라고 한다. 혈당치는 보통, 혈액 100ml당 80~100mg이다. 이 혈당량은 사이뇌(간뇌 diencephalon)의 시상하부(hypothalamus)와 이자(췌장 pancreas)의 조절로 조정된다.

혈당치를 내리는 기능 두 종류의 호르몬

이자에는 랑거한스섬(Langer hans' islet)이라는 촘촘한 세포집단이 있다. 이 랑거한스섬을 구성하는 A세포는 글루카곤을, B세포는 인슐린을 분비한다. 글루카곤은 다양한 조직세포의 기능으로 혈액 속의 글루코스량을 증가시킨다. 인슐린은 간에 작용하여 글루코스의 방출을 억제시킨다. 이렇게 해서 혈당량이 감소한다.

혈당치를 올리는 기능

글루카곤은 인슐린과는 반대 역할을 하는 호르몬으로 간에서 글리코겐에서 글루코스의 변환을 촉진하고, 혈액 속의 글루코스를 방출시킴으로써 혈당량을 증가하게 만든다.

혈당량의 보존방법

식사를 하면 영양이 흡수되어 글루코스가 혈액 속에서 증가한다. 그러면 랑거한스섬의 B세포는 자극 받아 인슐린을 혈액 속에 방출한다. 인슐린은 근육이나 지방조직에 글루코스의 유입을 보전한다. 그리고 글루코스가 혈액 속에서 감소하면 인슐린 양이 감소한다. 반대로 식사를 하지 않으면 혈액 속의 글루코스 농도가 감소하여 A세포가 자극 받아 글루카곤을 혈액 속에 방출한다. 글루카곤은 간에서 글루코스를 방출시키고 혈당량을 적정하게 돌려 놓는다. 혈당량을 지나치게 높게 되돌리면 A세포는 글루카곤의 방출을 억제한다. A세포와 B세포는 시상하부의 혈당량 조정중추로부터 자율신경계 지배도 받고 있다.

혈당량 조절 기능

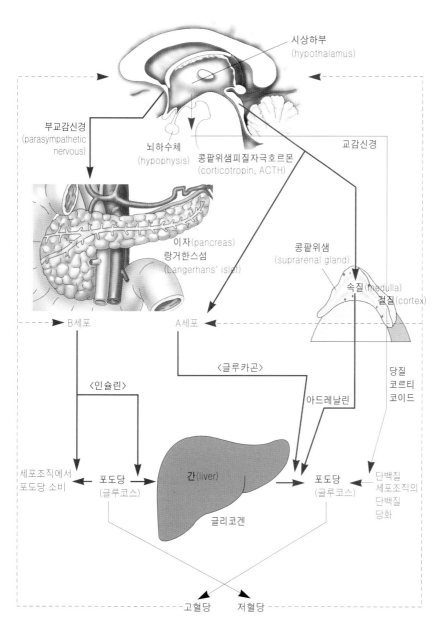

인슐린의 역할

· 근육조직에 포도당(글루코스)을 운반한다.
· 여분의 포도당을 지방조직에 축적한다.
· 포도당을 글리코겐으로 바꿔 간과 근육에 축적한다.

글루카곤의 역할

· 전신에 있는 지방조직의 지방을 포도당으로 바꾼다.
· 간에 쌓인 글리코겐을 포도당으로 돌려 놓는다.

※인슐린 양이 많으면 혈당치는 낮아지고, 반대로 적으면 혈당치는 높아진다.
  이 인슐린 분비가 현저히 감소하는 병을 당뇨병이라고 한다.

질병지식

당뇨병

혈액 중의 당분농도가 표준보다 높고 혈당치를 내리는 인슐린 분비가 감소하거나 작용부족으로 일어나는 질환을 당뇨병이라고 한다. 인슐린이 결핍된 인슐린 의존형 당뇨병과 인슐린의 효과가 떨어진 상태의 인슐린 비의존형 당뇨병이 있다.

1. 인슐린 의존형 당뇨병

1) 원 인

인슐린 의존형은 주로 소아시기에 발병하기 때문에 약년성 당뇨병이라고도 한다. 이 당뇨병은 인슐린 제제를 사용하여 치료하고 있다. 또 외부의 이물질과 자기를 형성하는 몸의 일부가 구별되지 않기 때문에 몸의 일부분을 공격하는 자기면역질환의 하나이다. 이자에 있는 랑거한스섬 항체가 바이러스나 세균이 아닌 자기 몸을 공격한다. 이 체질은 유전과 관계있다고 볼 수 있는데 모든 사람이 인슐린 의존형 당뇨병에 걸리는 것은 아니다. 바이러스 감염, 화학물질의 영향 등이 원인이 되어 자기면역을 일으킨다.

2) 증 상

고혈당 때문에 혈액의 침투압이 상승하고 갈증으로 음료를 마시기 때문에 다뇨증상이 생긴다. 포도당이 에너지로 이용되지 않기 때문에 체 내의 단백질과 지방이 사용되지 않으므로, 단백질과 지방의 분해가 진행되어 체중이 줄어들고 쉽게 피로를 느낀다.

3) 치 료

인슐린 요법이 있다. 인슐린은 주사로 보충하는 것이 일반적이므로 연령이나 생활습관에 맞춰 1일 2~4회 인슐린 주사를 맞는다. 또 질환에 걸렸을 때는 인슐린 효과가 나빠지므로 혈당치에 맞춰서 주사를 맞는 일이 중요하다.

2. 인슐린 비의존형 당뇨병

1) 원 인

성인에게 나타나는 당뇨병은 대부분 인슐린 비의존형 당뇨병으로 알려진 당뇨병을 가리킨다. 이 당뇨병은 인슐린 효과가 떨어진 상태로 완전히 결핍된 것은 아니다. 식사를 하면 혈당이 상승하는데 인슐린이 분비되지 않으므로 인슐린 작용에 저항하는 현상이 세포 내에서 일어나는 등 여러 가지 원인을 들 수 있다. 인슐린 비의존형 당뇨병은 주로 성인에게 나타나지만 최근에는 소아에게도 나타나고 있다. 대부분은 칼로리 과잉섭취와 운동부족으로 비만에서 발병한다.

2) 증 상

콩팥(신장 kidney)에서 오줌이 만들어질 때 신사구체(renal glomerulus)를 통과하고 요세관에서 여과되는데 대부분이 재흡수된다. 그러나 오줌이 지나치게 많으면 재흡수력이 떨어져 오줌 속에 포도당이 섞인다. 당뇨병은 가벼운 증세를 보이는 동안은 거의 자각하지 못한다. 증상으로는 다뇨·갈증·나른함·여윔 등이 있다. 또 인슐린 의존형 당뇨병처럼 포도당에서 에너지를 섭취할 수 없기 때문에 단백질·지방으로부터 에너지를 섭취해 케톤체가 혈중에 고여 혈액이 산성으로 되고, 강해지면 탈수·메스꺼움 등이 나타난다. 병이 더욱 진행되면 의식이 없어지고 사망하는 경우도 있다.

3) 치 료

연령·성별·표준체중·체격 등으로 적정한 에너지량과 영양배분을 결정한 식이요법이 기본이다. 조금이라도 결핍된 식사는 영양실조를 불러오기 때문에 균형 있는 식사가 중요하다. 운동은 당 대사와 지방 대사를 개선하고 비만방지 역할을 하므로 식이요법과 함께 당뇨병에 중요한 치료법이다. 비만은 인슐린 감수성이 저하하고 효과가 떨어지는 상태이므로 운동으로 개선한다. 식이요법과 운동요법을 병행하고 표준 체중의 10% 정도가 감량되면 약물치료를 실시한다. 이때는 의사의 처방이 필요하다.

3. 인슐린 의존형 당뇨병과 인슐린 비의존형 당뇨병의 차이

인슐린 의존형 당뇨병	인슐린 비의존형 당뇨병
마르는 체형.	비만과 상관관계가 있다.
발병은 주로 10~14세. 중년 이상에게도 나타난다.	일반적으로 성인 이상. 최근에는 약년화 추세.
면역 이상, 바이러스가 관여.	면역 이상, 바이러스가 관여.
급격히 진행.	인슐린 분비 저하는 많지 않음.
인슐린 분비는 급격히 저하.	인슐린 분비 저하는 약간.
인슐린 주사 치료.	식이 · 운동요법이 중심. 경구혈당강하제 복용.

저혈당증

1) 증 상

당뇨병과는 반대로 어떤 원인으로 혈당치가 감소하는 병이고 여러 가지 신경 · 정신증상이 나타난다. 안면창백 · 발작 · 동계 · 떨림 등의 증세가 오고 결국에는 혼수에 빠지며, 지속되면 사망한다. 장시간 경과해서 회복돼도 뇌 기능은 돌아오지 않아 식물인간이 되기도 한다.

2) 원 인

인슐린이나 저혈당 강하제로 당뇨병 치료를 받는 사람에게 많이 생긴다. 평소보다 먹는 양이 줄어들거나 운동량이 지나친 경우에도 저혈당증이 나타난다. 또 랑거한스섬의 B세포에 종양이 생겨서 혈당치와 관계없이 인슐린이 과잉 분비될 때 저혈당이 일어난다.

3) 치 료

설탕 음료를 마시거나 포도당 주사를 맞는다.

읽을거리

비타민의 역할

몸을 만들고 유지하는 데 중요한 에너지원이 되는 성분은 탄수화물 · 단백질 · 지방의 3대 영양소이지만 그 역할을 돕는 것은 비타민과 미네랄이다. 비타민의 저장 · 활성화는 간의 역할이다.

• 비타민 주요 역할

종류	많이 함유한 식품	조리	역할	결핍증상
A	간유 · 버터 · 뱀장어 · 간 · 달걀 노른자 · 녹황색 채소	기름에 녹는다. 열에 강하다.	발육촉진, 눈 기능 보호, 피부 보호	야맹증
B_1	배아 · 돼지고기 · 참깨 · 콩	물에 녹는다. 열에 약하다.	당질 대사 촉진	각기
B_2	간 · 유제품 · 녹황색 채소	물에 녹는다. 열에 강하다.	3대 영양소의 대사 촉진	구각염
B_6	생선 · 소고기 · 간 · 달걀 · 우유	물에 녹는다. 열에 강하다.	3대 영양소의 대사 촉진	피부염, 빈혈
B_{12}	간 · 굴 · 치즈 · 소고기	물에 녹는다. 열에 강하다.	적혈구 생성 촉진	빈혈
C	귤 · 딸기 · 녹황색 채소	물에 녹는다. 열에 약하다.	모세혈관 기능 유지	괴혈병
D	간 · 뱀장어 · 난황 · 정어리	기름에 녹는다. 열에 강하다.	뼈와 치아의 발육촉진 · 유지	골연화증
E	식물유 · 뱀장어 · 배아 · 녹황색 채소	기름에 녹는다. 열에 강하다.	체 내의 지질 산화방지지질	빈혈
엽산	간 · 녹황색 채소 · 콩	물에 녹는다. 열에 약하다.	단백질 대사 촉진	빈혈

6장

비뇨기관

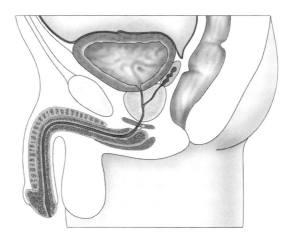

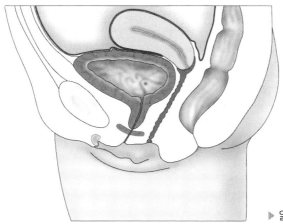

콩팥의 역할

- 몸의 수분과 염분 양을 조절한다.
- 혈압을 조절한다.
- 혈액 속에 남은 수분이나 노폐물을 오줌으로 없앤다.

혈액을 여과하고 오줌을 만들며, 노폐물을 배설

콩팥 구조   오줌을 만드는 겉질 · 속질

콩팥(신장 kidney)은 강낭콩 모양으로 갈비뼈 내측 부근과 가로막 밑에 좌우 한 개씩 있다. 좌우 콩팥에는 콩팥동맥(신동맥 renal artery)이 유입되고 심장이 내보내는 전체 혈액의 4분의 1 정도가 항상 들어오고 있다.

콩팥 입구를 신문이라고 부르며 이곳으로 혈관과 요관(ureter)이 출입한다. 게다가 요관에 연결된 콩팥깔대기(신우 renal pelvis)를 내측으로 에워싸고 있다. 콩팥깔대기는 콩팥에서 만들어진 오줌(urine)을 모아 요관으로 보내는 합류점에 있다. 신조직의 가장 바깥쪽은 피막으로 덮여 있으며 그 표면 가까이에 겉질, 내측은 속질로 되어 있고, 오줌은 이곳에서 만들어진다.

오줌을 만드는 마이크로 기관

콩팥 내부는 사구체(토리 glomerulus)라는 모세혈관이 모여 있다. 이 사구체는 보우만주머니(Bowman's capsule)라고 불리는 요세관(uriniferous tubule)으로 둘러싸여 있다. 사구체와 보우만주머니가 1조로 구성된 것을 콩팥소체(신소체 renal corpuscle)라고 한다. 사구체는 주로 겉질 속에 분포하며, 요세관은 사구체에서 이어진 가늘고 긴 관으로 겉질 · 속질 속을 돌아다니면서 오줌을 만든다. 콩팥소체는 상당히 미세하고 좌우 콩팥에 각각 1000만 개씩 존재한다. 콩팥의 단위로 네프론이 있는데 이것은 사구체에서 요세관까지를 가리킨다. 요세관의 합류점은 집합세관(collecting duct)이라고 한다.

비뇨기계 개관

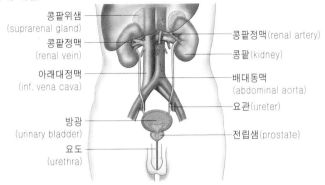

콩팥위샘
(suprarenal gland)
콩팥정맥
(renal vein)
아래대정맥
(inf. vena cava)
방광
(urinary bladder)
요도
(urethra)

콩팥정맥(renal artery)
콩팥(kidney)
배대동맥
(abdominal aorta)
요관(ureter)
전립샘(prostate)

신장 단면도

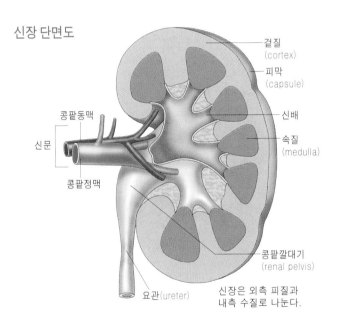

콩팥동맥
신문
콩팥정맥

겉질
(cortex)
피막
(capsule)
신배
속질
(medulla)
콩팥깔대기
(renal pelvis)

요관(ureter)　신장은 외측 피질과
내측 수질로 나눈다.

피질 내부
요세관과 모세혈관이 얽혀 있다.

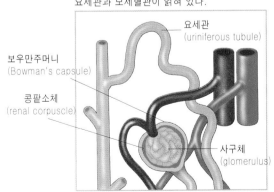

보우만주머니
(Bowman's capsule)
콩팥소체
(renal corpuscle)

요세관
(uriniferous tubule)

사구체
(glomerulus)

신장의 역할

· 수분배설을 가감하고 체내 수
　분량을 일정하게 유지한다.
· 대사로 생긴 분해산물과 유
　독물질을 오줌과 함께 배설
　한다.
· 혈액 속 성분, 특히 세포가
　생명을 유지하는 데 빼놓을
　수 없는 염분량을 조절하고
　일정하게 유지한다.
· 혈액의 산성도를 조절한다.
· 특수한 효소(혈압을 올리는
　효소 레닌, 혈압을 내리는 효
　소 칼리크레인 · 프로스타글
　란딘)를 분비하고, 혈압을 정
　상상태로 유지한다.

몸 농도조절

알맞다

묽다
오줌이 많다

진하다
오줌이 적다

POINT

신장은 양손을 허리에 댄 위치에 있다.
좌우 합치면 300g 정도의 작은 장기지
만 심박출량의 약 25%의 혈액이 유입
된다.

체액여과 기능 ①

- 오줌을 만든다.
- 오줌에서 필요한 물질을 다시 흡수한다.

콩팥소체에서 만들어진 원뇨의 약 1%가 오줌으로 배설된다

콩팥소체와 요세관으로 이루어진 네프론 콩팥단위 기능

콩팥소체(신소체 renal corpuscle)는 사구체와 그것을 둘러싸고 있는 보우만주머니(Bowman's capsule)로 구성되어 있다. 그 콩팥소체와 요세관(uriniferous tubule) 한 개로 이루어진 것이 네프론(콩팥단위 nephron)이다. 콩팥에는 매분마다 800 ~ 1,000 ml의 혈액이 들어오는데 네프론이 그 혈액을 여과해서 오줌을 만든다. 네프론은 좌우 약 200만 개가 존재하지만 항상 활동하는 네프론은 6 ~ 10%이다. 생명유지에 없어서는 안될 장기인 만큼 네프론은 여유 있게 만들어진다. 만일 신염 같은 질환으로 네프론의 일부가 기능을 잃어도 나머지 네프론이 있기 때문에 문제는 없다. 한쪽 콩팥만이라도 기능은 충분히 발휘된다. 콩팥에 포함된 세포 종류는 다음처럼 많다. 사구체에 5종류, 요세관 네프론에 10종류, 집합세관에 6종류가 있다.

원뇨 생산

심장에서 내보낸 혈액은 들세동맥(수입세동맥 afferent arteriole)을 통해 사구체로 유입된다. 사구체에서는 기저막이 여과장치 역할을 하여 혈액에서 나온 노폐물(적혈구·백혈구·혈소판 등의 혈구성분과 단백질을 제외한)과 여분의 수분이 여과된다. 이것이 원뇨로 양은 1일 160ℓ이다. 그러나 1일 정상적인 오줌량은 1.5ℓ 정도이다. 즉 사구체에서 여과되는 양의 99% 이상은 오줌으로 나오지 않고 사구체쪽세관(근위요세관 proximal tubule)과 먼쪽세관(원위요세관 distal tubule)에서 재흡수된다.

콩팥의 조직 구조

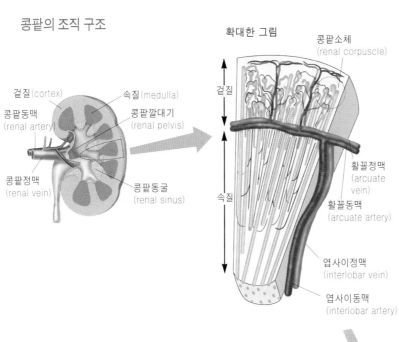

확대한 그림

겉질(cortex)
속질(medulla)
콩팥동맥
(renal artery)
콩팥깔대기
(renal pelvis)
콩팥정맥
(renal vein)
콩팥동굴
(renal sinus)

겉질
속질

콩팥소체
(renal corpuscle)

활꼴정맥
(arcuate vein)
활꼴동맥
(arcuate artery)

엽사이정맥
(interlobar vein)
엽사이동맥
(interlobar artery)

오줌 성분

오줌 성분의 약 90%는 수분이며 나머지는 고형 성분이다. 고형 성분 중에서 가장 많이 함유된 물질은 단백질이 신진대사에 사용될 때 남은 요소이다. 그 밖에 근육을 움직이는 에너지원의 노폐물인 염분과 크레아티닌, 세포의 신진대사로 생긴 노폐물 요산 그리고 칼륨, 암모니아, 마그네슘 등도 함유되어 있다. 오줌 색이 황색 혹은 황갈색을 띄는 이유는 우로크롬이라는 물질 때문이다. 오줌 색은 저장되는 시간이 길면 진해지고 짧으면 묽어진다.

고형 성분
약 10%

수분
약 90%

콩팥소체 구조

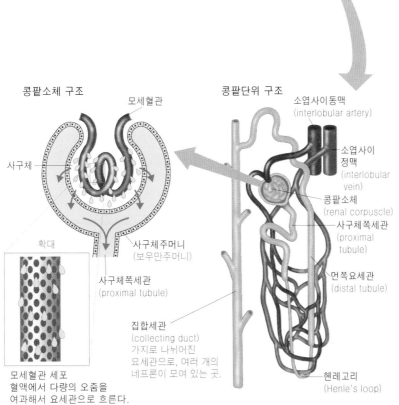

모세혈관
사구체
확대

모세혈관 세포
혈액에서 다량의 오줌을
여과해서 요세관으로 흐른다.

사구체주머니
(보우만주머니)
사구체쪽세관
(proximal tubule)
집합세관
(collecting duct)
가지로 나뉘어진
요세관으로, 여러 개의
네프론이 모여 있는 곳.

콩팥단위 구조

소엽사이동맥
(interlobular artery)
소엽사이
정맥
(interlobular
vein)
콩팥소체
(renal corpuscle)
사구체쪽세관
(proximal
tubule)
먼쪽요세관
(distal tubule)
헨레고리
(Henle's loop)

POINT

오줌 속에는 염분이 녹아 있기 때문에 짠맛이 난다. 오줌 색을 띠는 황색의 원인인 우로크롬 물질은 혈액세포의 적혈구가 파괴되어 변한 것이다.

원뇨에서 영양소를 재흡수하고 체액 균형을 조정하는 요세관

원뇨를 여과하는 요세관　요세관의 첫번째 역할

　콩팥소체(신소체 renal corpuscle)에서 여과된 원뇨에는 포도당, 아미노산 등 몸에 필요한 영양소가 여전히 많이 포함되어 있기 때문에 다시 한 번 혈액 속으로 회수되어야 한다. 이 역할을 하는 기관이 요세관(uriniferous tubule)이다.

　특히 사구체쪽세관(근위요세관 proximal tubule)를 혈액순환장치라 하며 포도당, 아미노산 등의 영양분이 혈액 속으로 재흡수된다. 이 때 재흡수되지 않고 남은 수분, 염분, 노폐물 등은 집합세관(collecting duct)으로 나간다. 집합세관으로 유입되는 액체량은 원뇨의 1% 정도이다. 이 액체가 오줌으로 신배·콩팥깔대기(신우 renal pelvis)에 모여 요관(ureter)으로 흘러나간다.

몸 속의 염분을 일정하게 유지하는 요세관　요세관의 두번째 역할

　사람 몸의 약 3분의 2는 수분이 차지하고 있다. 이 수분 속에는 몸의 활동을 위한 중요한 물질과 함께 세포가 생명을 유지하는 데 빠트릴 수 없는 염분이 섞여 있다.

　인간이 살아가기 위해서는 염분량을 일정하게 유지할 필요가 있다. 그래서 콩팥은 몸 속에 염분이 지나치게 증가하면 배출하고, 반대로 모자라면 수분을 많이 배출해서 염분의 농도를 원래 상태로 돌리는 기능을 한다. 이처럼 요세관은 수분과 전해질의 배합을 조절하고 액체조성을 일정하게 유지하는 역할을 한다.

오줌

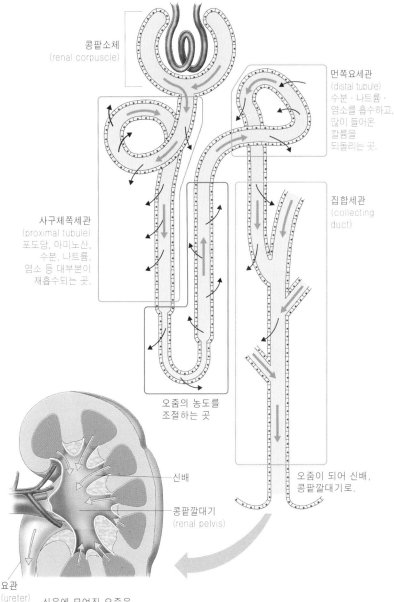

콩팥소체
(renal corpuscle)

먼쪽요세관
(distal tubule)
수분·나트륨·
염소를 흡수하고,
많이 들어온
칼륨을
되돌리는 곳.

집합세관
(collecting
duct)

사구체쪽세관
(proximal tubule)
포도당, 아미노산,
수분, 나트륨,
염소 등 대부분이
재흡수되는 곳.

오줌의 농도를
조절하는 곳

신배

콩팥깔대기
(renal pelvis)

오줌이 되어 신배,
콩팥깔대기로.

요관
(ureter) 신우에 모여진 오줌은
요관을 통해 방광에 고인다.

요로결석

요로에 결석이 생기는 질환을 총칭해서 요로결석이라고 하고 결석이 있는 부위에 따라 콩팥결석·요관결석·방광결석·요도결석으로 나눈다. 요관·방광·요도에서 만들어지는 결석은 드물며 콩팥에서 만들어진 결석이 요로로 내려와 각 부위에 머무는 경우가 대부분이다. 증상은 횡복부터 하복부, 외음부에 걸쳐서 일어나는 둔통과 산통이다. 산통이 발작할 때는 구역질·구토·쇼크 상태에 빠지는 일도 있다.

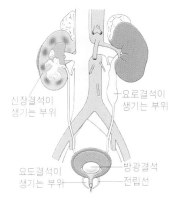

신장결석이
생기는 부위

요로결석이
생기는 부위

요도결석이
생기는 부위

방광결석
전립선

POINT

신장 속의 요세관은 피질과 수질을 1회 왕복하고 수질 앞쪽 끝으로 오줌을 보낸다.

혈압조절 기능

콩팥에서 분비된 효소가 혈압과 전해질량을 조절한다.

혈압을 올리는 레닌, 낮추는 칼리크레인 혈압을 적정하게 유지하는 물질

콩팥(신장 kidney)에는 혈압조절이라는 중요한 역할이 있다. 콩팥에서 보내준 혈액량이 감소한 경우 사구체에 있는 모세혈관에서 레닌이라는 효소가 분비되고, 이 레닌이 혈액 속의 앤지오텐시노겐이라는 단백질 작용으로 앤지오텐신이라는 혈관을 수축시키는 물질을 만들어서 혈압을 상승시킨다. 또 콩팥에서 보내준 혈액량이 증가한 경우 반대로 혈압을 낮추는 칼리크레인·프로스타글란딘 물질이 만들어져서 레닌과 함께 혈압을 적정한 상태로 유지한다.

전해질량을 조절하는 레닌 효소 레닌의 또 다른 역할

레닌은 혈압을 올릴 뿐 아니라 혈액 속의 전해질량을 조절하는 역할도 한다. 전해질이란 물에 녹아 전기도체 성질을 띤 물질로 나트륨과 칼륨 등이 대표적이다. 사람이 건강하게 살아가기 위해서는 꼭 필요한 물질이다. 실제로 혈액 속 전해질량을 조절하는 것은 콩팥위샘이 분비하는 전해질 호르몬인데 레닌은 콩팥위샘에 작용하여 그 전해질 호르몬 분비량을 억제하는 작용을 하고 있다. 즉 혈액 속의 전해질 균형을 조절하는 기관은 콩팥위샘이다.

질병지식

신 염

1. 사구체신염

콩팥의 사구체에 염증을 일으키는 질환으로 통상 '신염'이라고 부르며 급성과 만성으로 나눈다.

1) 원인과 증상

급성 신염은 용혈성 연쇄구균에 의해 인두염과 편도염으로 이어지는 경우가 많고, 요량감소·부종·혈뇨·단백뇨·혈압상승 등이 대표적인 증상이다. 발병 후 수일에서 수주 사이에 증상은 차츰 가벼워지는 것이 보통이지만 좀처럼 완치되지 않고 만성화되는 경우도 있다. 만성 신염은 급성 신염이 발병하고 일 년 이상 고혈압이 지속되거나 소변검사에 이상이 나타나는 증상과, 급성 신염은 발병하지 않는데 소변검사 결과 단백뇨·혈뇨 등 이상이 일 년 이상 계속되는 증상이 있다.

2) 치 료

만성 신염의 특효약은 없으며, 증상에 따라 약물을 투여하는데 장기간에 걸친 치료가 필요하다.

2. 네프로제증후군

여과장치 역할을 하는 바닥막에 이상이 생기는 증상으로 혈액 속 단백질이 오줌 속으로 대량 방출되는 현상을 네프로제증후군이라 한다. 아이들에게 발병하는 것이 특징이다.

1) 증 상

부종과 사람에 따라서는 요량 감소가 나타난다. 또 혈액 속

혈압과 전해질량을 조절하는 레닌

콩팥이 분비하는 레닌이라는 효소에는 혈압조절 기능이 있다. 콩팥의 동맥이 혈행 장애를 일으키면 겉질부에서 레닌이 혈액 속에 분비된다. 이 레닌에 의해 심장박동이 강해지고 동시에 전신의 세동맥혈관벽이 수축하기 때문에 혈압이 올라가 콩팥으로 유입되는 혈액량이 증가하는 것이다. 또 레닌은 콩팥위샘에 작용하여 전해질량을 조절하는 기능도 있다.

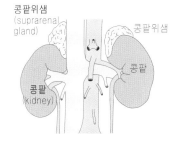

콩팥위샘
(suprarenal gland)　　콩팥위샘
콩팥
콩팥
(kidney)

단백뇨·혈뇨는 왜 생길까?

신염의 원인이 되는 세균과 그에 대해 만든 항체가 결합한 물질이 사구체 바닥막에 부착하여 염증을 일으키면 여과장치인 바닥막이 부서지거나 파괴된다. 그렇게 되면 단백질이나 적혈구 등의 혈액성분이 이 여과장치를 통과해 버린다. 요세관에서는 모든 성분을 재흡수할 수 없기 때문에 오줌 속에서 이들이 새어나온다. 이것이 단백뇨와 혈뇨이다.

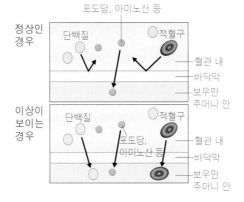

단백질이 감소하기 때문에 저단백질증을 일으키고 그 결과 콜레스테롤이 증가하여 고콜레스테롤혈증이 되는 경우도 있다.

2) 치 료

약물투여를 중심으로, 안정과 보온, 고단백질·감염식이 요구된다. 부종과 단백뇨가 심해지면 입원치료를 해야 한다.

신부전

신부전이란 콩팥조절기능이 현저하게 저하된 상태를 말한다. 단기간 사이 급격히 저하되어 일으키는 급성신부전과 장기간에 걸쳐 서서히 나타나는 만성신부전이 있다.

1. 급성신부전

1) 원 인

원인에 따라 세 가지로 분류한다.

① **신전성급성신부전** : 콩팥 자체에 직접적인 원인은 없고 큰
외과수술이나 외상으로 쇼크가 일어나 혈압이 내려가고, 콩
팥에서 보내준 혈액량이 급격히 감소하기 때문에 일어난다.

② **신성급성신부전** : 급성신염·만성신염으로 콩팥의 역할이
일시적인 이상을 보이기 때문에 일어난다.

③ **신후성급성신부전** : 결석이나 전립샘비대 등 요로 통과 장
애의 원인으로 일어난다.

2) 증 상

1일 오줌량이 갑자기 400 ml 이하로 감소하고 요독증 증상
이 나타난다. 또 식욕부진과 구역질 같은 소화기증상, 두통과
불안감 등의 정신증상도 나타나고 혈액 속 요소질소, 크레아
티닌, 칼륨, 나트륨, 인 등의 증가가 특징이다.

3) 치 료

급성신부전은 오줌량이 감소하는 핍뇨기와 오줌량이 증가
하는 이뇨기가 있다. 핍뇨기는 혈액 속 칼륨이 증가하지 않도
록 주의하고 핍뇨기가 장기간인 경우는 인공투석을 받는다.
이뇨기는 혈액 속 칼륨량이 너무 감소하지 않도록 과즙을 마
신다. 식이요법으로는 단백질을 줄이고 당질과 비질로 에너지
를 확보하며 수분과 염분 섭취를 제한한다.

부종 판별법

체내 세포조직에 여분의 수분
과 전해질이 고이면 부종이 나
타난다. 특히 눈 주위에 나타나
기 쉽지만 진행되면 손가락, 발
에도 심한 부종이 생긴다. 또한
심장질환이 있는 경우도 부종
이 보이는데 눈 주위에 나타나
는 것은 아니다. 비만과의 구별
방법은 부었다고 생각되는 부
위를 눌러보는 것이다. 손가락
으로 눌렀을 때 그 자리가 푹
들어가 잠시 동안 흔적이 남으
면 부종을 의심한다.

정상인 상태

부종인 상태

얼굴 전체가
부은 것처럼 된다.

2. 만성신부전

1) 원 인

여러 가지 콩팥질환에 의해 좌우 콩팥기능이 저하되고 체액의 항상성이 유지되지 못한 상태를 만성신부전이라고 한다. 가장 많은 원인으로는 만성신염이 진행한 말기와 만성신우염 말기를 들 수 있고 신경화증, 낭포신, 신결핵, 전신성 에리테마토데스, 당뇨병에 의한 콩팥 증세도 원인이 된다.

2) 증 상

영양 상태가 저하되고 몸이 쇠약해지며 오줌량이 1일 400ml 이하로 줄어들면 다음과 같은 증상이 나타난다.

① **위장 증상** : 식욕저하 · 구역질 · 변통 이상 등이 있고, 소화관 출혈로 흑색 변이 나온다.

② **신경 증상** : 두통 · 신경통, 주의력 · 기억력 저하, 최후에는 혼수 상태에 빠진다.

③ **심혈관 증상** : 심장이 비대해지고 심막염 같은 합병증을 유발한다. 고혈압이 지속되어 심부전을 일으킨다. 허파염을 합병하기도 한다.

④ **피부 증상** : 피부나 점막에 출혈반이 보이고 빈혈도 생긴다.

⑤ **고칼륨혈증** : 혈액 속 칼륨 농도가 정상보다 높은 상태로 혈청 칼륨치가 일정기준을 초과하면 부정맥과 심장이 멈추는 일도 있다.

3) 치 료

만성신부전의 경우 식이요법은 저단백, 고에너지, 염분제한을 한다. 부종과 고혈압이 있는 경우 염분섭취는 엄격히 제한하고 이들 증상이 없는 경우도 염분은 1일 8g 이하로 한다. 약제는 신부전에 따른 합병증을 줄이기 위해 증상에 맞춘 강압제, 강심제, 정장제, 진정제 등을 이용한다. 콩팥 기능이 현저히 저하되고 진행이 멈추지 않는 경우는 인공투석이 필요하다.

인공투석 흐름

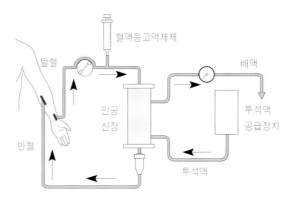

인공투석

인공투석이란 혈액 정화를 인공적으로 실시하는 방법으로 가장 많이 보급되는 것이 인공 콩팥을 이용한 혈액투석이다. 이는 체 내에 도는 혈액을 일단 체 외로 내보내고 인공콩팥(다이얼라이저)으로 혈액 속에 고인 대사물, 유해물질 등의 노폐물을 제거한 뒤, 정화된 혈액을 다시 몸으로 되돌려 보내는 방법이다. 혈액투석은 주 1~3회 실시하며, 1회 투석시간은 3~7시간이다. 투석일 이외에는 일상 생활을 할 수 있다.

방광의 기능

- 오줌을 모은다.
- 오줌을 배설한다.

콩팥에서 요관을 거쳐 보내온 오줌을 일시적으로 모으는 저수지

신배, 콩팥깔대기를 거쳐 요관으로 유입   요로 기능

요로는 신배·콩팥깔대기(신우 renal pelvis)·요관(ureter)·방광(urinary bladder)·요도(urethra)로 구성되며, 신배에서 요관까지를 상부요로, 방광과 요도를 하부요로라고 한다.

콩팥(신장 kidney)에서 나온 오줌은 신배를 거쳐 콩팥깔대기로 유입되고 요관으로 들어온다. 요관은 방광 뒤로 비스듬히 벽을 뚫은 것처럼 달려 있고 길이는 성인이 28~30cm, 지름은 4~7mm이다. 바깥막(외막 tunica adventitia)·근육층(muscle layer)·점막(mucous membrane)으로 이루어졌으며 내벽은 주름 모양을 하고 있다.

오줌은 이 주름 사이를 이동하다 방광으로 떨어지는데 그 리듬은 약 5초에 1회씩 천천히 이루어진다.

방광은 오줌을 일시적으로 모아두는 저수지   방광 기능

콩팥에서 만들어진 오줌은 요관을 통해 방광으로 들어온다. 방광은 이 오줌을 일시적으로 모아두는 곳으로 하복부, 두덩뼈(치골 pubis) 바로 뒤에 있는 기관이다.

방광벽 외측에는 평골근육층이 있고 그 내측은 점막으로 덮여 있다. 또 방광이 비었을 때는 수축되어 있다가 오줌이 괴면 주머니처럼 부푼다. 통상 1cm 정도인 벽이 늘어나 3mm로 얇아지면서 복강 내로 밀려나간다. 방광의 허용량은 500ml 정도지만 오줌이 250~300ml 고이면 신경이 자극되어 요의를 느끼기 시작한다.

방광 위치

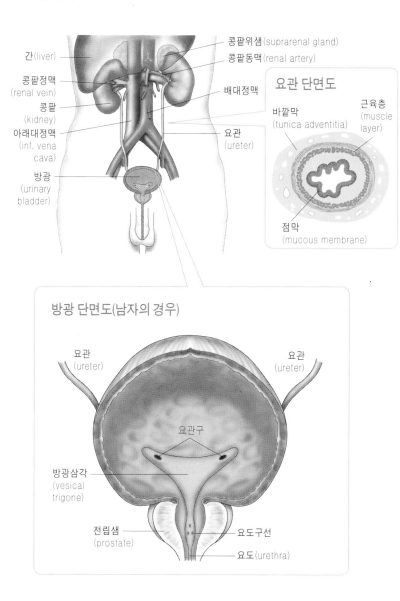

간(liver)

콩팥위샘(suprarenal gland)

콩팥동맥(renal artery)

콩팥정맥
(renal vein)

콩팥
(kidney)

아래대정맥
(inf. vena
cava)

방광
(urinary
bladder)

배대정맥

요관
(ureter)

요관 단면도

바깥막
(tunica adventitia)

근육층
(muscle
layer)

점막
(mucous membrane)

방광 단면도(남자의 경우)

요관
(ureter)

요관
(ureter)

요관구

방광삼각
(vesical
trigone)

전립샘
(prostate)

요도구선

요도(urethra)

방광염

원 인

급성방광염은 큰창자균 · 포도상구균 · 연쇄구균 등의 세균감염이 주원인이며 요의를 너무 참거나 과로를 하면 발병하는 수도 있다.

증 상

잔뇨감 · 빈뇨 · 배뇨통 · 농뇨(혈액이 섞이는 경우도 있다)의 증상이 나타난다. 만성방광염은 급성에서 이행되는 경우도 있지만 처음부터 만성적으로 발병할 수도 있다. 증상은 급성보다 가볍지만 배뇨시 불쾌감과 통증, 탁한 오줌이 나오는 등 장기간에 걸쳐 계속되는 것이 특징이다.

치 료

안정을 취하고 수분의 다량 섭취로 오줌량을 늘려서 1~2주간 방광 내 세균을 씻어 내리면 증상은 가벼워진다. 의학적인 치료로는 감염세균에 효과가 있는 약물투여와 방광세척을 실시한다.

POINT

건강한 어른의 하루 배뇨회수는 5~6회 정도이다. 수분을 많이 섭취하면 10회까지 증가하는 수도 있다.

요도의 기능

• 신장에서 만들어진 오줌을 통과시킨다.

방광에 일시적으로 모인 오줌을 몸 밖으로 배출하는 요도

남자와 여자는 길이와 형상도 다르다   요도 기능

요도(urethra)란 방광과 체외로의 출구(외 요도구)를 잇는 통로를 가리킨다. 요도 출구에는 의지와 무관하게 움직이는 내조임근(내괄약근), 의지에 따라 움직이는 바깥조임근(외괄약근)이 있으며, 양방 조임근을 느슨하게 함으로써 오줌은 요도로 들어와 배설된다.

요도의 길이와 형상은 남자, 여자가 다르다. 남자의 요도는 측면에서 보면 S자로 굴곡졌으며 길이는 16〜20cm인데 비해, 여자의 요도는 곧고 폭이 넓으며 길이는 4〜5cm로 짧다. 또 여자의 요도는 배설 전용이지만 남자의 요도는 사정할 때 정액의 통로도 된다.

남자와 여자의 요도

남자의 요도에는 방광(urinary bladder) 바로 밑에 밤 크기 만한 전립샘(prostate)이 있고 그 끝에 요도구샘(일명 쿠퍼샘)이 있다. 후부요도(전립샘부분 요도) 둘레에 내조임근과 바깥조임근이 있으며 방광에 오줌이 괴면 이 조임근이 느슨해지면서 배뇨된다.

여자는 방광 출구에서 요도 사이에 내조임근과 바깥조임근이 있다. 방광에 오줌이 반 이상 차면 조임근을 이완시켜 배뇨를 한다. 요도구에 남은 오줌은 세균에게 최적의 번식장소이다. 요도가 짧은 여자는 세균감염을 일으키기 쉬우므로 주의할 필요가 있다.

방광과 요도 구조

남자

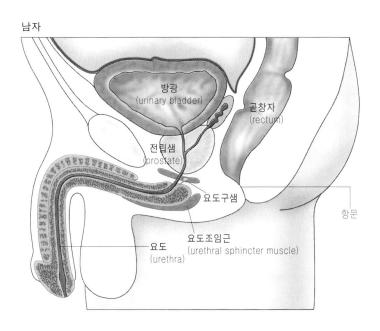

여자

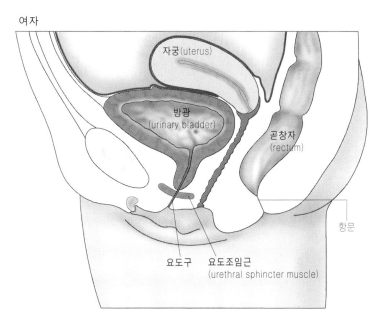

배뇨 반사

방광에 250ml 정도의 오줌이 괴면 방광내벽 속의 말초신경이 자극을 받는다. 이 자극은 지각신경과 척추신경을 통해 대뇌로 전달되어 대뇌에서는 배뇨 명령을 내린다. 이를 배뇨 반사라고 하며, 이 반사가 일어나면 의지와는 무관하게 움직이는 내조임근이 자연스럽게 이완된다. 그러나 방광에는 제어가 가능한 바깥조임근이 있기 때문에 요의를 느껴도 어느 정도 참을 수 있는 것이다. 바깥조임근을 이완시킴으로써 오줌이 몸 밖으로 배설된다.

배뇨 기능

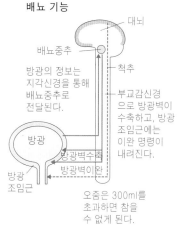

방광의 정보는 지각신경을 통해 배뇨중추로 전달된다.

부교감신경으로 방광벽이 수축하고, 방광조임근에는 이완 명령이 내려진다.

오줌은 300ml를 초과하면 참을 수 없게 된다.

읽 을 거 리

오줌의 이상

정상적인 오줌은 몸에 불필요한 물질과 여분의 물질을 수분으로 녹이고 배설하는 용액이다. 따라서 오줌에 이상이 있으면 콩팥과 요로에 그 이상이 나타난다. 단백뇨·혈뇨·농뇨가 나오면 몸 어딘가에 이상이 있다는 증거다.

• 단백뇨

단백질이 포함되어 있는 오줌은 콩팥병이 있다는 확실한 증거이다. 콩팥의 사구체나 요세관의 막 구조가 흐트러져서 단백질이 오줌에 섞여 나오는 것이다. 그러나 무해한 단백뇨도 있고 생리적·일시적인 경우도 있으므로 병원에서 자세한 검사를 받는 것이 좋다.

• 혈 뇨

오줌에 적혈구가 섞여 나오는 증상이다. 이는 콩팥병 외에 요로 질환일 경우도 있다. 콩팥병 혈뇨라면 단백뇨도 나온다. 그에 비해 요로 질환은 혈뇨는 나와도 단백뇨는 나오지 않는다. 혈뇨에는 육안으로 볼 수 있는 것과 그렇지 않은 것이 있지만 적혈구가 포함된 양의 차이는 본질적으로 같다. 요로에 의한 혈뇨는 대부분 요로에 종양이 생겼기 때문이다. 그 밖에 콩팥깔대기, 요관, 방광, 요도에 암이 생겨서 출혈하는 경우도 있다.

• 농 뇨

농은 백혈구가 세균과 싸우다 죽어서 생긴 것으로 농뇨는 세균이 포함된 세균뇨가 많다. 농이 많으면 뿌연 오줌이 나온다. 이런 오줌은 방광염·요도염·전립샘염 등이 될 수 있다. 요도염은 요도에 있는 임균과 클라미디아가 원인이 되어 염증을 일으킨다. 이런 세균은 성행위로 감염된다.

전립샘염은 요도에서 침입한 세균이 요도 안에 있는 전립샘을 감염시켜 일으키는 병이다. 전립샘이 염증 때문에 충혈되어 부어오른다. 요도에서 세균이 들어오는 것 외에 몸의 다른 장소에 감염증세가 나타나는 경우에는, 그 장소에 있던 세균이 혈류를 타고 전립샘으로 운반되어 감염을 일으키는 경우이다.

7장

생식기관과 내분비

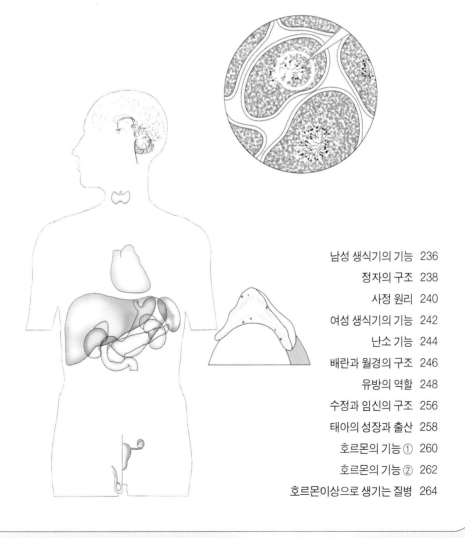

정자를 만들고 생식을 담당하는 기관

남성 생식기의 기능

- 정자를 만든다.
- 생식을 담당한다.

내성기와 외성기로 되어 있으며 정자를 만들고 생식을 담당한다

음낭 안은 정자공장 음낭의 구조와 역할

생식기는 새로운 생명을 탄생시키기 위한 기관이다. 남성과 여성은 역할이 서로 다르기 때문에 구조와 기능도 아주 다르다.

정자를 만들고 생식을 담당하기 위한 기관인 남성 생식기는 고환(정소 testis), 부고환(정소상체 epididymis), 정관(ductus deferens), 정낭(seminal vesicle), 사정관(ejaculatory duct), 전립샘(prostate)과 같은 내성기와 음경(penis), 음낭(scrotum)이라는 외성기로 이루어져 있다. 이 중에서 음낭과 음경이 가장 중요한 역할을 한다.

음낭은 좌우 한 쌍인 기관으로 그 안에는 고환과 부고환이 들어 있다. 고환 안에는 약 1m 길이의 곡정세관이 1,000개씩 들어 있는데 이곳에서 정자가 만들어진다. 정자는 곧은세정관(straight tubule)을 통해 부고환으로 보내져 10~20일 정도 저장되어 서서히 성숙된다. 중요한 고환을 충격에서 보호하기 위해 음낭은 여덟 장의 막으로 되어 있다. 또한 기온이 높으면 늘어나고 낮으면 줄어들어 정자가 일정 온도를 유지할 수 있도록 체온을 조절한다.

배뇨와 생식을 담당하는 기관 음경의 구조와 역할

음경은 기둥모양인 음경체와 귀두로 이루어진 기관으로 소변 배출과 정액 사정의 두 가지 목적이 있다. 그 중심을 요도가 관통하고 있으며 이것을 한 개의 요도해면체(corpus spongiosum penis)와 두 개의 음경해면체(corpus cavernosum penis)가 감싸고 있다. 해면체에는 작은 틈새가 무수하게 나 있다.

남성 생식기의 구조

정관(ductus deferens)
정자를 운반하는 관

정낭
(seminal
vesicle)

사정관
(ejaculatory duct)
사정시에 정액이
요도로 배출된다.

전립샘
(prostate)

음경
(penis)
배뇨와
성교를
위한 기관

부고환(정소상체 epididymis)
고환에서 만들어진 정자를
일시적으로 보존한다.

고환(정서 testis)
정자를 만들고 남성 호르몬을 분비한다.

음낭(scrotum)
안에 고환과 부고환이 있다.

음경 단면도

신경

혈관

요도해면체
(corpus
spongiosum
penis)

요도(urethra)

음경해면체
(corpus
cavernous
penis)

고환 단면도

부고환

고환

정관

고환그물
(rete
testis)

정자의 흐름

정세관(seminiferous tubule)
곡정세관, 곧은세정관으로
이루어져 있다.

발기의 종류

발기에는 성적인 상상 등에 의해 뇌의 성욕중추가 자극 받아서 일어나는 중추성 발기와 성기의 피부가 자극 받아서 발기중추가 흥분하여 생기는 반사성 발기 등 두 종류가 있다. 어느 쪽이든 흥분하면 자율신경의 작용으로 인해 해면체의 동맥이 확장되어 다량의 혈액이 흘러들어 발기가 성립되고 사정에 이르게 된다. 발기와 사정은 자율신경의 지배를 받기 때문에 의지로 제어하기는 상당히 어렵다. 수면 중에 성적인 흥분과는 무관하게 발기나 사정이 있을 경우가 있는데 이를 몽정이라고 한다. 몽정도 반사성 발기의 일종으로 방광에 고인 소변에 자극 받아서 일어난다.

POINT

남자 태아의 생식기는 처음에 여자와 같은 모양을 하고 있다. 임신 10주를 지났을 때 음경의 눈 같은 것이 생겨나고 점차 음낭이 생긴다.

정자의 구조

운동능력을 가진 최소 세포

정자는 인체에서 가장 작은 세포로 길이는 약 0.05 ~ 0.07mm이다. 머리부, 중간부, 꼬리부로 되어 있으며 머리부에 핵이 있다. 핵은 23개의 염색체를 가지며 아버지의 유전정보가 담겨져 있다.

중간부에는 미토콘드리아가 나선형으로 감겨 있으며 정자가 운동하기 위해 필요한 영양을 공급한다.

꼬리부는 헤엄칠 때 사용한다. 사정된 정자는 올챙이처럼 가느다란 꼬리를 흔들며 난자를 향해 전진한다. 정자는 난자의 분비물을 향해서 전진하는 특성을 가지고 있기 때문에 방향을 잘 알고 있다.

복잡한 세포분열을 반복한다   정자가 만들어지는 방법

정자(sperm)는 고환(testis) 안에 있는 곡정세관에서 만들어진다. 곡정세관에는 태아 때부터 정자의 근원이 되는 원시생식세포가 존재한다. 원시생식세포는 태아기에 세포가 분열하여 정원세포로 모습을 바꾸고 여기서 휴면기를 맞이한다. 휴면 중에는 곡정세관의 내벽에 있는 바닥막(기저막)이라는 장소에서 지내는데, 사춘기에 성호르몬의 자극으로 깨어나면 분열한 정조세포(spermatogonia)로 변화한다. 정조세포는 더욱 분열을 거듭하여 정모세포(spermatocyte)로 변하고, 다시 정낭세포로 변화한다. 정낭세포는 23쌍 46개의 염색체를 가지고 있는데 염색체의 수가 반으로 줄어드는 감수분열로 정자가 된다.

이렇게 해서 만들어진 정자는 고환에서 부고환으로 보내지고 10 ~ 20일 정도에 걸쳐서 성숙된다. 그 후 정낭으로 옮겨져 외분비선에서 분비된 정낭액과 섞여서 더욱 성숙된다. 이것이 정액(semen)이다.

정자가 만들어지는 장소

정자는 고환 내부에 있는 곡정세관의 내벽에서 만들어진다.

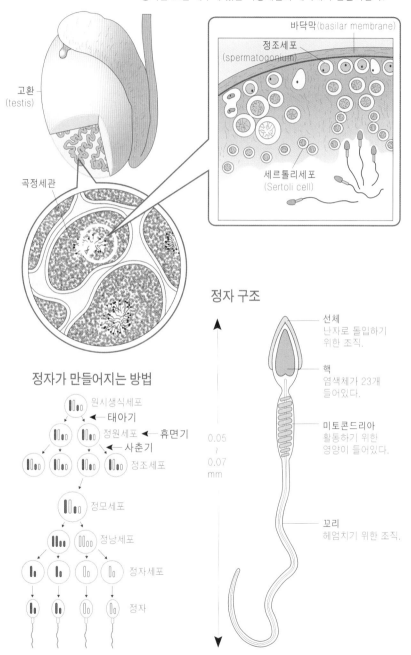

고환
(testis)

곡정세관

바닥막(basilar membrane)

정조세포
(spermatogonium)

세르톨리세포
(Sertoli cell)

정자가 만들어지는 방법

원시생식세포
◄── 태아기

정원세포 ◄── 휴면기

◄── 사춘기

정조세포

정모세포

정낭세포

정자세포

정자

정자 구조

0.05
∼
0.07
mm

선체
난자로 돌입하기
위한 조직.

핵
염색체가 23개
들어있다.

미토콘드리아
활동하기 위한
영양이 들어있다.

꼬리
헤엄치기 위한 조직.

태아기에 만들어지는 정자와 난자

정자와 난자는 사춘기에 접어들어서 처음으로 만들어지는 것은 아니다. 양쪽 모두 수정 후 얼마 안 되어 태아의 몸에서 만들어지기 시작하며, 임신 3주경에는 정자와 난자의 근원이 되는 원시생식세포가 완성된다. 즉 자신의 자식만이 아니라 손자 세대까지 임신중인 모체에는 존재한다는 것이다. 원시생식세포는 태아일 때 몇 번이나 세포분열을 반복하여 어느 정도 성장하고 나서 휴면기에 들어간다. 사춘기에 접어들어 다시 깨어나는데 이것은 뇌하수체에서 분비되는 성호르몬의 자극을 받아서이다.

임신 3주가 된 태아.
이 시기에는 이미 원시생식
세포가 완성되었다.

POINT

정자는 남성 체내에서의 수명이 10주 정도지만 체외로 배출된 뒤는 며칠 만에 죽고 만다.

사정 원리

해면체가 발기 상태를 만든다

음경(penis)은 한 개의 요도해면체(corpus spongiosum)와 두 개의 음경해면체(corpus cavernosum)로 구성되어 있으며 요도해면체 안에는 요도(urethra)가 지나고 있다. 해면체에는 무수하게 많은 작은 구멍이 열려 있는데, 성교시 음경등동맥(dorsal artery of penis)과 심동맥에서 해면체 구멍으로 다량의 혈액이 공급되면서 딱딱해져서 발기하게 된다. 그리고 성적흥분이 고조되면 요도조임근(urethral sphincter muscle)과 해면체근육이 수축하며, 그 압력으로 정액(semen)을 요도전립부에서 요도 입구로 급격하게 밀어내어 사정이 이루어진다. 젊을 때에는 근력이 강하므로 정액이 기세 좋게 뿜어져 나오지만 나이가 들어 근력이 약해지면 그 기세도 약해진다.

요도는 정액과 소변의 통로이다. 사정할 때 소변이 안 나오는 것은 방광 출구의 조임근(sphincter)이 조여지기 때문이다.

살아남는 것은 단 하나 사정 후의 정액

여성의 질(vagina)에 사정된 정자가 자궁 입구에서 자궁관(난관 uterine tube)을 지나 자궁관팽대부(난관팽대부 ampulla of uterine tube)에서 난자(ovum)와 만나는 데 필요한 시간은 약 두 시간이다. 이 시간 동안 대부분의 정자는 죽고 만다. 한 번 사정으로 2~5억 개의 정자(sperm)가 배출되는데 무사히 난자에 도달하는 것은 겨우 100개 정도이다. 통상적으로 수정이 성립되는 정자는 단 하나뿐이다.

정액의 성분

정액(semen)은 액체 성분인 정장과 고체 성분인 정자가 혼합된 것이다.

정장은 정액에 에너지를 공급하는 역할을 담당하는 액체이다. 그 성분의 대부분은 정자가 정관에서 발사됨과 동시에 좌우의 정낭(seminal vesicle)에서 발사되는데 전립샘(prostate)이나 부고환(epididymis) 등에서 나온 분비물도 약간 섞여 있다.

사정 원리

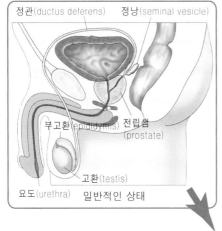

정관(ductus deferens)   정낭(seminal vesicle)

부고환(epididymis)   전립샘
(prostate)

고환(testis)

요도(urethra)   일반적인 상태

전립샘 비대증

전립샘은 방광의 출구를 감싸고 있는 내선이다. 전립샘 비대증은 전립샘이 비대해져 소변이 잘 나오지 않는 질환으로 50세 이상인 남성에게 많다. 확실하지 않지만 고령자에게 많은 것으로 보아 호르몬 균형이 깨진 것이 주요 원인이라고 추측하고 있다. 증상은 3기로 나누어진다. 제1기에는 배뇨에 시간이 걸린다. 제2기는 배뇨 후에 잔뇨감이 있으며 소변이 나오지 않는 경우도 있다. 제3기가 되면 방광의 확장, 콩팥 기능장해를 일으키며 심한 경우 요독증에 걸리게 된다.

발기에서 사정까지

① 고환에서 정자가 만들어진다.
② 부고환에서 정자가 일시적으로 저장된다.
③ 정자는 정관을 통과해간다.
④ 정낭에서 다시 저장되어 정낭액에 의해 성숙한다.

정상적인 전립샘

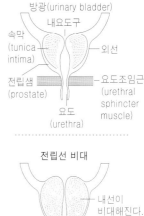

방광(urinary bladder)
내요도구
속막(tunica intima)
외선
전립샘(prostate)
요도조임근(urethral sphincter muscle)
요도(urethra)

전립선 비대

내선이 비대해진다.

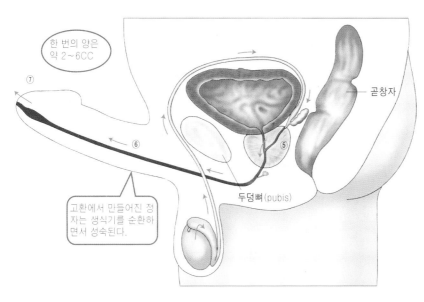

한 번의 양은 약 2~6CC

고환에서 만들어진 정자는 생식기를 순환하면서 성숙된다.

곧창자

두덩뼈(pubis)

⑤ 전립샘에서 분비된 정액 안에서 활동할 수 있게 된다.
⑥ 준비가 되면 정낭과 전립샘에서 정액과 정자가 요도로 보내진다.
⑦ 요도가 수축하여 요도구에서 정액이 방출된다.

여성 생식기의 기능

난자를 만들며 수정하여 태아를 생육

- 배란하고 수정한다.
- 태아의 생육, 분만을 실시한다.

내성기와 외성기로 되어 있으며, 수정하여 태아를 키우며 분만

여성의 발기 외음부와 질

여성 생식기는 외성기(외음부)인 음핵(clitoris), 질원개(fornix of vagina), 소음순(labium minus), 대음순(labium majus)과 내성기인 난소(ovary), 자궁관(uterine tube), 자궁(uterus), 질(vagina)로 되어 있다.

음핵을 클리토리스라고도 한다. 남성의 음경에 해당하며 성적으로 흥분하면 충혈되어 발기한다. 질천장은 성교가 원활하게 이루어지도록 점액을 분비하는 기관으로 요도구와 질어귀가 열려 있다. 주위는 소음순이라는 얇은 주름으로 싸여 있다. 소음순 바깥쪽에는 대음순이라는 두툼한 주름이 있다. 이것은 남성의 음낭(scrotum)에 해당한다. 소음순과 대음순은 요도구와 질어귀를 감싸서 충격이나 세균으로부터 보호하는 역할을 하고 있다.

질은 외부와 자궁을 연결하는 관 모양의 기관이다. 성교시의 교접기관으로 정자는 질을 통해 여성 체내로 들어간다. 출산시에는 이곳으로 아기가 태어난다.

난자는 자궁관을 거쳐 자궁에 도달

난소(ovary)는 자궁의 좌우에 있는 기관으로 난자를 키워서 배란하거나 여성 호르몬을 분비한다. 자궁관은 자궁에서 뻗어 나온 10~13cm의 가느다란 관을 말한다. 자궁관은 난자의 통로인데 배란된 난자는 선단에 있는 개구부를 통해 안으로 들어가서 자궁까지 운반된다.

자궁은 곧창자과 방광 사이에 있는 태아를 키우는 기관이다. 서양 배와 같은 형태를 하고 있으며 임신하면 크게 늘어나는데 평상시는 계란 정도의 크기이다.

여성 생식기 구조

자궁(uterine tube)

난소(ovary)
난자를 키우거나
호르몬을 분비한다.

자궁(uterus)

곧창자(rectum)

질(vagina)
성교시의
교접기관이자
출산시의 산도

음핵
(clitoris)
질전정
위 가장자리에
있는 예민한 돌기

소음순(labium minus)
질전정을 둘러싼 주름

대음순(labium majus)
소음순 바깥쪽에 있는
두 줄 주름

(종단면)

자궁속막증(자궁내막증)

자궁 안쪽은 자궁속막이라고 하는 점막으로 싸여 있다. 자궁속막은 배란에 따라 비대해져 수정란의 착상에 대비하는데 수정이 성립되지 않을 경우는 월경이라 해서 일정한 주기로 떨어져 나간다. 자궁속막이 자궁의 근육층 내부와 복강, 질과 외음부 등 자궁 안쪽 이외에 발생하는 것이 자궁속막증으로 많은 경우 극심한 생리통을 동반한다.
치료는 절제수술과 호르몬제 투여로 이루어진다. 비교적 젊은 연령층에 많은 질환이므로, 부득이 수술을 실시하는 경우에도 치료 후에 임신가능성을 남길 수 있는 절제방법이 채택되고 있다.

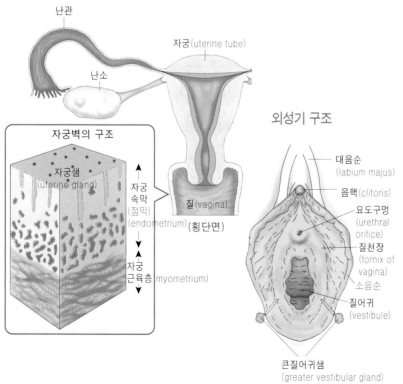

난관

자궁(uterine tube)

난소

자궁벽의 구조

자궁샘
(uterine gland)

질(vagina) (횡단면)

자궁
속막
(점막)
(endometrium)

자궁
근육층(myometrium)

외성기 구조

대음순
(labium majus)

음핵(clitoris)

요도구멍
(urethral orifice)

질천장
(fornix of vagina)

소음순

질어귀
(vestibule)

큰질어귀샘
(greater vestibular gland)

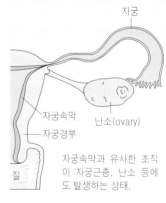

자궁

자궁속막

난소(ovary)

자궁경부

질

자궁속막과 유사한 조직이 자궁근층, 난소 등에도 발생하는 상태.

난소 기능

좌우에서 같은 일을 한다

난소(ovary)는 자궁(uterus) 양쪽에 있는 좌우 한 쌍인 기관으로 엄지손가락 끝 만한 크기를 가지고 있다. 남성의 고환(testis)에 해당하는 부분으로 난자를 만들어 배출하는 역할과 여성 호르몬을 분비하는 역할이 있다.

난소가 난자를 배출하는 것을 배란이라고 한다. 배란은 사춘기에 들어서면서 시작되며 폐경기까지 지속된다. 배란은 좌우에 있는 난소에서 교대로 이루어지며 약 28일 주기로 반복된다.

난소의 호르몬 분비도 사춘기가 되면 시작된다. 난포호르몬(estrogen)은 피하지방을 증가시키고 유방을 커지게 한다. 이로 인하여 여성스러운 몸이 만들어지는 것이다. 황체호르몬(progesterone)은 난소를 성숙시키는 역할을 한다.

원형은 태아기에 형성 난자 구조

난자(ovum)는 인체에서 가장 큰 세포로 지름이 0.1~0.2mm나 되며 육안으로 확인이 가능하다. 중앙에 투명대로 싸여진 난황과 핵이 있으며 과립막세포가 방사상으로 감겨 있다. 핵에는 약 23개의 염색체가 있어서 어머니의 유전자 정보가 들어 있다.

난소에는 태아 때부터 난자의 근원이 되는 원시생식세포가 존재한다. 원시생식세포는 태아 때에 난원세포→난조세포→난모세포(oocyte)로 모양을 바꾼다. 난모세포는 난소에서 휴면기를 맞이하여 난포라는 주머니 안에서 지내게 된다. 이것이 원시난포이다. 사춘기가 되면 난모세포는 두 개의 난낭세포로 분열한다. 난낭세포는 감수분열을 하여 23개의 염색체를 가진 세포가 된다. 이 중 생식능력이 있는 단 하나의 세포만이 난자가 된다.

난자가 만들어지는 장소

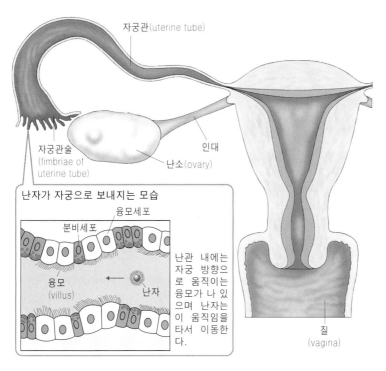

자궁관(uterine tube)

자궁관술
(fimbriae of
uterine tube)

인대

난소(ovary)

난자가 자궁으로 보내지는 모습

융모세포

분비세포

융모
(villus)

난자

난관 내에는 자궁 방향으로 움직이는 융모가 나 있으며 난자는 이 움직임을 타서 이동한다.

질
(vagina)

난자가 만들어지는 방법

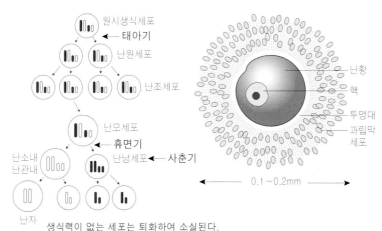

원시생식세포

태아기

난원세포

난조세포

난모세포

휴면기

난소내
난관내

난낭세포 ◄ 사춘기

난자

생식력이 없는 세포는 퇴화하여 소실된다.

난자 구조

난황

핵

투명대

과립막세포

0.1~0.2mm

난포가 성장하는 모습

난포는 난자를 감싸고 있는 주머니이다. 난자의 성숙과 함께 난포도 변화하여 난포기는 에스트로겐을, 배란 후는 황체가 되어 프로게스테론을 분비한다. 수정이 성립되지 않았을 경우 난자는 소실된다. 수정이 성립되면 황체는 크게 발육하여 프로게스테론을 계속 분비하여 임신을 유지한다. 성립되지 않으면 황체는 퇴화한다.

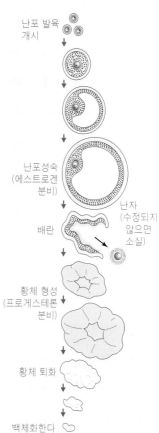

난포 발육
개시

난포성숙
(에스트로겐
분비)

배란

난자
(수정되지
않으면
소실)

황체 형성
(프로게스테론
분비)

황체 퇴화

백체화한다

POINT

난세포는 사춘기에는 40만 개 정도이다. 그러나 여성이 일생 동안 배란하는 것은 400~500개 정도며, 많은 난세포가 파괴되어 50세 전후에는 없어진다.

배란과 월경의 구조

배란되는 것은 매달 한 개뿐 <small>배란의 구조</small>

갓 태어난 여자아이의 난소(ovary)에는 원시난포(primordial follicle)가 10만 개 정도 저장되어 있다. 사춘기가 되면 난포자극 호르몬(follicle stimulating hormone)의 작용에 의해 난포(ovarian follicle) 몇 개가 동시에 성장을 시작한다. 그리고 그 중 가장 빨리 성숙된 난포의 막이 파열하여 안에 들어 있던 난자가 난소 밖으로 튀어나온다.

이것이 배란으로 난자는 선단이 나팔처럼 생긴 자궁관술(난관채 fimbriae of uterine tube)에 의해 자궁관 안으로 들어가서 자궁에 이르게 된다. 도중에 자궁관 안에 정자가 있을 경우는 수정이 성립되지만 정자가 없을 경우는 자궁을 거쳐서 체외로 배출된다.

배란은 좌우 난소에서 교대로 이루어진다. 병으로 인해 한 쪽 난소를 절제한 경우는 다른 한 쪽의 난소가 성숙난포(mature follicle)를 만들므로 배란에 지장은 없다.

월경의 정체는 비후한 자궁속막 <small>월경 구조</small>

월경은 약 28일 주기로 반복되는 출혈과 같은 현상으로 배란과 밀접한 관계가 있다. 배란 전 난자를 감싸고 있는 난포는 난포호르몬(estrogen)을 분비한다. 배란 후의 난포는 황체라는 내분비샘으로 변화하여 이번에는 황체호르몬(progesterone)을 분비하기 시작한다. 자궁 안쪽은 자궁속막이라는 점막으로 덮여 있다. 에스트로겐과 프로게스테론은 자궁속막에 작용하여 수정된 난자가 착상되기 쉽도록 자궁속막(자궁내막 endometrium)을 두껍게 한다. 수정이 성립된 경우 자궁속막은 두께를 유지한 채 수정란을 키우는 침대 역할을 한다. 수정이 성립되지 않은 경우는 두터운 자궁속막은 필요없어지며 자궁에서 떨어져 나와 월경(생리)이 시작된다.

여성의 월경 주기

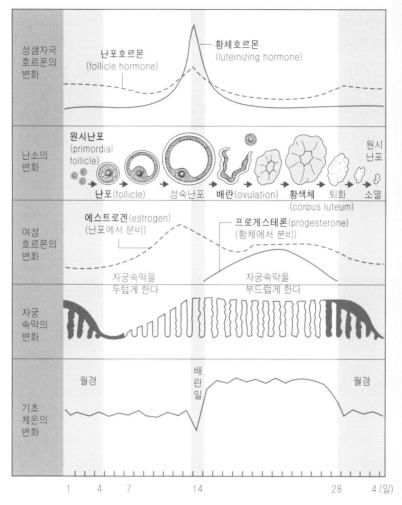

성샘자극 호르몬의 변화	난포호르몬 (follicle hormone)	황체호르몬 (luteinizing hormone)	

원시난포
(primordial follicle)

원시
난포

난소의
변화　　난포(follicle)　성숙난포　배란(ovulation)　황색체　퇴화　소멸
(corpus luteum)

여성
호르몬의
변화

에스트로겐(estrogen)
(난포에서 분비)

프로게스테론(progesterone)
(황체에서 분비)

자궁속막을
두텁게 한다

자궁속막을
부드럽게 한다

자궁
속막의
변화

월경　　　　　배
란
일　　　　　　　　월경

기초
체온의
변화

1　4　7　　　14　　　　　　28　4 (일)

갱년기장애

월경이 없어지는 전후 시기가 갱년기이다. 여성 호르몬 분비가 불안정해지기 때문에 사람에 따라 컨디션이나 정신상태에 변화를 초래하는 경우가 있다. 이것이 갱년기 장애로 혈압, 두통, 다한, 동기, 냉증, 불면, 불안, 피로와 같은 여러 가지 증상이 나타난다. 이러한 위화감을 호소하는 것을 수소라 하며 한 가지 증상이 오래 지속되지 않고 다음 날은 다른 증상으로 바뀌기도 하므로 부정수소라고 한다. 이러한 증상은 일반적으로 본인 이외에는 알 수 없는 경우가 많다.

치료의 주안점은 원인을 규명하는 일이다. 호르몬 변화가 원인이 되어 자율신경이 실조된 것인지, 심인성증상은 없는지 또는 양쪽 다 관계된 것인지를 확실하게 알아야 한다. 그리고 증상에 따라 호르몬제나 기타 약물을 투여하거나 심리치료를 하기도 한다. 또 가족과 협력하여 긍정적인 생활을 하도록 하는 것도 중요하다.

POINT

월경시 출혈량은 **50~250**㎖ 정도. 월경출혈 속에는 자궁의 분비물이나 박리된 자궁속막의 조직파편 등도 포함되어 있다.

유방의 역할

• 유즙을 분비하여 아기를 키운다.
• 이성에 대해 여성스러움을 어필한다.

사춘기에 발달을 시작하여 출산하면 유즙 분비

유방의 90 %가 지방조직 유방의 구조와 발달

유방(breast)은 피부의 부속기관이다. 중앙에는 다른 피부보다 색이 짙은 젖꽃판(유륜 areola of breast)이라는 부분이 있으며 그 중심에 있는 돌출부가 젖꼭지(유두 nipple, mammary papilla)이다. 출산하면 유즙을 분비하여 육아에 큰 역할을 담당한다.

남성과 성숙하지 않은 여성의 유방은 볼륨이 없지만, 사춘기에 이른 여성의 유방은 뇌하수체에서 분비하는 성샘자극호르몬의 자극을 받아서 점차적으로 볼록해진다. 유방은 주로 지방과 젖샘소엽으로 되어 있다. 유즙의 통로인 젖샘관(유관 lactiferous duct)이 젖샘(유선 mammary gland)에서 뻗어 나와 있다. 젖샘관은 젖꼭지부에서 젖꼭지관이 되며 외부로 열려 있다.

임신하면 젖샘이 발달 유즙이 나오는 구조

유즙을 분비하는 젖샘세포가 모인 것을 선방이라고 하며 선방이 모여 있는 것을 젖샘소엽이라고 부른다. 임신하면 젖샘소엽이 발달하기 시작하며 산후에는 프로락틴이라는 호르몬이 젖샘에 작용해서 유즙이 분비된다. 유즙은 젖샘관팽대(유관동 lactiferous sinus)에 저장되며 아기가 젖꼭지를 빨면 옥시토신이 분비되어 주위의 근조직이 수축한다. 그리고 젖꼭지 쪽으로 열려 있는 약 20개의 젖꼭지관을 통해 유즙이 나오게 된다.

임신 중에는 태반에서 분비되는 호르몬이 프로락틴의 작용을 억제한다. 출산해서 태반이 없어지면 프로락틴이 작용해서 유즙을 만든다.

유방 구조

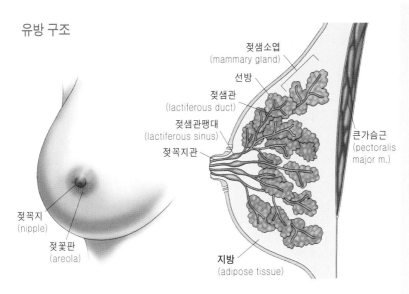

젖샘소엽
(mammary gland)

선방

젖샘관
(lactiferous duct)

젖샘관팽대
(lactiferous sinus)

젖꼭지관

큰가슴근
(pectoralis major m.)

젖꼭지
(nipple)

젖꽃판
(areola)

지방
(adipose tissue)

유즙이 나오는 구조

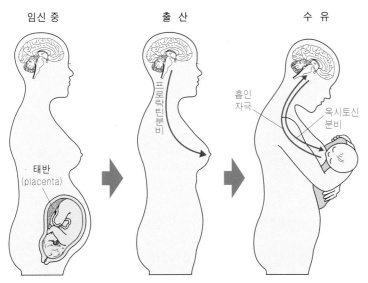

임신 중

출산

수유

태반
(placenta)

프로락틴분비

흡인 자극

옥시토신 분비

임신 중에는 난소를 대신해서 태반이 난포호르몬과 황체호르몬을 대량으로 분비하기 때문에 유방이 커지지만 유즙은 나오지 않는다.

출산으로 태반이 배출되면 난포호르몬과 황체호르몬의 분비는 일시적으로 정지된다. 뇌하수체에서 프로락틴이 분비되어 젖샘을 자극한다.

아기가 젖꼭지를 빨아 자극하면 뇌하수체에서 옥시토신이 분비된다. 이로 인하여 유방의 근육이 수축하여 유즙이 배출된다.

유방 발달

여성의 유방은 사춘기가 되면 발달하기 시작하고 성인이 되면 언제라도 수유가 가능하도록 젖샘엽이나 젖샘관 등의 준비가 갖춰진다. 임신하면 젖샘이 더욱 발달하여 유방이 커지는데 수유가 끝나면 원래의 크기로 돌아간다.

유아기

젖꼭지   젖샘관
(lactiferous duct)

젖샘 비슷한 것이 있을 뿐이다.

사춘기

젖꼭지   젖샘관

난포호르몬에 의해 젖샘관이 성장하며 황체호르몬에 의해 선방도 발육된다.

성인기

젖샘관

젖꼭지

젖샘소엽

젖샘관팽대
(lactiferous sinus)

유즙을 분비하는 젖샘소엽, 유즙의 통로인 젖샘관 등이 발육된다.

POINT

포유동물의 유즙은 동물의 종류에 따라 조성이 다르다. 인간이나 말은 유고형분이 11~12%, 유단백질 1~2%로 유성분이 적은 것에 비해 유당이 6~7%로 많다.

질병지식

유방암

1) 원 인

　유방암은 젖샘에 생기는 악성종양으로 중·노년 여성에게 많은 질병이다. 다른 암과 마찬가지로 원인은 잘 알려져 있지 않다. 연령적인 요인이 상당히 많아 젊었을 때는 거의 발생하지 않는데 30세 이상이 되면 갑자기 발생률이 높아지고 40대가 가장 많다. 고연령 출산자나 아이를 낳지 않는 사람이 걸리기 쉽다는 통계가 있으며 여성 호르몬과 밀접한 관계가 있다는 지적도 있다. 또 유방암은 비만 여성에게 많으며 비만이 아닌 여성에 비해 진행된 경우가 많다는 조사결과가 나와 있다. 더욱이 이환되기 쉬운 체질은 유전된다고 보고 있다. 집안에 암에 걸린 사람이 있는 경우는 주의해야 한다.

2) 증상과 치료

　유방암에서 가장 뚜렷한 증상은 응어리(종류)로 환자의 90% 이상에서 나타난다. 응어리는 손으로 만져보고 확인할 수 있으며 표면에 요철이 있는 것이 특징이다. 초기에는 가동성이 있지만 암이 진행되면 움직이지 않게 된다. 응어리는 혼자서도 확인할 수 있으므로 평소에 주의해서 확인하는 것이 좋다. 기타 증상으로는 젖꼭지에서 혈액이 섞인 분비물이 나오거나 피부가 짓무르는 경우가 있다. 가장 효과적인 치료법은 수술로 병소를 제거하는 것이다. 그러나 최근에는 유방의 대부분을 절제하지 않고 남겨두는 유방온전술도 있다.

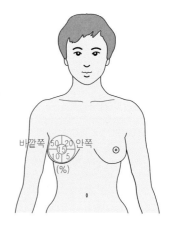

유방암이 발생하기 쉬운 장소

바깥쪽 60 20 안쪽
15
10 5
(%)

3) 유방암의 자가진단법

응어리는 손으로 만져서 알 수 있다. 조기발견을 위해 가끔 검진해 보는 것이 좋다.

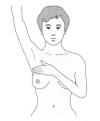

거울을 보면서 한 쪽 팔을 위로 올리고 다른 쪽 손을 유방에 대고 원을 그리듯이 전체적으로 만져본다.

위로 향해 누워서 한 쪽 팔을 위로 올리고 다른 쪽 손으로 유방에 대고 원을 그리듯이 만져본다. 같은 방법으로 겨드랑이 밑에 있는 림프절에 부기가 없는지도 확인한다.

엄지와 검지로 유방을 집는다. 유방암이 있으면 종양 바로 위에 있는 피부가 움푹 들어간다.

난소암

1) 원 인

난소(ovary)에 발생하는 모든 뇌종을 난소종양이라고 한다. 종양에는 악성과 양성이 있는데 악성을 난소암이라 한다. 종양이 발생하는 장소에 따라 종류가 있다. 발생률이 가장 높은 것은 난소상피에 발생하는 표층상피성 간질성 종양으로 전체의 약 60%를 차지한다. 이 암은 환부가 복강 바로 아래에 접해 있기 때문에 암이 전이되기 쉽다는 위험이 있다.

2) 증 상

조기는 하복부가 팽팽해지거나 딱딱한 것이 만져지는 것 같은 느낌이 들지만 자각증상은 그다지 뚜렷하지 않다. 또한 난소가 복부 깊은 곳에 있기 때문에 조기 단계에서 발견하기가 쉽지 않다. 이 때문에 발견했을 때 암이 꽤 진행된 경우도 적지 않다. 난소암은 ① 환부에서 직접 복강 내로 퍼진다, ② 림프관이나 혈액을 경유해서 여러 장기로 전이된다, ③ 자궁관(uterine tube)에서 자궁으로 전이된다는 세 가지 경우가 있다. 증상이 진행되면 하복부에 뚜렷한 위화감이 생긴다. 하복부에 둔한 통증이 느껴질 때도 있다. 또 소변이 잦아지거나 변비, 심한 생리통이 생기고 복수가 차기도 한다.

3) 치 료

치료의 기본은 수술로 환부를 절제하는 것이며 이와 함께 항암제 같은 약물을 병용한다. 절제할 부위는 진행상태에 따라 다르지만 때로는 자궁 전체를 절제해야 하는 경우도 있다.

난소암은 소화기암이나 유방암, 난소기능부전, 이상임신, 유산을 경험한 사람이 걸리기 쉽다고 알려져 있지만 확실한 원인은 알 수 없다. 이 때문에 효과적인 예방방법은 없지만 조기에 발견하면 절제 부위도 작아질 수 있으므로 꼭 정기검진을 받도록 한다.

4)진행 분류

진행 방법은 난소에서 직접 복강 내로 퍼져서 복막에 이르는 경우, 난소에서 림프관 혈액을 통해서 다른 장기로 전이되는 경우, 자궁관에서 자궁 안으로 퍼지는 경우가 있다. 대부분의 경우 복강 내로 퍼져간다.

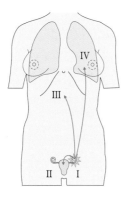

I 기	암이 난소 안에 한정되어 있다.
II 기	암이 자궁 등 골반 안에 한정되어 있다.
III 기	암이 복강 전체로 퍼져간다.
IV 기	허파와 같은 원격장기로 퍼져간다.

자궁암

자궁암은 자궁경부에 생기는 자궁경부암과 자궁본체에 생기는 자궁체부암 두 종류가 있다. 우리나라의 경우 자궁암의 80~90%가 자궁경부암이다.

1. 자궁경부암

1) 원 인

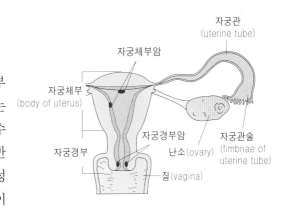

원인의 하나로 자궁경부에 잘 감염되는 HPV라는 인유두종바이러스를 들 수 있다. 불결한 성행위를 반복하거나, 불특정다수와 성접촉을 되풀이하다보면 이 바이러스에 감염되기 쉽다. 임신 중에 감염되기 쉽다는 보고도 있으므로, 여러 번 출산한 경험이 있는 사람도 자궁경부암에 걸리기 쉽다고 알려져 있다. 유전적인 요인도 크기 때문에 가족 중에 자궁경부암에 걸린 사람이 있는 경우는 주의해야 한다. 연령별로 보면 40~50대에서 발병하는 경우가 가장 많다.

2) 증상과 치료

초기 자궁경부암은 자각증상이 거의 없으므로 정기검진을 반드시 받도록 한다. 다행히 자궁경부암은 진행 속도가 느리므로 정기검진에서 조기에 발견하면 완치될 가능성이 높다. 자궁경부암은 진행 정도에 따라 0기~IV기로 나눌 수 있다. 초기인 0기에 치료하면 100% 나을 수 있다. 0기의 치료는 환부를 절제하는 수술을 한다. 전적수술이 기본이지만 회복 후에 임신·출산을 희망하는 경우에는 자궁경부를 부분적으로 절제하는 수술이 적용된다. 암이 진행되어 환부가 커지면 성교시에 출혈이 있거나 부정출혈이 나타나는 경우도 있다. 분비물이 많아지며 분비물에 혈액이 섞일 경우도 있다. I기와 II기에서는 자궁 적출수술을

자궁경부암의 진행과 치유율

			치유 후 5년이 지났을 때의 치유율
0기	자궁경부 골반	암이 자궁경부의 상피 내에 한정되어 있을 때	100%
Ⅰ기		점막과 주위의 안쪽 조직에까지 침투했을 때	92%
Ⅱ기		자궁경부를 넘어서 주위로 퍼지려고 하고 있을 때	73%
Ⅲ기		골반까지 침투하여 그 주변 부위로 퍼져가기 시작했을 때	49%
Ⅳ기	골반	골반 바깥까지 퍼졌을 때	20%

실시한다. 절제 범위는 환부가 커진 II기의 경우가 더욱 넓은 범위로 이루어진다. III기와 IV기에서는 적출수술이 아닌 방사선치료가 실시된다.

2. 자궁체부암

1) 원 인

자궁체부암은 원래 서구인에게 많으며 우리나라는 그 수가 적었지만 최근에는 환자가 늘고 있다. 원인은 서구화된 식생활에 있는 것으로 보고 있지만 확실하지는 않다. 발병자는 50대가 많으며 임신경험이 없거나 장기간 생리불순인 사람에게서 많다고 알려졌다.

2) 증상과 치료

자궁체부암은 0기일 때부터 출혈이나 분비물에 혈액이 섞인 것을 확인할 수 있다. 암이 진행됨에 따라 자궁 내부에 농이나 조직이 파괴된 것이 쌓인다. 이 때문에 분비물이 악취가 나는 농으로 바뀌고 극심한 복통이 발생하는 경우도 있다. 치료의 기본은 자궁전적수술이지만 0기에서 회복 후에 임신·출산을 희망할 경우에는 호르몬 요법이 실시된다.

3. 자궁근종

1) 종류와 원인

　자궁근종은 자궁 근육에 발생하는 양성 종양으로 발생하는
부위에 따라 점막밑근종, 근육층내근종, 장막밑근종 세 가지
로 나눈다. 상당히 보편적인 질병으로, 30세 이상인 여성 5명
중 1명이 근종을 가지고 있다고 알려져 있다. 여성 호르몬인
에스트로겐이 분비되면 커지고 폐경으로 에스트로겐이 분비
되지 않으면 작아지기 때문에, 여성 호르몬이 원인으로 발생
하는 것으로 보고 있다.

2) 치 료

　양성이므로 일상적인 생활에 지장이 없는 경우는
특별한 치료는 하지 않는다. 그러나 생리 때마다 심
한 생리통을 동반하는 경우, 생리과다와 부정출혈이
원인이 되어 빈혈이 생기는 경우는 수술로 환부를 절
제하거나 약물로 호르몬 분비를 억제하여 환부를 작
게 하기도 한다.

임신과 자궁근종
임신을 계기로 자궁근종이 발견되는 경우가 있다. 그
러나 임신 중에는 별다른 치료를 하지 않는 경우가 대
부분이며 태아의 발육에도 지장은 없다. 근종이 출산
을 방해할 만한 장소에 있을 경우는 자연분만이 아닌
제왕절개로 출산한다.

자궁근종의 발생부위

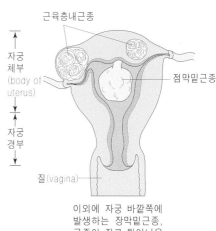

이외에 자궁 바깥쪽에
발생하는 장막밑근종,
근종이 질로 튀어나온
근종분만, 자궁경부에
발생한 경부근종이 있
다.

POINT

질병으로 자궁을 적출해도 '여성스러
움'은 잃지 않는다. 여성스러움은 난소
에서 분비되는 호르몬에 의한 것이므
로 자궁의 유무와는 상관없다.

수정과 임신의 구조

- 양성의 유전자 정보를 토대로 새로운 생명을 키운다.
- 체내에서 키움으로써 높은 생존율을 실현한다.

자궁관에서 난자와 정자가 만나고 수정란은 자궁속막에서 성육을 개시

수정란의 성립   수정

난소(ovary)에서 배출된 난자(ovum)는 자궁관술(난관 fimbriae)에서 자궁관(난관 uterine tube)으로 들어가서 자궁(uterus)으로 향한다. 이동 중에 정자와 만나면 수정이 성립된다.

수정은 자궁관팽대(난관팽대부 ampulla of uterine tube)에서 이루어진다. 여성의 질 안으로 사정된 정액에는 2~5억 개의 정자가 들어 있지만 자궁관팽대까지 도착할 수 있는 정자는 겨우 100개 정도이다. 정자는 난자를 만나면 일제히 모여든다. 그 중에서 한 개의 정자 머리 부분이 난자에 접촉한 순간 머리 부분만이 잘려서 난자 안으로 들어가서 수정이 성립된다. 그와 동시에 난자 주위에는 막이 쳐져서 다른 정자는 침입할 수 없게 된다.

수정란의 성장과 착상   착상

수정란(fertilized ovum)은 수정 후 24시간 이내에 세포분열을 시작한다. 처음에는 한 개였던 수정란은 두 개, 네 개, 여덟 개로 분열하여 배로 증가하면서 자궁관을 통과한다. 통과하는 중에도 수정란은 분열을 계속하여 이윽고 상실배 상태가 된다. 그리고 날짜가 지나면 세포 수는 64~128개로 늘고 이것이 수정란의 한쪽으로 치우쳐서 내부에 공간이 생기는 포배가 된다.

포배 시기의 수정란은 자궁관을 지나서 자궁에 도달해 있다. 포배가 된 수정란은 자궁속막(자궁내막 endometrium)으로 들어가 단단하게 고정된다. 이것이 착상이며 착상된 장소에 태반이 형성된다.

수정

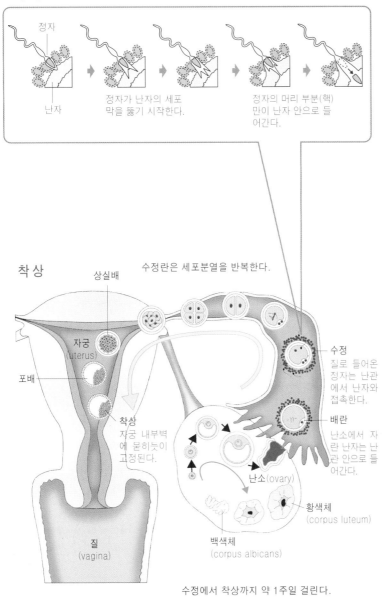

정자가 난자의 세포
막을 뚫기 시작한다.

정자의 머리 부분(핵)
만이 난자 안으로 들
어간다.

자궁외임신

수정란이 자궁 안에서가 아니
라 자궁관, 난소, 복강, 자궁경
관처럼 자궁이외의 장소에 착
상된 것이 자궁외임신이며 가
장 많은 것은 자궁관에 착상되
는 경우이다. 자궁관에는 태아
가 발육할 공간이 없으므로 그
대로 성장을 계속하더라도 유
산되거나 자궁관이 파열되어
모체에 피해를 주게 된다. 이
때문에 임신 초기에 자궁외임
신인지 아닌지를 확인할 필요
가 있다. 자궁외임신일 경우는
임신을 포기하고 자궁관을 절
제하는 수술이 실시된다.

착 상

수정란은 세포분열을 반복한다.

상실배

자궁
(uterus)

포배

착상
자궁 내부벽
에 묻히듯이
고정된다.

수정
질로 들어온
정자는 난관
에서 난자와
접촉한다.

배란
난소에서 자
란 난자는 난
관 안으로 들
어간다.

난소(ovary)

백색체
(corpus albicans)

황색체
(corpus luteum)

질
(vagina)

수정에서 착상까지 약 1주일 걸린다.

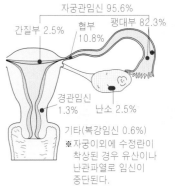

자궁관임신 95.6%

간질부 2.5%　협부
10.8%　팽대부 82.3%

경관임신
1.3%　난소 2.5%

기타(복강임신 0.6%)
※자궁이외에 수정란이
착상된 경우 유산이나
난관파열로 임신이
중단된다.

POINT

단 하나의 수정란은 세포수가 60조인 인
체로 성장한다. 세포는 분열하면서 늘어
나고 제각기 특정한 형태와 기능을 가지
게 되며 기관이 형성되어 간다.

태아의 성장과 출산

태반은 태아의 생명유지장치 태아의 성장

수정 직후는 0.2mm에 불과했던 수정란(fertilized ovum)이 착상되어 성장을 계속해서 수정 후 4주 정도 지나면 태아(胎芽)라는 상태가 된다. 태아에는 점차 머리와 손발의 근원이 되는 부분이 나타나며 이후 점차적으로 사람의 형태를 갖추어 간다.

착상 후 얼마 안 되어 태반이 만들어지기 시작한다. 태반은 임신 말기에는 지름 15~20cm, 두께 1.5~3cm, 무게 약 500g 정도로 발달하는 원반모양의 기관이다. 모체의 혈액에서 산소나 영양을 태아(胎兒)에게 공급하고 반대로 태아에서 나오는 노폐물이나 이산화탄소를 모체로 보내서 배출하는, 말하자면 태아의 생명유지장치이다.

태반(placenta)이 만들어지면 산소와 영양이 왕성하게 태아에게 공급되므로 수정 후 8주 정도 지나면 태아는 눈에 띄게 성장하여 전신 골격이 형성되고 뇌가 발달하기 시작한다. 10주 째에는 대부분의 기관이 원형을 갖추고 16주가 되면 얼굴모양이 확실해진다. 그리고 30주를 지나면 완전한 인체가 되며 40주 정도 되면 출산을 맞게 된다.

출산 과정

태아가 완전하게 성숙하면 모체의 뇌하수체에서 특수한 호르몬이 분비되어 자궁근육이 수축하여 태아를 밀어내는 힘이 가해진다. 그러면 태아는 자궁에서 질을 통과하여 분만된다. 보통 태아는 머리부터 분만되는데 둔부나 다리부터 분만되는 경우도 가끔 있다.

태아에 이어 태반이 배출되면 분만은 끝나며 지금까지 태아를 감싸고 있던 자궁은 수축한다. 그리고 분만 후 모체는 뇌하수체에서 호르몬의 자극을 받아 유방에서 유아를 키우기 위한 모유를 분바하기 시작한다.

태아의 성장 모양

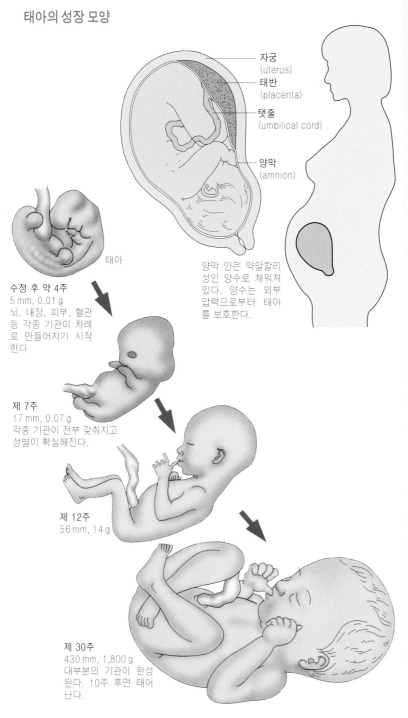

자궁
(uterus)

태반
(placenta)

탯줄
(umbilical cord)

양막
(amnion)

태아

양막 안은 약알칼리성인 양수로 채워져 있다. 양수는 외부 압력으로부터 태아를 보호한다.

수정 후 약 4주
5 mm, 0.01 g
뇌, 내장, 피부, 혈관 등 각종 기관이 차례로 만들어지기 시작한다

제 7주
17 mm, 0.07 g
각종 기관이 전부 갖춰지고 성별이 확실해진다.

제 12주
56 mm, 14 g

제 30주
430 mm, 1,800 g
대부분의 기관이 완성된다. 10주 후면 태어난다.

임신중독

부종·단백뇨·고혈압을 3대 증상으로 하는 증후군인데, 중증인 경우 태반의 기능이 떨어져 태아의 발육에 영향을 끼쳐서 조산이나 사산의 원인이 되는 경우도 있다. 확실한 원인은 알려지지 않았으며 임신이 끝나면 증상이 없어지므로 임신 자체가 원인이라고도 보고 있다. 가족이나 본인이 고혈압, 콩팥병, 당뇨병과 같은 질환에 걸린 사람이나 비만인 사람에게 많이 발생하는 경향이 있고 임신 부담이 큰 임신 말기에 많이 나타난다. 치료법은 안정과 식이요법·약물요법이 있다. 가벼운 증상일 경우는 자연분만이 가능하지만 중증인 경우 분만은 모체와 태아 모두에게 위험하므로 제왕절개로 분만하게 된다.

POINT

임신 초기는 유산되기 쉬우므로 일상적인 동작에도 주의하고 이상출혈이 있으면 신속하게 의사의 진단을 받도록 한다.

호르몬의 기능 ①

• 인체를 안정된 상태로 유지한다.
• 생명활동을 조절한다.

혈액이나 림프액을 통해 전신으로 운반되며 소량으로 절대적인 효과 발휘

호르몬   신체 상태를 유지하는 2대 요소 중의 하나

우리 신체는 내·외부로부터 수많은 자극을 받고 있는데 신체 상태는 항상 일정하게 유지되고 있다. 이것을 항상성(호메오스타시스)이라고 한다. 호메오스타시스는 신경계와 내분비계의 역할로 유지되며, 양쪽 모두 신체 상태에 변화가 있으면 원래 상태로 되돌리려는 작용을 한다.

신경계에 의한 호메오스타시스 유지는 신경경로를 통해 이루어진다. 한편 내분비계에 의한 유지는 호르몬에 의해서 이루어진다. 호르몬은 내분비샘에서 분비되어 혈액이나 림프액으로 보내지는 물질로 50종류 이상이 있다고 알려져 있다.

호르몬 분비의 복잡한 구조   뇌하수체는 내분비샘의 총사령부

내분비샘(endocrine gland)은 신체 여기저기에 존재하며 제각기 특정 호르몬을 분비한다. 내분비샘이 호르몬을 분비할 때 신체의 반응 경로는 다음과 같다. 호르몬을 필요로 하는 사태가 발생하면 뇌의 시상하부에서 뇌하수체에 영향을 주는 방출호르몬이 분비된다. 그러면 필요한 호르몬을 분비하는 특정 기관에 작용하는 호르몬이 뇌하수체에서 분비되고 그 자극으로 실제 신체에 영향을 주는 호르몬이 분비된다. 각 내분비샘이 분비할 호르몬의 양이나 분비 시기는 뇌하수체에서 분비되는 호르몬이 조정한다.

주요 내분비샘의 위치

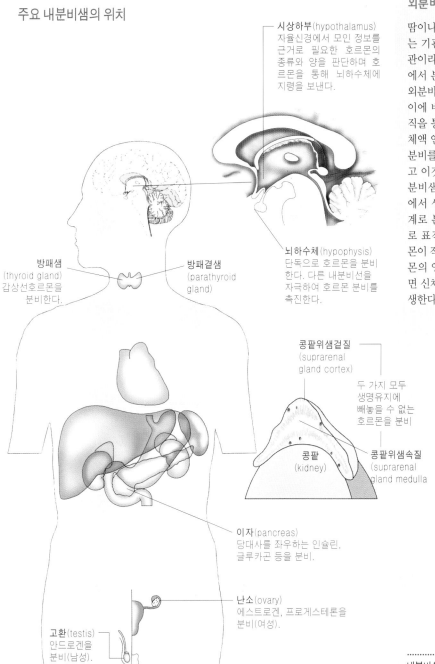

시상하부(hypothalamus)
자율신경에서 모인 정보를
근거로 필요한 호르몬의
종류와 양을 판단하며 호
르몬을 통해 뇌하수체에
지령을 보낸다.

뇌하수체(hypophysis)
단독으로 호르몬을 분비
한다. 다른 내분비선을
자극하여 호르몬 분비를
촉진한다.

방패샘
(thyroid gland)
갑상선호르몬을
분비한다.

방패곁샘
(parathyroid
gland)

콩팥위샘겉질
(suprarenal
gland cortex)

두 가지 모두
생명유지에
빼놓을 수 없는
호르몬을 분비

콩팥
(kidney)

콩팥위샘속질
(suprarenal
gland medulla

이자(pancreas)
당대사를 좌우하는 인슐린,
글루카곤 등을 분비.

난소(ovary)
에스트로겐, 프로게스테론을
분비(여성).

고환(testis)
안드로겐을
분비(남성).

외분비샘과 내분비샘

땀이나 타액, 소화액은 분비하는 기관이나 조직으로부터 도관이라는 관이 나와 있어 이곳에서 분비된다. 이러한 분비를 외분비라고 한다.

이에 비해 호르몬은 장기나 조직을 통하지 않고 혈액 안이나 체액 안으로 분비된다. 이러한 분비를 내분비라고 한다. 그리고 이것을 실시하는 조직을 내분비샘이라고 한다. 내분비샘에서 생산된 호르몬은 순환기계로 분비되고 혈액의 운반으로 표적기관에 도달하여 호르몬이 작용하도록 한다. 이 호르몬의 양이 부족하거나 과다하면 신체에 여러 가지 이상이 발생한다.

POINT

내분비샘에서는 제각기 특정 작용을 가진 호르몬이 분비되어 신체를 안정된 상태로 유지한다. 호르몬의 양이 부족하거나 너무 많으면 여러 가지 이상이 발생한다.

호르몬의 기능 ②

주요 내분비샘과 그 역할 여러 가지 내분비샘

시상하부(hypothalamus) 사이뇌에 있는 자율신경계, 내분비계의 중추가 되는 기관이며 뇌하수체에 작용하는 호르몬을 분비한다. 사이뇌는 신체의 변화를 느끼는 기관이므로 스트레스의 영향을 받기 쉬운 것이 특징이다.

뇌하수체(hypophysis, pituitary gland) 시상하부 바로 밑에 있는 새끼손가락 크기 정도의 기관이다. 앞엽(anterior lobe)과 뒤엽(posterior lobe)으로 나뉘며 각자 다른 호르몬을 분비한다. 뇌하수체에서 분비되는 호르몬이 곳곳에 있는 내분비샘(endocrine gland)을 자극해 신체에 직접 작용하는 호르몬 분비를 촉진하거나 억제한다.

방패샘(갑상선 thyroid gland) 목에 있는 내분비샘으로 대사를 조정하는 호르몬을 분비한다. 여기에 이상이 발생하면 방패샘기능항진증이나 방패샘기능저하증이 생긴다.

콩팥위샘(suprarenal gland) 콩팥위샘은 콩팥 위쪽에 있는 내분비샘으로 바깥쪽에 있는 콩팥위샘겉질(부신피질 suprarenal gland cortex)과 안쪽에 있는 콩팥위샘속질(부신수질 suprarenal gland medulla)로 나뉜다. 콩팥위샘속질에서는 혈압을 상승시키는 아드레날린이 분비된다.

이자(췌장 pancreas) 혈당치를 하강시키는 인슐린과 혈당치를 상승시키는 글루카곤을 분비한다. 당뇨병은 인슐린 분비 이상이 원인이다.

성샘 남성은 고환에서 안드로겐이, 여성은 난소에서 에스트로겐과 프로게스테론이 분비된다. 사춘기가 되면 시상하부에서 분비되는 황색체형성호르몬 방출 호르몬이 뇌하수체를 자극하며, 그 결과 분비된 성샘자극호르몬에 의해 분비가 촉진된다.

호르몬의 역할

내분비선·분비되는 호르몬		호르몬의 역할
시상하부	콩팥위샘겉질자극호르몬 방출호르몬	뇌하수체에서 콩팥위샘겉질호르몬을 분비시킨다.
	성장호르몬 방출호르몬	뇌하수체에서 성장호르몬을 분비시킨다.
	방패샘자극호르몬 방출호르몬	뇌하수체에서 방패샘자극호르몬을 분비시킨다.
	황체형성호르몬 방출호르몬	뇌하수체에서 성샘자극호르몬을 분비시킨다.
뇌하수체	성장호르몬(growth hormone, STH)	신체의 성장을 촉진한다.
	방패샘자극호르몬(prolactin, PRL)	방패샘에서 방패샘호르몬을 분비시킨다.
	콩팥위샘겉질자극호르몬(orticotropin, ACTH)	콩팥위샘겉질에서 콩팥위샘겉질호르몬을 분비시킨다.
	난포자극호르몬(follicle-stimulating hormone, FSH), 황색체자극호르몬(luteinizing hormone)	난소에서 여성 호르몬, 고환에서 남성 호르몬을 분비시킨다.
방패샘	사이록신 등	대사기능을 정상으로 유지. 칼슘대사를 조절한다.
방패곁샘	방패곁샘호르몬	칼슘대사를 조절한다.
콩팥위샘	콩팥위샘겉질	알도스테론, 코르티졸 등	당대사를 조절 등
	콩팥위샘속질	카테콜아민	혈압을 상승시킨다.
이자	인슐린	혈당치를 하강시킨다.
	글루카곤	혈당치를 상승시킨다.
위장	세크레틴, 코레시스토키닌, 가스트린 등	소화액인 이자액 분비를 조절. 담낭에서 쓸개즙을 배출하며 이자액 분비를 촉진. 위의 수축, 위산분비를 촉진.
콩팥	에리쓰로포이에틴, 레닌 등	적혈구를 성숙시킨다. 소장에서 칼슘·인 흡수를 촉진하고 혈압을 상승시킨다.
심장	심방성 나트륨이뇨펩티드	나트륨을 소변에 섞어 배출하여 혈압 조절.
간	안지오텐시노겐	혈압을 상승시킨다.
고환	안드로겐	남성성기의 발육, 2차 성징 발달에 작용, 정자 형성, 조혈 등.
난소	에스트로겐(estrogen)	자궁내막 증식, 자궁근의 발육, 유선증식 등.
	프로게스테론(progesterone)	임신유지, 체온상승, 배란억제, 유선발육 등.

바제도병

신체의 안정을 유지하기 위한 호르몬도 분비량이 적절하지 않으면 여러 가지 장애를 일으킨다. 바제도병은 방패샘호르몬의 과다분비가 원인이 되어 발생하는 방패샘기능항진증의 대표적인 질병으로 면역 이상의 하나로 보고 있다. 20～40대 여성에게 많으며 목이 굵어지거나 맥박이 빨라지며 안구가 튀어나오는 증상이 대표적이다.

바제도병에서 무서운 것은 합병증이다. 방패샘중독위기는 갑자기 증상이 악화되어 발열, 구토, 흥분 등이 발생하며 때로는 의식장애를 일으켜 죽음에 이를 수도 있다. 그리고 근육이 현저하게 쇠퇴하는 방패샘중독근무력증 등이 있으므로 이러한 증상이 나타나면 되도록 빨리 방패샘 전문의에게 진단을 받도록 한다.

읽을거리

호르몬이상으로 생기는 질병(뇌하수체호르몬 분비 이상)

분비저하	호르몬	과다분비
성장호르몬분비부전성 저신장, 성장이 늦다. 치아발육이 늦다 등. ⬇ 치료법 성장호르몬 투여. 단백질동화호르몬, 여성호르몬 투여도 있다.	성장호르몬 (growth hormone, STH)	**거인증, 말단비대증** 고신장, 손발이나 코, 턱, 이마가 커져서 돌출된다. ⬇ 치료법 수술 가능한 경우는 수술, 불가능할 경우는 약물요법, 방사선 치료.
유즙분비부전 산후의 유즙분비결핍(여성). ⬇ 치료법 원인질환에 따라 좌우된다.	젖샘자극호르몬 (prolactin, PRL) (프로락틴)	**프로락틴과다증** 무월경, 이상유즙분비, 불임(여성). 뇌하수체종양, 시상하부 병변에 의한 두통(남성). ⬇ 치료법 뇌하수체종양은 수술. 나머지는 약물투여.
방패선기능저하증 빈혈, 오한, 피부 건조, 눈두덩이나 이마의 붓기. ⬇ 치료법 방패선호르몬보충요법.	방패샘자극호르몬 (thyrotropin, TSH)	**방패선기능항진증** 빈맥, 동계, 살 빠짐, 발한과다 등. ⬇ 치료법 항방패선약의 투여.
콩팥위샘겉질기능저하증 식욕부진, 설사, 구역질, 저혈당, 무력감 등. ⬇ 치료법 코르티코스테로이드 보충요법을 평생 계속한다.	콩판위샘피질자극호르몬 (corticotropin, ACTH)	**쿠싱증후군** 중심성비만, 당뇨병, 고혈압 등. ⬇ 치료법 수술이 기본. 불가능한 경우는 약물요법.
요붕증 소변양이 비정상적으로 늘고 목이 말라 많이 마시게 된다. ⬇ 치료법 약물요법, 수분보충. 나트륨부족에는 점적주사를 맞도록 한다.	항이뇨호르몬 (antidiuretic hormone)	**항이뇨호르몬 분비 이상증** 저나트륨혈증 때문에 경련, 의식장애가 나타난다. ⬇ 치료법 이뇨작용을 가진 프로세마이드와 고장식염수를 정맥 내에 투여.

8장

혈액과 순환기

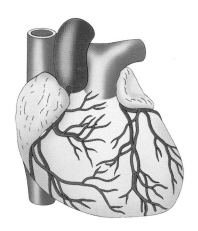

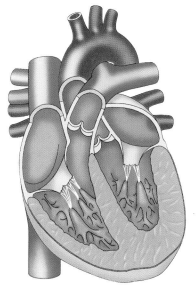

심장의 기능

• 혈액을 몸 전체로 보낸다.

수축과 확장으로 혈액을 순환시킨다

이심방 이심실로 되어 있는 심장   심장의 구조

우리 체내에는 끊임없이 혈액이 순환하면서 신체 구석구석까지 영양분과 산소를 공급하고 있다. 온몸을 한 바퀴 돌아온 혈액을 받아들여서는 다시 내보내는 역할을 하는 것이 심장(heart)이다. 우리의 생명은 심장 덕분에 유지되는 것이라 해도 과언이 아니다.

심장은 신체의 중심보다 약간 왼쪽에 위치하며 심장근육으로 이루어져 있다. 내부는 오른쪽이 오른심방(우심방 right atrium)과 오른심실(우심실 right ventricle), 왼쪽이 왼심방(좌심방 left atrium)과 왼심실(좌심실 left ventricle)로 네 개의 방으로 나눈다. 크기는 250~350g이며 자신의 주먹보다 약간 크며 모양은 하트형이다.

혈액을 온 몸으로 순환시킨다   심장 역할

온몸을 순환한 혈액은 대정맥(aorta)→오른심방→오른심실→허파동맥(pulmonary trunic)→허파(lung)→허파정맥(pulmonary vein)→왼심방→왼심실→대동맥 순서로 흘러간다. 이때 혈액이 역류하는 것을 막기 위해 심장에는 오른방실판막(right atrioventricular valve), 허파동맥판막(pulmonary valve), 왼방실판막(left atrioventricular valve), 대동맥판막(aortic valve)이라는 네 개의 판이 있다. 또한 혈액을 온몸으로 내보내는 왼심실벽은 특히 많은 힘을 필요로 하기 때문에 오른심실의 3배 정도 되는 두꺼운 근육으로 되어 있다. 1분 동안 왼심실에서 내보내는 혈액의 양은 약 5ℓ이다. 이 양은 하루에 7,200ℓ나 되어 상당한 중노동이라고 할 수 있다.

심장 구조

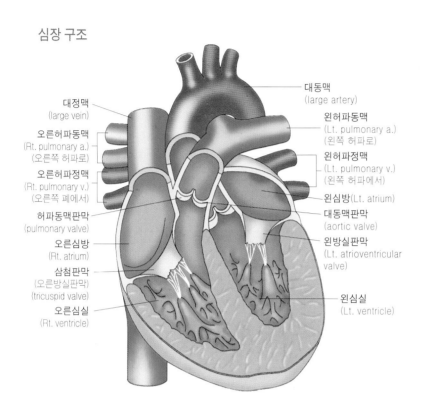

대동맥
(large artery)

대정맥
(large vein)

오른허파동맥
(Rt. pulmonary a.)
(오른쪽 허파로)

오른허파정맥
(Rt. pulmonary v.)
(오른쪽 폐에서)

허파동맥판막
(pulmonary valve)

오른심방
(Rt. atrium)

삼첨판막
(오른방실판막)
(tricuspid valve)

오른심실
(Rt. ventricle)

왼허파동맥
(Lt. pulmonary a.)
(왼쪽 허파로)

왼허파정맥
(Lt. pulmonary v.)
(왼쪽 허파에서)

왼심방(Lt. atrium)

대동맥판막
(aortic valve)

왼방실판막
(Lt. atrioventricular valve)

왼심실
(Lt. ventricle)

심장에 분포하는 혈관

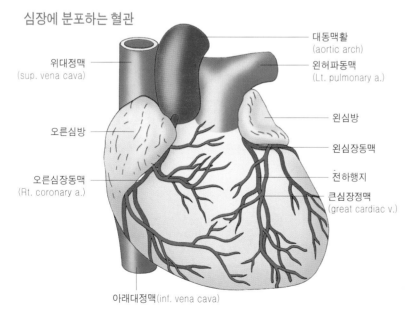

위대정맥
(sup. vena cava)

오른심방

오른심장동맥
(Rt. coronary a.)

대동맥활
(aortic arch)

왼허파동맥
(Lt. pulmonary a.)

왼심방

왼심장동맥

전하행지

큰심장정맥
(great cardiac v.)

아래대정맥(inf. vena cava)

부정맥과 인공페이스메이커

심박동의 리듬이 흐트러지거나, 맥박수가 많아지거나 적어지는 것을 부정맥이라고 한다. 맥박이 1분에 50이하인 것이 서맥, 100을 넘으면 빈맥이라고 한다.

우리 심장은 심장 안에 있는 동굴심방결절에서 생겨난 전기신호가 심장근육으로 전해져 규칙적으로 박동한다. 그러나 이 전도시스템의 어딘가에 지장이 발생하면 심실이 멋대로 수축을 시작하여 부정맥을 일으키게 된다.

인공페이스메이커는 심장에 규칙적으로 신호를 보내기 위해 사용된다. 한 번 가슴에 심으면 리튬전지로 6~7년은 작동하며 일상생활도 평소처럼 가능하다.

손바닥 안에 들어갈 정도로 작은 장치

POINT

혈액순환에 관계된 기관은 심장, 동맥, 정맥, 모세혈관으로 이것을 총칭하여 혈관계라고 한다.

박동 구조

심장을 움직이는 원동력 박동 구조

혈액을 내보내는 박동은 심장근육의 수축과 확장에 의해 발생한다. 우선 심장근육이 수축함에 따라 좌우에 있는 방실판막(atrioventricular valve)이 닫히고 대동맥판막 (aortic valve)과 허파동맥판막(pulmonary valve)이 열려서 오른심실(right ventricle)에 있는 혈액이 허파(lung)로, 왼심실(left ventricle)에 있는 혈액이 대동맥으로 보내진다 (그림 ④). 다음에 심장근육은 이완하여 대동맥판막과 허파동맥판막이 닫히고, 오른방실판막(right atrioventricular valve)과 왼방실판막(left atrioventricular valve)이 열려서 대정맥에서 온 혈액이 오른심방에서 오른심실로, 허파정맥에서 온 혈액은 왼심방에서 왼심실로 흘러들어 간다 (그림 ②). 이러한 움직임을 관장하는 것이 오른심방에 있는 동굴심방결절(동방결절 sinuatrial node)인데, 여기에 있는 근육세포가 작동함으로써 전기신호가 발생되며 이 신호가 심장근육에 전달되어 심장이 박동하게 된다. 근육세포는 심장이 뇌와 척수에서 떨어져 몸 밖으로 나와도 단독으로 심장을 뛰게 한다.

운동이나 긴장시 증가하는 심박수 심박이 빨라지는 구조

건강한 성인의 안정시 심박수는 1분에 약 60회이다. 즉 심장은 혈액을 내보내는 일을 1분에 60회 반복한다는 말이다. 그러나 심한 운동을 했을 때 인체는 안정시보다 많은 양의 산소를 필요로 한다. 이 때문에 심장은 박동횟수를 늘려서 보다 많은 혈액을 내보낸다. 이때 심박수를 올리기 위해 가동되는 것이 교감신경(sympathetic nervous)이다. 운동량이 줄어들었을 때 심박수를 낮추기 위해 작동하는 것이 부교감신경 (parasympathetic nervous)이다. 또한 긴장했을 때와 흥분했을 때에도 심박수가 늘어나는데, 이것은 스트레스가 아드레날린 분비를 활발하게 하여 신경활동이 높아져서 박동횟수가 늘어나는 것이다. 그리고 심박수는 성장함에 따라 적어진다. 유아는 1분에 약 130회나 된다.

자극을 주는 구조

심장은 심실이 부풀었다, 수축되었다하면서 혈액을 내보낸다. 이것은 심장 전체에 자극을 주는 동굴심방결절(sinuatrial node)과 방실결절(atrioventricular node)이라는 장치가 있기 때문이다.

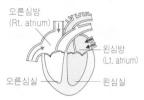

동굴심방결절
(sinuatrial node)
페이스메이커
역할을 한다.

방실결절
(atrioventricular node)
동굴심방결절에서 전기신호를 받아 심장 전체로 전달한다.

전달경로

혈액을 내보내는 양

심장 박동수는 운동 상태에 따라 변하며 내보내는 혈액량도 달라진다.

가만히 있을 경우
1분에 약 5ℓ

걸을 때 1분에 약 7ℓ

달리기를 할 때
1분에 약 30ℓ

심장 박동 시스템

심장은 수축과 확장을 반복하여 펌프와 같은 원리로 혈액을 내보낸다.

① 오른심실, 왼심실 모두 혈액으로 가득 찬 상태, 판은 네 개 모두 닫혀 있다.

오른심방
(Rt. atrium)

왼심방
(Lt. atrium)

오른심실   왼심실

② 좌우에 있는 방실판막이 열려서 오른심실, 왼심실로 흘러간다.

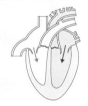

③ 오른심실, 왼심실이 혈액으로 가득 차 있다.

④ 심실이 수축하여 혈액을 폐와 온몸으로 내보낸다. 심방이 부풀어 올라 다시 혈액이 흘러든다.

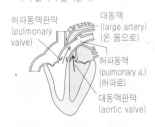

허파동맥판막
(pulmonary valve)

대동맥
(large artery)
(온 몸으로)

허파동맥
(pulmonary a.)
(허파로)

대동맥판막
(aortic valve)

POINT

심장이 두근거리는 소리는 오른방실판막, 허파동맥판막, 왼방실판막, 대동맥판막이 닫혔다 열렸다하는 소리이다. 운동할 때는 혈액량이 많아지므로 소리가 커진다.

혈액순환 구조

혈액은 체순환과 허파순환을 교대로 반복하면서 온몸을 순환

온몸을 순환하는 체순환   순환은 체순환과 허파순환 두 가지

혈액은 심장의 왼심실을 출발하여 대동맥(aorta)→동맥→소동맥→모세혈관의 경로를 거쳐 장기와 근육 등 온 몸의 모든 부분에 산소와 영양분을 운반한다.

신체 각 부분에 산소와 영양분을 공급한 혈액은 대신에 이산화탄소와 노폐물을 흡수해서 소정맥→정맥→대정맥이라는 경로를 거쳐 다시 심장으로 되돌아온다. 이런 혈액의 흐름을 체순환이라고 한다. 뇌가 있는 상반신과 장기가 집중되어 있는 하반신으로 향하는 동맥은 도중에 갈라진다. 또한 심장으로 되돌아가는 대정맥도 상반신에서 온 혈액은 위대정맥, 하반신에서 온 혈액은 아래대정맥이라는 다른 경로를 경유하게 된다. 그러나 두 개의 대정맥은 모두 오른심방으로 흘러들어 합류하게 된다.

허파를 순환하는 허파순환

온몸을 순환하며 산소를 방출하고 대신에 이산화탄소를 흡수한 혈액은 심장으로 되돌아온다. 그 후 오른심방, 오른심실, 허파동맥을 거쳐서 허파를 순환하면서 이산화탄소와 산소를 교체하는 '가스교환'을 실시한다. 이 순환을 허파순환이라고 한다. 가스교환으로 산소를 얻은 혈액은 허파정맥을 경유해서 심장으로 돌아오고 왼심방, 왼심실을 거쳐 다시 온 몸으로 보내진다. 모든 혈액은 심장을 기점으로 체순환과 허파순환을 교대로 반복하면서 계속 몸 속을 돌고 있다.

허파순환

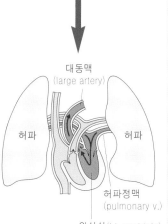

위대정맥
(sup. vena cava)

허파동맥
(pulmonary a.)

허파

허파
(lung)

아래정맥
(inf. vena cava)

오른 심실
(Rt. ventricle)

심장에서 허파로
체순환을 마친 혈액은 오른심실에서
허파동맥으로 보내져 허파로 향한다.

대동맥
(large artery)

허파

허파

허파정맥
(pulmonary v.)

왼심실(Lt. ventricle)

허파에서 심장으로
가스교환을 마친 혈액은 허파정맥을
통해 심장으로 돌아가서 왼심실에서
온 몸으로 보내진다.

체순환

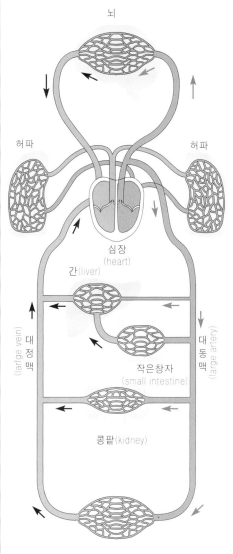

뇌

허파

허파

심장
(heart)

간(liver)

(large vein) 대정맥

대동맥 (large artery)

작은창자
(small intestine)

콩팥(kidney)

심부전

심장의 펌프기능이 저하되어
충분한 양의 혈액을 내보내지
못하고 온 몸의 조직에 혈액이
공급되지 못하는 상태를 심부
전이라고 한다. 급성심부전과
만성심부전이 있으며, 좌우 어
느 쪽 심실의 수축력이 저하되
었는가에 따라 좌심부전, 우심
부전으로 나눈다.

좌심부전

허혈성 심질환이나 고혈압성
심질환으로 왼심실의 펌프 기
능이 저하되면, 허파정맥에 울
혈이 생겨 허파에서 산소와 이
산화탄소 교환이 불가능해지므
로 숨이 차거나 호흡곤란을 일
으킨다.

우심부전

허파색전증이나 허파성심으로
오른 심실의 펌프 기능이 저하
되면, 온몸의 정맥계에 울혈이
생기며 간이 붓거나 하지에 부
종이 나타난다.

POINT

심장을 떠난 혈액이 체순환해서 심장
으로 되돌아가는 데 걸리는 시간은 약
20초이다. 허파순환은 3~4초밖에 걸
리지 않는다.

질병지식

협심증

1) 원 인 심장근육에 혈액을 공급하는 심장동맥의 경화로 혈액 흐름이 나빠져서 일시적으로 심장근육이 산소부족에 빠지는 것이 협심증이다. 동맥경화가 진행되어 심장동맥의 일부가 좁아진 것이 원인으로 심한 운동, 긴장이나 흥분, 목욕 등이 발작을 유발한다. 심장에 평상시 이상으로 부담이 갔을 경우 발생하는 발작을 노작협심증, 안정상태에서 일어나는 안정협심증, 야간에 발생하는 야간협심증 등도 있다.

2) 증상과 치료 가슴 중앙에서 목 언저리, 전흉부와 등 또는 왼쪽 팔이나 왼쪽 어깨에 통증이 생긴다. 통증은 개인에 따라 차이가 있다. 통증 지속시간, 횟수 등도 진단시 중요한 정보가 된다. 발작시 협심통을 진정시키기 위해 니트로글리세린으로 대표되는 아질산약(설하정 또는 흡입약)이 이용된다. 경화를 일으킨 심장동맥을 넓히기 위해서 관 확장약 같은 약물이 사용된다. 그리고 협심증에서 심장근육경색으로 이행되는 것을 막기 위해 항응고제나 항혈소판제가 투여되는 경우도 있다. 강한 발작이 자주 일어나는 경우나 약물치료가 쉽지 않을 경우는 수술이 시행된다. 심장동맥을 다른 동맥이나 정맥에 연결하여 협착을 일으킨 부분을 우회하여 혈액이 원활하게 흐를 수 있도록 한다. 또한 증상에 따라서는 심장동맥의 협착을 일으킨 부분을 확장시키는 수술이 실시된다.

협심증의 원인

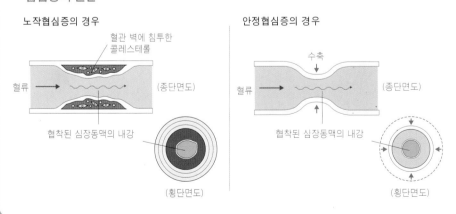

심근경색

1) 원 인

심장동맥(관상동맥 coronary artery) 일부에 혈액 흐름이 완전하게 끊겨 심장의 일부 근육이 죽게 되는 것이 심장 근육경색이다. 심장동맥경화로 인한 협착이나 폐색이 원인이며, 협심증과 마찬가지로 심한 운동이나 긴장, 흥분 등을 유발 원인으로 보고 있다. 그러나 직접적인 유발 원인이라 볼 수 있는 것이 없어도 갑자기 발작을 일으키는 증례도 확인되고 있다. 최근에는 높은 확률로 심장동맥에 혈액 덩어리가 생기는 것이 확인되었다.

2) 증상과 치료

발작에 의한 통증은 가슴 중앙 부위에 생기는 경우가 많으며 등이나 왼쪽 팔, 왼쪽 어깨에 발생하는 경우도 있다. 통증은 보통 몸 깊숙한 곳에서 발생하고 협심증보다 통증이 훨씬 강하며, 얼굴이 창백해지거나 손발이 차가워지고 구토를 동반하는 경우도 있다. 심한 경우는 호흡곤란에 빠져 잠잘 수조차 없을 정도로 고통스럽다. 발작을 일으키면 몇 명에 한 명 꼴로 사망에 이른다. 발작을 일으킨 경우 가능한 빨리 입원하여 처치를 받도록 한다. 심장동맥의 혈류를 회복시키기 위해 심장동맥의 협착부에서 풍선을 부풀려서 확장시키는 경피경관 심장동맥 성형술을 실시하거나, 우로키나아제, 조직 플라스미노겐 액티베이터와 같은 혈전용해제를 직접 심장동맥에 투여하기도 한다.

자각증상

협심증, 심근경색 모두 가슴에 압박감이나 격심한 통증이 있다.

가슴의 통증

예 방

음주와 흡연을 삼가고 과도한 긴장이나 흥분, 심한 운동을 피하는 것이 좋다.

심근경색

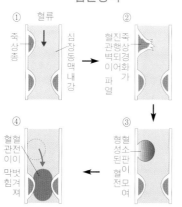

① 혈류
죽상종
심장동맥 내강

② 진죽
행상벽
이어화
파열
혈관
되경
가

③ 혈소
판이
혈전모
여
형성
된

④ 혈관
전이이
막혀
벗겨
힘져
혈관전
이이

심장동맥의 바이패스 수술

수술 전　　수술 후

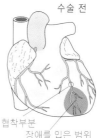

협착부분
장애를 입은 범위

바이패스정맥을 연결한 부분

혈압의 구조

혈액이 동맥벽에 주는 압력 혈액이 미는 힘

혈압은 심장에서 내보낸 혈액이 혈관(동맥벽)을 누르는 압력을 말한다. 수축시에는 유출된 혈액의 위력이 강하기 때문에 혈관벽에 가해지는 압력이 높아지며, 확장기에는 유출이 완만하므로 압력이 낮아진다. 그리고 이러한 혈압의 상한을 최고(최대) 혈압, 하한을 최저(최소) 혈압이라 한다. 성인 혈압의 표준은 최고가 120mmHg 전후, 최저가 70mmHg 전후이다. 단 안정시와 운동시의 심박수가 다른 것처럼 혈압도 항상 일정한 것은 아니다. 또한 혈관이 협착되거나 탄력성을 잃으면 혈압도 높아진다.

혈압이 올라간 상태를 고혈압이라고 한다. 그런데 이 상태가 오래 지속되면 여러 가지 장애를 일으키게 된다.

혈압이 올라간 상태 혈압이 상승할 때

운동할 경우 평정시보다 많은 산소와 영양분을 공급해야 하기 때문에 심박수가 늘고 혈압도 상승한다.

정신적인 긴장이나 흥분이 있을 경우 긴장이나 흥분으로 인한 스트레스가 자율신경을 자극하면 콩팥위샘에서 아드레날린이 분비되어 동맥을 수축시키므로 혈압이 올라간다.

콩팥에 질환이 있을 경우 콩팥에 장애가 있으면 흘러드는 혈액량이 줄어들기 때문에 콩팥은 혈압을 상승시켜 흘러드는 혈액량을 늘리려고 한다.

동맥경화가 있을 경우 동맥경화로 인해 혈관이 좁아지면 혈액 흐름이 억제되어 혈압은 상승한다.

항상 혈압이 높은 상태는 그것만으로 심장에 부담이 된다. 혈압을 정기적으로 체크하는 것이 예방의 지름길이다.

혈압의 상한과 하한

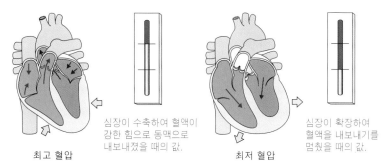

최고 혈압 — 심장이 수축하여 혈액이 강한 힘으로 동맥으로 내보내졌을 때의 값.

최저 혈압 — 심장이 확장하여 혈액을 내보내기를 멈췄을 때의 값.

성인의 혈압 분류(mmHg)

분류	수축기 고혈압	확장기 고혈압
지적혈압	〈 120	〈 80
정상혈압	〈 130	〈 85
높은 정상혈압	130–139	85–89
경증 고혈압	140–159	90–99
중등증 고혈압	160–179	100–109
중증 고혈압	≥180	≥110
수축기 고혈압	≥140	〈 90

혈압조절 구조

내분비계 조절

호르몬분비장기	주요 역할	혈압의 변화

뇌하수체 (hypophysis) — 혈관 수축 / 신장의 수분확보 — 혈압상승

콩팥위샘 (suprarenal gland) — 혈관 수축·확장 / 심박수 증가 — 혈압상승

콩팥 (kidney) — 혈관 수축 / 혈류양 증가 — 혈압상승

신경계 조절

자율신경 (autonomic nervous)

- 교감신경 (sympathetic nervous) — 혈액상승호르몬의 분비촉진 / 혈관 수축 / 심박수 증가 — 혈압상승
- 부교감신경 (parasympathetic nervous) — 심박수 억제 / 혈관 확장 — 혈압하강

POINT

일반적으로 어린이의 혈압은 최고가 100mmHg 전후, 최저가 70mmHg 전후밖에 되지 않지만 사춘기에 접어들면서 나이를 먹음에 따라 높아지는 것이 보통이다.

고혈압 · 저혈압

혈압은 인체의 이상을 재는 척도

본태성 고혈압과 속발성 고혈압 장애를 일으키는 고혈압

고혈압에는 두 가지 종류가 있다. 확실한 원인 없이 연령과 함께 혈압이 상승하는 것을 본태성(일차성) 고혈압이라고 한다. 고혈압은 동맥경화를 일으키기 쉽다. 심장에 산소와 영양분을 공급하는 심장동맥이 동맥경화를 일으키면 심근경색이나 협심증 등을 일으키기 쉽다. 그리고 뇌에 있는 동맥이 동맥경화를 일으키면 뇌출혈이나 뇌경색과 같은 치명적인 질병을 일으키기 쉽다.

한편 콩팥(kidney)이나 콩팥위샘(suprarenal gland)의 질병으로 인한 고혈압을 속발성(이차성) 고혈압이라고 하며 주요 질병으로는 사구체신염, 신우신염 등이 있다. 속발성 고혈압의 경우는 질병을 치유함으로써 정상으로 돌아온다.

본태성 저혈압과 속발성 저혈압 저혈압의 폐해

저혈압은 최고 혈압이 100mmHg 이하인 경우를 말하며 고혈압과 마찬가지로 본태

하루 동안의 혈압 변화(성인 남자의 경우)

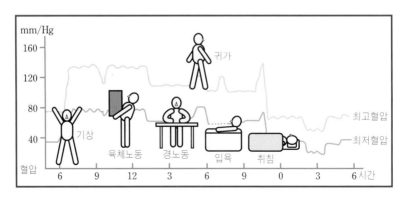

성과 속발성으로 나눈다. 본태성 저혈압은 특별한 원인이 없는데 혈압이 항상 낮은 것으로 유전적인 영향이 강하다고 보고 있다. 주요 자각증상은 두통, 어지럼증, 손발 차가움, 아침에 일어나기가 힘들다는 것이 있다. 자각증상이 없는 경우도 많으며 심한 자각증상이 없는 한 무리해서 혈압을 올릴 필요는 없다.

한편 질병으로 인한 원인이 있는 저혈압을 속발성 저혈압이라 한다. 심장병, 위장질환, 내분비샘 이상을 원인으로 들 수 있는데 이러한 질병이 치료되면 정상혈압을 회복한다.

혈압을 높이는 위험인자

심한운동
체내에 다량의 산소와 에너지를 공급하기 위해 심박이 활발해져 혈압이 올라간다.

스트레스
긴장이나 초조로 교감신경의 활동이 활발해지면 콩팥위샘에서 아드레날린 분비가 촉진된다. 이 때문에 심박수가 늘고 혈관도 수축하여 혈압이 올라간다.

내장질환
신장병에 걸리면 콩팥으로 흘러드는 혈액량이 줄어들고 이것을 보충하기 위해 혈압이 올라간다. 콩팥위샘의 질병이나 임신도 혈압상승의 원인이 된다.

동맥경화
동맥벽에 콜레스테롤이나 칼슘 등이 쌓임으로써 혈관이 좁아져 혈압이 올라간다.

기타 요인
유전이나 환경, 과다한 염분섭취 등도 혈압을 올리는 요인이다.

고혈압 요인

심한 운동   긴장   임신 등으로 인한 내장질환

동맥경화   비만   과다한 염분섭취

고혈압으로 인한 장기의 장애

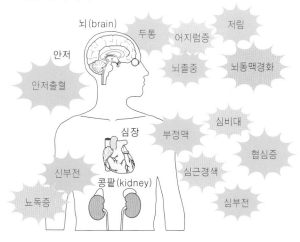

뇌(brain)   두통   어지럼증   저림

안저   뇌졸중   뇌동맥경화

안저출혈

심비대

심장   부정맥   협심증

신부전   심근경색

콩팥(kidney)

뇨독증   심부전

온몸의 혈관

심장에서 내보낸 혈액을 온몸으로 운반하는
전체 길이 약 10만 km의 파이프

혈관의 전체 길이는 지구를 두 바퀴 반이나 도는 거리와 같다 동맥과 정맥의 구조

인체에 그물망처럼 얽혀 있는 혈관의 전체 길이는 약 10만 km이다. 일직선으로 연결하면 지구를 두 바퀴 반이나 돌 수 있다는 계산이 나오므로 상상을 초월한다.

혈관을 연결하는 파이프인 혈관은 크게 동맥, 모세혈관, 정맥으로 나눈다. 동맥은 심장의 왼심실에서 내보낸 산소와 영양분을 함유한 동맥혈을 온몸으로 운반하는 혈관이다. 그 중에서도 심장에서 뻗어 나와 활 모양으로 구부러져 복부까지 이어진 가장 굵은 혈관을 대동맥이라고 한다.

대동맥은 머리 부분과 상반신, 하반신으로 향하는 동맥으로 갈라지며 각각의 동맥은 소동맥, 중동맥, 세동맥, 모세혈관으로 더욱 가늘게 갈라진다. 대동맥을 나무의 줄기에 비유하면 점점 가늘어지는 중동맥이나 소동맥은 가지에 비유할 수 있다.

심장에 가까울수록 굵어지는 정맥

심장에서 온몸으로 내보낸 혈액은 모세혈관에서 산소와 영양분 대신에 이산화탄소와 노폐물을 흡수해서 정맥을 경유하여 심장으로 돌아온다. 동맥처럼 기세 좋게 흐르는 것이 아니라 몸을 움직였을 때 생기는 혈압차이를 이용하여 천천히 흐른다. 또한 동맥이 가늘게 분기하면서 뻗어나가는 것에 비하여, 정맥은 소정맥에서 대정맥으로 점차 굵어지면서 심장에 가까워지게 된다.

온 몸에 얽혀 있는 혈관

심장으로 혈액이 되돌아오는
혈액을 정맥이라 한다.

심장에서 나온 혈액이 흐르는
혈관을 동맥이라 한다.

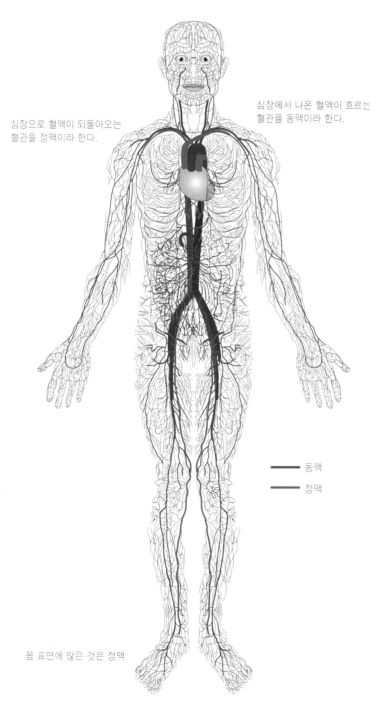

―― 동맥

―― 정맥

몸 표면에 많은 것은 정맥

혈관은 왜 파랗게 보일까?

적혈구를 머금고 있는 헤모글
로빈은 원래 빨간색을 띠고 있
는데 산소와 결합하면 더욱 선
명한 빨간색이 된다. 또 이산화
탄소와 결합하면 적갈색으로
변한다.
우리가 피부를 통해서 보는 혈
관은 정맥으로 이산화탄소와
결합한 적갈색인데 피부를 통
하여 보게 되므로 파랗게 보이
는 것이다.

손목을 비춰보면
파란 정맥이 잘 보인다.

혈관 구조

두껍고 탄력성이 좋은 동맥, 얇고 탄력성이 적은 정맥

탄력성과 근성동맥 동맥 구조

동맥은 단면이 원형인 두꺼운 혈관이다. 내피세포(endothelial cell), 민무늬근육(smooth muscle), 탄성막으로 이루어진 속막(내막 tunica intima), 바퀴 모양으로 된 민무늬근육과 탄성막으로 구성된 중간막(tunica midia), 바깥쪽을 둘러싼 결합조직으로 이루어진 바깥막(외막 tunica adventitia) 3층으로 이루어져 있다.

하지만 대동맥과 세동맥은 벽의 구조가 다르다. 예를 들면, 대동맥처럼 굵은 동맥은 벽 안에 탄성섬유를 많이 가지고 있어서 탄성동맥(elastic artery)이라고 한다. 한편 세동맥(arteriole)에는 탄성섬유가 적은 대신 민무늬근육세포(smooth muscle cell)가 풍부하기 때문에 근성동맥이라고 한다. 세동맥은 혈관의 굵기를 조절하여 혈류에 대한 저항을 결정하거나 심장에서 내보낸 혈류의 배합을 조절한다.

동맥보다 얇고 탄성섬유도 적은 정맥 정맥 구조

정맥은 타원형 단면을 가진 혈관으로 속막, 중간막, 바깥막의 3층으로 되어 있다. 단순히 혈액을 운반하기만 하는 정맥은 거의 압력을 받지 않기 때문에 동맥보다 얇으며 근조직과 탄성섬유(elastic fibers)도 적은 것이 특징이다.

팔·다리에 있는 정맥에서 지름이 1mm 이상인 것에는 혈류의 역행을 방지하기 위해 반달 모양의 판이 달려 있다(머리와 동체의 정맥에는 판이 없다). 또한 팔이나 발의 심부에 있는 정맥은 동맥에 붙은 듯이 흐르고 있다. 이로 인해 손발 말단에서 차가워져 온도가 낮아진 정맥의 혈액은 온도가 높은 동맥의 혈액에 의해 따뜻해져서 손발의 체온 저하를 방지한다.

동맥 구조(단면도)

동맥은 심장에서 출발하여 복부까지
이어진 굵은 혈관인 대동맥, 머리나
손발로 혈액을 운반하는 중동맥, 각
내장으로 혈액을
운반하는 중동맥,
소동맥, 세동맥
으로 이어진다.

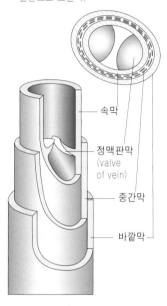

내피세포
(endothelial cell)

민무늬근육섬유
(smooth muscle
fiber)

속막
(tunica
intima)

탄성막

민무늬
근육섬유

탄성막

중간막
(tunica
media)

바깥막
(tunica adventitia)

정맥 구조(단면도)

모세혈관에서 가스교환을 한 혈액은
소정맥, 정맥, 대정맥으로 점점 굵은
혈관으로 모인다.

속막

정맥판막
(valve
of vein)

중간막

바깥막

모세혈관 구조

모세혈관은 지름이 약 1/100
mm인 가는 혈관으로 심장에
있는 네 개의 판, 연골조직과
눈의 각막, 수정체를 뺀 온몸에
그물망처럼 분포하고 있다. 벽
은 1층인 내피세포와 주피세포
로 구성되어 모세혈관 벽을 통
해서 영양소와 노폐물, 산소와
이산화탄소 교환이 이루어진
다.
정맥, 동맥은 단지 혈액을 운반
하는 역할을 할 뿐, 모세혈관에
서 비로소 가스나 영양분 교환
이 이루어지는 것이다.

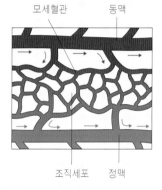

모세혈관　　동맥

조직세포　　정맥

모세혈관 종류

대정맥은 심장에서 출발하여 각 조직으로 퍼지고 최종적으로 모세혈관이 된다. 모세
혈관은 동맥, 정맥과 달리 하나의 층인 내층세포와 벽세포로 이루어져 있으며 산소와
영양분을 각 세포에 전달하고 대신에 이산화탄소와 노폐물을 흡수한다. 모세혈관은
제각기 기관의 역할에 따라 다르다. 물질의 출입이 왕성한 조직일수록 혈관벽이 투명
하고 구멍이 있다.

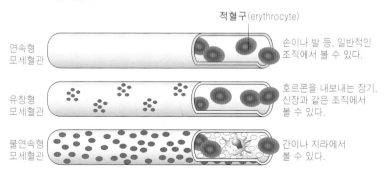

적혈구(erythrocyte)

연속형
모세혈관

손이나 발 등, 일반적인
조직에서 볼 수 있다.

유창형
모세혈관

호르몬을 내보내는 장기,
신장과 같은 조직에서
볼 수 있다.

불연속형
모세혈관

간이나 지라에서
볼 수 있다.

POINT

혈관은 추울 때는 수축하고 더울 때는
늘어난다. 목욕이나 운동으로 몸이 더
워지면 혈액순환이 좋아지는 것도 이
때문이다.

혈액의 흐름

자력으로 혈액을 흘려보내는 동맥 동맥, 정맥의 혈액 흐름

동맥과 정맥에서 혈액이 혈관을 흘러가는 구조는 서로 완전히 다르다.

심장에서 내보낸 혈액은 동맥을 통해 온몸의 구석구석에 있는 모세혈관까지 이른다. 하지만 이때 동맥을 지나가는 혈액은 심장에서 내보내는 힘만으로 흘러가는 것은 아니다.

동맥은 정맥과 비교해서 혈관 벽이 두껍고 신축성과 탄력성이 뛰어난 것이 특징이다. 혈액을 받아들이면 부풀어 오르고 그 다음 순간에 수축하는 근육의 수축, 이완에 의해 혈액을 앞으로 내보낸다. 이것을 반복함으로써 혈액은 점차 앞으로 나아갈 수 있는 것이다. 각 신체 기관으로 보내지는 혈액의 비율은 심장이 5%, 뇌가 15%, 소화기계가 25%, 콩팥, 근육은 20%씩, 피부와 기타가 15%이다.

인력과 운동으로 혈액을 흘려보내는 정맥

동맥이 자체적으로 수축하여 혈액을 내보내는 힘을 가지고 있는 것에 비해 정맥은 스스로 혈액을 내보낼 수 있는 힘이 없다. 정맥벽이 얇고 속공간에는 판이 있는 것이 특징이다. 머리와 목처럼 심장보다 위에 있는 정맥혈은 인력에 의해 자연히 아래로 흘러서 심장으로 되돌아온다. 심장보다 밑에 있는 정맥혈은 종아리나 팔을 움직였을 때 근육의 수축, 이완과 역류를 방지하는 정맥판이 심장 쪽으로 밀어 올리는 역할을 한다.

따라서 팔다리를 별로 움직이지 않으면 정맥혈 흐름이 나빠진다. 또한 다리에 있는 정맥은 심장에서 멀리 떨어져 있기 때문에 강한 압력으로 혈액을 보내지 않으면 안 된다. 장시간 서 있으면 다리가 붓는 경우가 많은데, 이것은 다리에 있는 정맥벽이 압력으로 인해 비정상적으로 부풀어 오른 상태이며 때로는 정맥류가 생기기도 한다.

혈액의 흐름 (동맥과 정맥의 관계)

정맥 내부는 혈액의 압력이 낮으므로 판에 의해 혈액을 흘려보낸다.

팔다리 심부의 동맥, 정맥은 나란히 흐르고 있다. 심장에서 보내는 박동을 받아 동맥 내부의 압력이 늘어나면, 이 압력을 흡수한 정맥판이 개폐하여 혈액을 흘려보낸다.

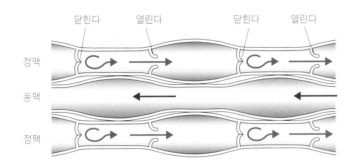

동맥에서 혈액이 흘러가는 구조

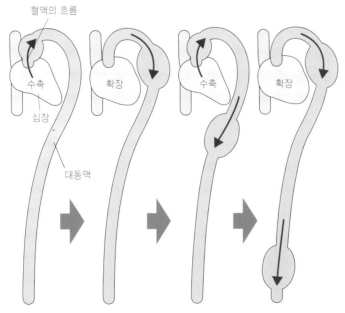

심장이 펌프 역할을 해서 수축, 확장을 반복하여
혈액을 대동맥으로 밀어낸다.

POINT

대뇌의 무게에는 개인차가 있지만, 평균적으로 약 1300 g정도이다. 대뇌의 무게와 지능의 상관관계는 없다.

정맥에서 혈액이 흘러가는 구조

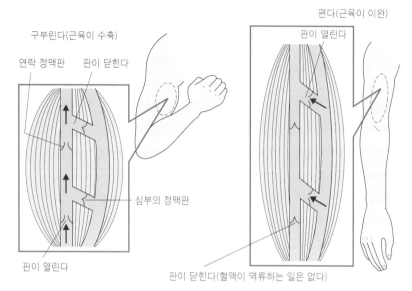

팔다리를 구부리고 펴는 동작으로 근육이 수축해서 정맥을 압박하여 판이 열렸다,
닫혔다 해서 혈액이 흐른다.

질병지식

대동맥류

증상 : 동맥경화가 진행되면 대동맥에서 약한 부분이 압력을 견디지 못하고 부풀기 시작한다. 이것이 혹처럼 된 상태를 대동맥류라고 한다. 부풀기가 클수록 혹의 벽이 얇아져서 파열하여 대출혈을 일으킨다. 여기까지 진행되면 신체 기능이 정지하여 사망에 이르게 된다. 주로 기침이나 호흡곤란, 삼킴장애 등이 나타난다. 치료는 혹의 파열을 예방하고 파열 전에 수술하는 것이 기본이다. 5cm 이상 부풀어 오른 동맥류는 파열할 가능성이 높다. 발생부위에 따라 증상과 원인이 다르다.

1. 흉부 대동맥류

가로막보다 위에 있는 대동맥에 생기는 동맥류이다. 건강진단에서 우연히 발견되는 경우도 많으며 흉배통이 지속적으로 감지될 경우는 파열 전조이므로 주의해야 한다. 병이 진전되면 기침, 호흡곤란, 삼킴장애, 정맥울혈과 같은 증상이 나타난다. 파열되기 전에 외과치료를 받는 것이 가장 좋은 방법이다.

2. 복부 대동맥류

가로막보다 밑에 있는 복부 대동맥에 발생하는 동맥류로 대동맥류 중에서 가장 많은질병이다. 원인은 대부분이 동맥경화지만 드물게 염증성 동맥류에 의한 것도 있다. 특별한 증상이 없고 복부 신경이나 뼈가 압박을 받아서 복통이나 요통, 콩팥기능저하를 보인다. 5cm 이하인 것은 경과를 지켜보는 경우도 있지만 외과치료로 혹을 절제하여 인공혈관으로 교체하는 것이 기본이다.

대동맥류의 발생빈도

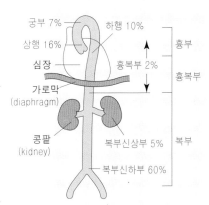

궁부 7%
하행 10%
상행 16%
심장
흉복부 2%
가로막 (diaphragm)
콩팥 (kidney)
복부신상부 5%
복부신하부 60%

흉부
흉복부
복부

대동맥의 혈관벽은 3층으로 구성되어 있는데 대동맥류는 이 3층이 파괴되는 것이다. 벽 구조의 변화에 따라 진성, 가성, 해리성으로 나눈다. 또한 발생장소에 따라 흉부 대동맥류, 흉복부 대동맥류, 복부 대동맥류로 구별한다. 증상과 치료법은 발생부위에 따라 다르다. 흉부는 가로막 위를 말하며 상행, 궁부, 하행으로 나눈다.

3. 해리성 대동맥류

대동맥벽에 내막균열이 생겨서 중간막 안으로 혈액이 유입되어 대동맥이 진강과 위강(해리강)으로 분리된 상태를 말한다. 대동맥벽이 파열되는 병으로 치사율이 높다. 원인은 선천성인 것과 유전적인 것 외에 대동맥염, 임신에 의한 것이 있다. 매우 위독한 병으로 수술이 원칙이다.

정맥류

1) 원인과 증상

정맥이 비정상적으로 확장되어 혈액 흐름이 나빠져서 사행하여 혹이 생기는 것으로 하지에 많이 나타난다. 장시간 서 있음으로써 중력의 작용에 의해 생기는 경우가 많으며, 종아리나 무릎에 둔한 통증을 느끼거나 쉽게 피곤해진다. 호르몬의 영향이나 임신에 의해서도 정맥이 압박되어 생길 수 있다. 또한 잠자는 중에 경련이나 저림증이 발생하는 경우도 종종 있다. 시간이 지나 병이 진행되면 울체된 혈액 성분이 정맥에서 피부로 누출되어 피부에 갈색으로 색소침착이 생긴다. 남성보다 여성에게 많이 나타난다.

2) 치료 · 예방

장시간 서서 일하는 사람은 가끔 다리를 심장보다 높이 올려서 쉬어주면 혈액 흐름이 좋아진다. 또 탄력붕대나 탄력스타킹 등으로 증상을 개선시킬 수도 있다. 가려움증이나 통증을 동반한 증상이 강할 경우는 정맥을 묶거나 제거하는 수술, 확장된 혈관 안에 경화제를 주입해서 고정시키는 경화요법이 실시된다. 하지부분의 정맥혈을 심장 쪽으로 밀어 올리기 위해 걷기 등 가벼운 운동을 평소에 습관화하는 것이 좋다.

3) 심부정맥 혈전증

하지로 보내온 혈액의 대부분을 심장으로 되돌려 보내는 정맥을 심부정맥이라고 하는데, 여기에 혈액이 응고되어 덩어리가 생겨서 심부정맥의 속공간을 막아버리는 병이다. 갑자기 하지가 붓고 통증이나 열이 생긴다. 정맥 안에 있는 혈전이 벽에서 떨어져 나와 혈류를 타고 심장을 거쳐 허파동맥으로 흘러들어 혈관을 막으면 호흡곤란이나 흉통이 생기며 사망하는 경우가 있다. 발병한지 얼마 안 되었을 경우는 혈전 용해제를 주사해서 혈전을 녹이는 치료를 한다. 또한 가는 관을 혈관 안으로 주입해서 혈전을 제거하는 치료를 하는 경우도 있다. 재발방지를 위해서 혈액이 잘 응고되지 않게 하는 약을 복용한다.

하지정맥의 혈액 환류의 구조

① 정맥판이 손상되면 혈액이 표재정맥으로 역류해서 울혈이 발생되어 하지정맥류가 생긴다.

② 근육이 이완되면 심부정맥으로 혈액이 흘러든다.

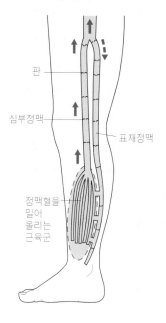

판

심부정맥

표재정맥

정맥혈을
밀어
올리는
근육군

혈액의 기능

- 산소와 영양분, 이산화탄소와 노폐물을 운반한다.
- 침입한 세균이나 바이러스를 퇴치한다.
- 출혈을 멈추게 한다.

혈구라는 유형 성분과 혈장이라는 액체 성분으로 이루어진 혈액

적혈구, 백혈구, 혈소판의 역할 유형 성분 기능

우리 체내에는 체중의 약 13분의 1에 해당하는 양의 혈액이 있으며 심장을 기점으로 해서 항상 온 몸을 순환하고 있다.

혈액은 혈구라는 유형 성분과 혈장이라는 액체 성분으로 되어 있으며 생명을 유지하는 데 아주 중요한 역할을 하고 있다.

유형 성분은 산소와 이산화탄소를 운반하는 적혈구(erythrocyte), 몸 속에 침입한 이물질을 처치하는 역할을 가진 백혈구(leukocyte), 혈액을 응고시키는 작용을 하는 혈소판(blood platelet)과 같이 혈구라고 하는 물질을 가리킨다. 또한 백혈구의 약 30%를 차지하는 림프구는 항체를 생산하여 생체방어의 역할을 한다.

수분과 에너지원을 온 몸에 공급하는 역할 혈액 성분 기능

혈액의 약 60%를 차지하고 있는 혈장(blood plasma)은 90%가 수분이며 소량의 단백질과 포도당, 염분, 칼슘, 칼륨, 인, 호르몬 등도 녹아 있다.

혈장의 주요 역할은 신체에 필요한 갖가지 물질을 온 몸으로 운반하는 것, 신진대사로 발생한 노폐물을 처분하는 것이다. 땀이 나면 수분이나 염분을 보급하고, 신체의 모든 세포는 혈장 안에 있는 수분과 단백질, 당질을 공급받아서 신진대사에 필요한 에너지원으로 사용한다.

산소와 이산화탄소를 운반하는 적혈구나 병원균을 퇴치하는 백혈구도 혈장 흐름을 따라 온 몸 구석구석에 이르게 된다.

혈액 구조

※ 혈액은 유형 성분인 적혈구, 백혈구, 혈소판과 액체 성분인 혈장으로 구성되어 있다.

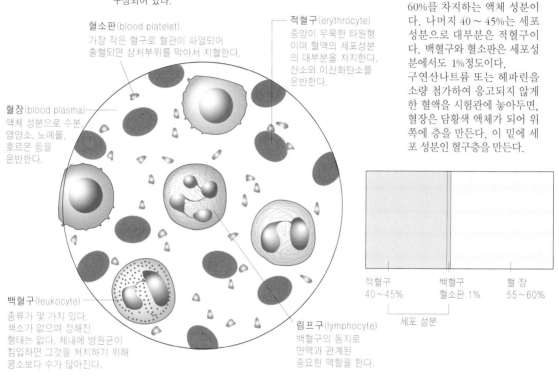

혈소판(blood platelet)
가장 작은 혈구로 혈관이 파열되어 출혈되면 상처부위를 막아서 지혈한다.

적혈구(erythrocyte)
중앙이 우묵한 타원형이며 혈액의 세포성분의 대부분을 차지한다. 산소와 이산화탄소를 운반한다.

혈장(blood plasma)
액체 성분으로 수분, 영양소, 노폐물, 호르몬 등을 운반한다.

백혈구(leukocyte)
종류가 몇 가지 있다. 색소가 없으며 정해진 형태는 없다. 체내에 병원균이 침입하면 그것을 처치하기 위해 평소보다 수가 많아진다.

림프구(lymphocyte)
백혈구의 동지로 면역과 관계된 중요한 역할을 한다.

혈액 성분 비율

혈장은 전체 혈액량의 55～60%를 차지하는 액체 성분이다. 나머지 40～45%는 세포 성분으로 대부분은 적혈구이다. 백혈구와 혈소판은 세포성분에서도 1%정도이다.
구연산나트륨 또는 헤파린을 소량 첨가하여 응고되지 않게 한 혈액을 시험관에 놓아두면, 혈장은 담황색 액체가 되어 위쪽에 층을 만든다. 이 밑에 세포 성분인 혈구층을 만든다.

적혈구 40～45% ｜ 백혈구 혈소판 1% ｜ 혈장 55～60%

세포 성분

액체 성분(혈청 · 혈병 · 혈장)

실내에 방치해 두면 응고한다.

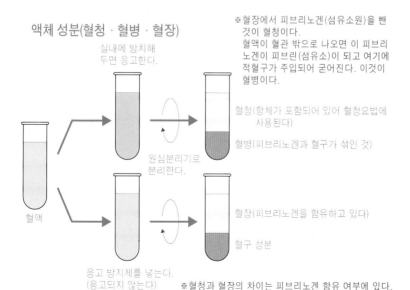

원심분리기로 분리한다.

응고 방지제를 넣는다. (응고되지 않는다)

혈액

※혈장에서 피브리노겐(섬유소원)을 뺀 것이 혈청이다.
혈액이 혈관 밖으로 나오면 이 피브리노겐이 피브린(섬유소)이 되고 여기에 적혈구가 주입되어 굳어진다. 이것이 혈병이다.

혈청(항체가 포함되어 있어 혈청요법에 사용된다)
혈병(피브리노겐과 혈구가 섞인 것)

혈장(피브리노겐을 함유하고 있다)
혈구 성분

※혈청과 혈장의 차이는 피브리노겐 함유 여부에 있다.

혈액의 역할 ①

산소와 이산화탄소를 운반하는 적혈구 　적혈구 역할

유형 성분의 대부분을 차지하는 적혈구는 빨간색을 띤 지름 $8\mu m$(1mm의 1/1,000) 정도인 원반형 세포이며, 철을 주성분으로 하는 헤모글로빈 혈색소를 듬뿍 함유하고 있다. 헤모글로빈은 산소 농도가 높은 곳에서는 산소와 결합하고 농도가 낮은 곳에서는 산소를 방출하는 성질을 가지고 있다. 따라서 적혈구가 적어지면 산소를 운반하는 혈액의 힘이 약해진다. 이것이 빈혈을 일으키는 원인이 된다. 또한 이산화탄소와도 결합하여 산소를 방출하는 성질이 있다. 이 성질을 이용하여 허파에서 산소를 보충 받아서 온 몸으로 공급하고, 대신에 이산화탄소를 흡수하여 허파에서 가스 교환하는 역할을 담당하고 있다.

체내에 침입한 적을 퇴치 　백혈구 역할

백혈구에는 호중성백혈구(neutrophilic leukocyte)와 림프구(lymphocyte) 등 여러 종류가 있으며 그 총 수는 혈액 $1mm^3$당 약 6,000개이다. 면역에 관계된 역할을 하거나 침입한 병원균을 퇴치하는 역할을 한다. 백혈구의 약 30%는 림프구가 차지하고 있다.

단핵구(monocyte)라는 혈구도 백혈구에 포함되며 골수와 지라 같은 일정한 혈관에 정착하여 노화된 적혈구를 해체하거나 병원균을 죽이기도 한다. 단핵구 중에는 일정 장소에 정착하지 않는 종류도 있으며 혈관을 빠져나가 근육조직으로 이동하기도 하는데, 그 장소에서도 침입한 적을 격퇴하는 임무를 수행한다. 또 살균물질을 함유하고 있는 과립백혈구(granular leukocyte)는 외적을 퇴치하는 역할을 한다.

적혈구 역할

적혈구에는 헤모글로빈이 있다.
이 헤모글로빈이 철 분자를 가지고
있고 산소와 이산화탄소의 교환을 한다.

헤모글로빈의 분자 모델
(산소와 이산화탄소 교환 그림)

산소

철분자

이산화탄소

철분이 부족하면 헤모글로빈이
합성되지 않아서 빈혈 상태가 된다.

이산화탄소를 세포로부터
흡수한다.

모세혈관

산소를 세포에 전한다.

적혈구(erythrocyte)

◄── 8μm ──►

한국인의 혈액형과 수혈 가능한 혈액형

수혈에 필요한 것은 ABO식과 Rh식이다. A형에는 A형 항원, B형에는 B형 항원이 있다. AB형은 양쪽의 항원이 있으며 O형은 항원을 갖지 않는다. 또한 수혈에 작용하기 쉬운 D인자를 적혈구막에도 가지고 있는 혈액을 Rh⁺, 가지지 않는 것을 Rh⁻라고 한다. 우리나라에는 Rh⁻인 사람이 적어서 250명당 한 명꼴이다.

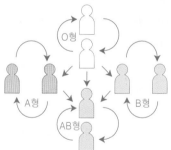

백혈구 성분

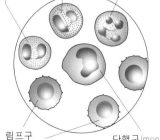

과립백혈구
(granular leukocyte)
(과립모양)

호산성백혈구
(acidophilic
leukocyte)
빨간 산성색소로 염색된다.

호염기성백혈구
(basophilic
leukocyte)
흑자색소로 염색된다.

호중성백혈구
(neutrophilic
leukocyte)
가장 숫자가 많다.

림프구
(lymphocyte)
면역에 관한 역할을 한다.

단핵구(monocyte)
핵이 가장 크고 면역에 관한 역할을 한다.

백혈구 역할

세균을 잡아 먹는 세포

① 백혈구(leukocyte)

세균

②

세균이 분열하여 증식한다.

③

백혈구(leukocyte)
(호중구, 림프구 등)와 세균이 싸운다.

④

고름

백혈구, 세균의 사해가 고름으로 배출된다.

POINT

여성은 월경 출혈로 인해 철분을 잃기 쉽다. 이 때문에 남성에 비해 적혈구 수가 적은 경향이 있다.

혈액의 역할 ②

상처부위를 막는 세포　혈소판

혈소판(blood platelet)은 혈구 중에서 가장 작다. 원판형이며 $2\sim3\mu m$ 크기의 핵이 없는 세포이다. 혈관이 상처를 입어 출혈했을 때 혈장에 녹아 있는 피브리노겐이라는 단백질이 피브린으로 변화하여 혈액을 응고시키고, 상처부위에 혈전을 만들어 지혈기능을 한다. 상처가 생겼을 때 피가 멈추면 조금 지나서 딱지가 생기는 현상도 혈전의 일종이라고 할 수 있다. 혈액의 응고는 혈장에 포함된 여러 물질이 차례로 연쇄반응을 일으켜 섬유소로 변하여 혈구와 섞여서 일어난다.

혈소판 일생

골수 안에 있는 거핵구에서 만들어지며 수명은 약 $8\sim11$일이고 지라에서 파괴된다. 혈액 안에 $1\,cm^3$에 약 $30\sim40$만 개 있다.

혈장 역할

혈장은 황색을 띤 액체 성분이다. 약 90%는 수분이며 기타 소량의 단백질, 포도당, 염분, 칼슘, 칼륨, 인, 호르몬 등을 포함하고 있다. 혈장의 주요 역할은 신체에 필요한 물질을 온 몸으로 운반하고 신진대사로 발생한 노폐물을 흡수하는 것이다. 땀이 나면 염분과 수분을 보충한다. 신체의 모든 세포는 혈장 안에 있는 수분과 단백질, 당질을 공급받아서 신진대사의 에너지원으로 사용한다. 혈장에는 여러 가지 단백질이 녹아 있다. 혈장단백질의 3분의 2를 차지하는 알부민은 혈액 안 침투압을 유지하는 역할을 하며 혈관 안팎의 수분량을 조절한다. 이것으로 인해 산소와 이산화탄소를 운반하는 적혈구와 병원균을 퇴치하는 백혈구도 온 몸으로 운반된다.

백혈병

혈액 안에 백혈구가 비정상적으로 증가하는 병으로 급성과 만성이 있다. 급성인 경우 권태감, 빈혈, 발열, 출혈과 같은 증상이 나타나며 정상적인 백혈구의 감소로 미성숙백혈구(성숙과정에 있는 백혈구)가 증가하기 때문에, 면역기능 등 방어기구가 저하되어 감염증에 걸리기 쉽다. 만성인 경우는 지라이나 간이 비정상적으로 비대해지는 경우가 있다. 일반적으로 치료는 콩팥위샘 스테로이드나 각종 항암제에 의해 이루어지는데 완치되기는 매우 어렵다.

정상적인 혈액

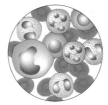

백혈병에 걸린 혈액으로 비정상적인 백혈구가 증가한다.

빈 혈

빈혈이란 혈액 안의 적혈구량 감소와 능력이 저하된 상태를 말하며, 이 때문에 산소결핍으로 어지럼증, 호흡곤란, 두통 등의 증상이 나타난다. 여러 질병으로 인한 조혈 기능의 저하와 만성, 급성 출혈 등 원인은 여러 가지이지만 철분부족으로 인한 경우가 가장 많다.

오랜 목욕, 장시간 서 있는 상태에서 발생하는 '뇌빈혈'은 빈혈과는 다르다. 이때는 다리를 높게 하고 몸을 조이는 옷은 풀고 누워 있으면 회복된다.

혈우병

혈우병은 혈장 안에 있는 혈액응고인자의 결핍이나 이상 때문에 출혈되면 지혈이 어려운 병이다. 유전되는 선천성 질환 중에서 대표적인 것이다. 출혈은 관절 안이나 근육 안, 신체의 심부 장기에서 반복적으로 발생하며, 입 안과 머리뼈 안에도 일어난다. 치료는 결핍된 혈액응고인자를 보충하는 것이 원칙이다.

작은 외상에도 출혈이 생긴다.

혈액이 응고되는 구조

① 상처부위

적혈구 (erythrocyte)

혈소판 (blood platelet)

혈관이 파괴되면 혈액이 흘러나온다.

② 혈관이 파열된 부분에 혈소판이 모여든다.

③ 혈소판이 트롬보키나아제라는 물질로 변해 혈장 안에 있는 피브리노겐에 작용한다.

④ 피브리노겐이 피브린이라는 섬유를 만들고 상처부위를 막아서 딱지가 된다. 이것은 혈병이 되어 굳어진 것이다.

POINT

혈액 안에서는 혈액응고와 섬유소 용해시스템이 균형을 이루고 있다. 혈액응고가 충분하지 않거나 과도하면 이상을 초래한다.

혈구의 일생

혈액 안에 있는 유형 성분인 혈구는 골수의 간세포에서 생성

간세포가 모체 혈구의 생성과정

골수 안에 있는 간세포라는 세포가 분화하면 혈구(적혈구, 백혈구, 혈소판, 림프구)가 생성된다. 이 간세포는 끊임없이 세포분열을 계속하고 있어서 새로운 혈구가 만들어진다. 적혈구는 처음에 핵을 가지고 있지만 분화 과정 중에 없어진다. 백혈구는 호중성백혈구, 호산성백혈구, 호염기성백혈구, 마이크로파지, 림프구로 나눈다. 혈소판은 분화하여 거대핵세포가 된 세포질의 일부가 분리되어 생긴다.

이렇게 생성된 혈구는 제각기 성숙된 후 동양모세혈관으로 들어가 온몸으로 운반된다.

지라는 적혈구 처리장 혈구의 파괴 과정

혈구에도 수명이 있다. 항상 새로운 혈구로 교체되기 때문에 수명은 짧다. 적혈구는 100~120일, 백혈구는 3~5일, 혈소판은 열흘 정도 지나면 지라에서 처리된다. 온 몸을 순환한 혈액은 마지막으로 지라에 도달한다. 지라로 흘러든 혈액은 우선 림프구가 많은 백비수라는 부분을 지나서 그물망처럼 얽힌 적비수라고 불리는 세포 사이로 흘러든다. 여기에 있는 마이크로파지가 적혈구를 처리하며 나머지는 온몸에 있는 마이크로파지가 처리한다. 또한 일부는 간에서도 처리된다.

혈구가 만들어지기까지

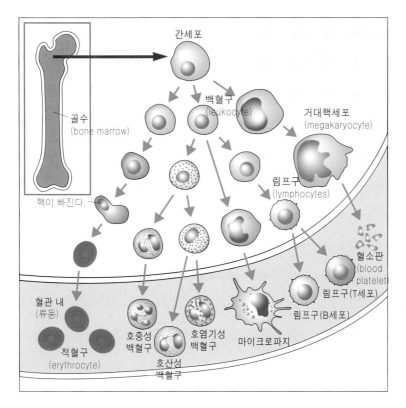

간세포

백혈구
(leukocyte)

거대핵세포
(megakaryocyte)

골수
(bone marrow)

핵이 빠진다.

림프구
(lymphocytes)

혈소판
(blood
platelet)

혈관 내
(류동)

림프구(T세포)

적혈구
(erythrocyte)

호중성
백혈구

호염기성
백혈구

마이크로파지

림프구(B세포)

호산성
백혈구

혈액은 왜 빨간색일까?

혈액 안에 다량으로 포함되어 있는 적혈구 때문이다. 적혈구 안에 헤모글로빈이 빨간 색소를 가지고 있고 산소와 결합하면 선명한 빨간색이 된다. 이 때문에 빨갛게 보이는 것이다. 그러나 사람이나 척추동물 이외에 곤충과 오징어는 구리를 포함한 헤모시아닌이라는 파란 색소가 혈장에 포함되어 있기 때문에 혈장은 파란색을 띤다.

혈액이 빨간 것은 적혈구 때문이다.

혈구가 파괴되는 곳

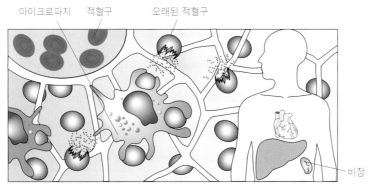

마이크로파지　　적혈구　　오래된 적혈구

비장

비장의 내부는 격자모양이며 마이크로파지가 오래된 적혈구를 처리한다.

POINT

림프구의 T세포는 골수에서 만들어진 후 흉선(심장 위에 덮인 기관)에 머물면서 성숙된 세포이고, B세포는 흉선을 거치지 않고 성숙된 세포이다.

림프계의 역할

- 병원균과 독소를 격퇴한다.
- 노폐물을 운반한다.
- 영양분을 운반한다.

온몸에 얽혀 있는 림프관에 림프액이 흐르고 있어서 병원균을 퇴치

온몸에 퍼져 있는 림프관   림프계란?

인체에는 림프관(lymphatic vessel)이라는 가느다란 관이 구석구석 둘러 쳐져 있다. 림프관은 가늘고 투명한 관으로 그 안에는 림프액이라는 무색투명한 액체가 흐르고 있다. 림프관은 합류하면서 점차 굵어진다. 목과 겨드랑이 밑, 사타구니 등 림프관이 합류하는 요소 요소에 림프절(lymph node)이 있다.

림프관은 최종적으로 하나가 되어 위대정맥이 빗장밑정맥과 분기하는 부분에서 혈관과 합류한다. 혈관으로 흘러든 림프액은 심장, 동맥을 거쳐 온 몸으로 보내진다. 림프계는 이러한 림프관 네트워크를 말한다.

림프관을 흐르는 림프액   림프액 구조

림프액은 모세혈관에서 배어 나온 혈장이 림프관으로 흘러든 것으로, 오래된 세포와 혈구 조각 같은 노폐물이나 장관에서 흡수된 지방을 운반하는 역할을 한다. 림프액은 림프관 속을 흐른 후 혈관으로 들어가 심장, 동맥을 거쳐 모세혈관에서 배어 나와 다시 림프관으로 들어가는 경로로 순환한다. 또한 림프액에는 모세혈관에서 림프구도 흘러드는데 림프구는 인체에 해를 끼치는 미생물이 침입했을 경우, 그것을 식별해서 항체를 만들고 격퇴하는 능력을 가지고 있다.

온몸의 림프계

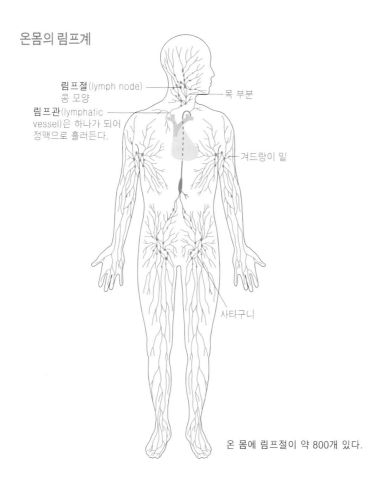

림프절(lymph node) 콩 모양

림프관(lymphatic vessel)은 하나가 되어 정맥으로 흘러든다.

목 부분

겨드랑이 밑

사타구니

온 몸에 림프절이 약 800개 있다.

림프구와 면역과 암세포

림프구는 한번 싸웠던 세균이나 바이러스의 성질을 기억하여 같은 병원균이 다시 침입했을 때 항체를 생산하여 몸을 보호하는 생체방어능력을 가지고 있다.

림프구는 수명이 다하면 사멸하지만 이 기억은 새로이 만들어지는 림프구에 끊임없이 이어진다. 이런 구조가 면역이며 암세포에도 작용한다. 몸이 건강한 상태라면 이상세포는 증식되기 전에 대부분 소멸되어 버리지만, 자신의 세포가 암세포에 의해 변화되면 면역작용이 약해진다. 이 때문에 몸이 약해져 면역력이 떨어지면 암세포는 순식간에 증식되기 시작한다.

혈액과 림프액

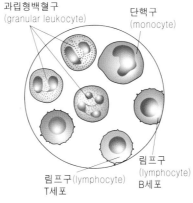

혈관

혈액

조직액

세포

림프관 (lymphatic vessel)

림프액

림프구 (lymphocyte)

혈관에서 림프구가 흘러든다.

림프액의 구성

과립형백혈구 (granular leukocyte)

단핵구 (monocyte)

림프구(lymphocyte) T세포

림프구 (lymphocyte) B세포

POINT

신체에 처음으로 이물질이 들어왔을 때 공격목표를 항원, 공격무기를 항체라고 한다. 두 번째 이후부터 항원 침입에 대해 항체를 만드는 것을 항원항체 반응이라고 한다.

림프절의 기능

림프절은 병원균과 싸우고 감염을 예방하는 최후의 보루

림프절은 림프액의 여과장치　림프절의 역할

림프샘이라고도 불리는 림프절(lymph node)은 림프관이 합류하는 부분에 있는 둥근 모양의 구조물이다. 크기는 갖가지이며 모양도 장소에 따라 각기 다르다.

온몸에 약 800개 있으며 주로 경부(귀 주위, 턱 밑, 목), 액와부(겨드랑이 밑), 서혜부(사타구니) 주변에 많이 분포한다.

림프절에는 림프관을 흐르는 병원체와 독소, 노폐물 등을 제거하고 림프액을 여과하는 작용을 하는 외에, 골수에서 만들어진 림프구를 일시적으로 저장하여 성숙시키는 역할도 한다.

붓는 것은 병원균과 싸우고 있다는 증거　림프절이 붓는 이유

세균이나 바이러스가 체내로 침입하면 림프구와 백혈구가 재빨리 반응하여 격퇴하지만, 병원균 쪽 세력이 강한 경우는 이 방어시스템을 빠져나가 림프관 안으로 침입하여 림프절까지 도달하는 경우가 있다.

팔이나 다리의 림프관이 붉은 근육으로 보이거나 귀 밑 주위에 오돌오돌한 것이 느껴지고 붓고 아프다면 림프절이 병원균과 싸우고 있다는 증거이다.

이 싸움에서 지면 병원균은 온 몸으로 퍼져 패혈증과 같은 병을 일으킨다. 림프절은 말하자면 인체를 지키는 최후의 보루라고 할 수 있다.

림프절 구조

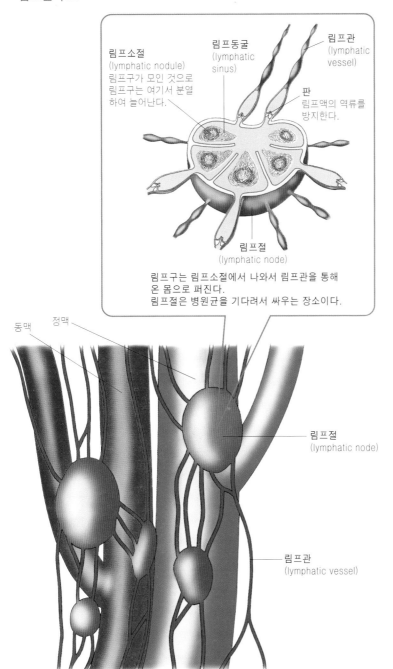

림프소절
(lymphatic nodule)
림프구가 모인 것으로
림프구는 여기서 분열
하여 늘어난다.

림프동굴
(lymphatic sinus)

림프관
(lymphatic vessel)

판
림프액의 역류를
방지한다.

림프절
(lymphatic node)

림프구는 림프소절에서 나와서 림프관을 통해
온 몸으로 퍼진다.
림프절은 병원균을 기다려서 싸우는 장소이다.

동맥

정맥

림프절
(lymphatic node)

림프관
(lymphatic vessel)

주요 질병

림프절 부종을 일으키는 병에
는 다음과 같은 것이 있다.

귀 주변	외이염, 중이염, 내이염
턱 밑	구내염, 충치 등 구강 안의 병이나 목 질병
목 양쪽	결핵
쇄골 위	위암의 전이, 폐암의 전이
겨드랑이 밑	손이나 팔의 외상이나 종기
서혜부	다리의 외상이나 종기, 임질이나 매독과 같은 성병
온 몸의 림프절이 서서히 붓는다	내장의 암이나 육종의 전이, 혈구 종양

※림프절의 부종은 병원균 침입으로
일어나며 그 부위는 병에 따라 다르
다. 림프절이 부은 경우는 반드시 그
원인이 되는 병이 있으므로 의사의
진단을 받아 원인을 명확하게 밝히는
일이 중요하다.

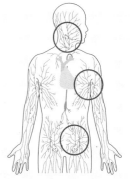

염증이 생기면 림프절이 붓고
만지면 오돌오돌하고 아프다.

POINT

혈액은 심장이 펌프 역할을 해서 혈관
을 흐르지만 림프는 근육의 움직임이
림프관을 누름으로써 판이 움직여 정
해진 방향으로 흘러간다.

질병지식

악성 림프종

1) 증 상

림프구계 세포는 감염으로부터 몸을 보호하는 중요한 역할을 한다. 림프절, 지라, 편도와 같은 림프구계 세포가 악성화하여 무제한으로 증식하는 병이다. 크게 나누면 호치킨병과 비호치킨림프종, 두 가지이지만 악성화된 세포의 종류에 따라 더욱 세밀하게 분류한다. 호치킨병은 림프구우위형, 결절경화형, 혼합세포형, 림프구감소형으로 분류한다. 비호치킨림프종은 여포성림프종과 미만성림프종으로 나눌 수 있다. 몸 표면 가까이 있는 림프절이 부어서 목, 겨드랑이 밑, 서혜부에 오돌오돌한 것이 느껴지지만 눌러도 아프지 않고 주위에 상처나 화농도 보이지 않는다. 아프지 않은 돌기가 생기면 전문의에게 진찰을 받도록 한다. 병이 진행되면 여러 군데 림프절이 부어오르고 발열, 체중감소, 잠잘 때 땀이 많이 나는 증상이 나타난다.

2) 원 인

자세한 것은 알려져 있지 않지만 바이러스감염이 원인이라고 보고 있다. 또한 면역부전과 유전자 이상도 관계되어 있다고 알려져 있다. 우리나라의 경우 암 환자 가운데 악성림프종으로 인한 사망률은 약 1.5% 정도이다.

3) 치 료

진행되지 않았을 경우는 방사선요법을 사용한다. 병이 전체로 퍼져 있을 경우는 주로 여러 가지 항종양제를 조합하여 사용하는 다제겸용화학요법을 치료원칙으로 하고 있다. 장소에 따라서는 골수이식이 시행되는 경우도 있다. 위나 장과 같은 장기에 발생한 경우는 절제수술을 한다.

림프종이 발생하는 부위

코안
(nasal cavity)

인두(pharynx),
편도(tonsil)

목부위
(region of neck)

빗장뼈 상와
(clavicle)

허파문부위

가슴세로칸
(mediastinum)

겨드랑이
(axillary region)

간(liver)

지라
(spleen)

후복막강

샅굴부위
(groin)

림프절의 부종

림프부종은 유방암이나 자궁암 수술 후에 나타나는 경우가 많으며 주로 한쪽 다리나 팔에 나타나는 부종이다. 암이 발생한 경우 암세포가 온 몸으로 퍼지지 않도록 암세포가 모이기 쉬운 림프절을 절제한다. 림프절을 절제해버리면 체내의 각 조직으로 보낸 단백질과 수분을 회수할 수 없어 피부밑조직에 많은 양의 단백질과 수분이 쌓이게 된다. 이것이 림프부종이다. 또한 원인을 알 수 없는 것도 있다.

림프부종으로 한쪽 다리만 부은 상태가 확인된다.

POINT

어린이가 **림프절이 자주 붓는 것**은 병원균에 대한 면역이 발달하지 않았기 때문이다. 성장함에 따라 면역은 점차 증강된다.

면역의 구조

이물질의 독소를 기억하여 재빨리 대응   면역이란?

체내에 세균이나 바이러스가 침입하면 림프액 안에 있는 림프구가 그것을 감지하여 항체를 만들어 방어한다. 이때 림프구는 이물질이 뿜어낸 독소의 성질을 기억하여 새롭게 생성된 림프구에도 전달한다. 이 때문에 나중에 같은 세균이나 바이러스가 침입해도 림프구가 빨리 발견하여 발병하기 전에 퇴치한다.

즉 질병을 피할 수 있는 이러한 시스템을 면역이라 한다. 한 번 홍역에 걸린 사람이 두 번 다시 홍역에 걸리지 않는 것도 면역 때문이다. 또한 예방접종은 질병에 걸리지 않을 정도의 바이러스를 체내에 주입하여 인공적인 면역을 만들어 두는 방법이다.

조혈간세포에서 생성되는 면역류   면역과 관계 있는 세포

면역에 관계된 백혈구류는 전부 골수 안에 있는 조혈간세포에서 생성되며 백혈구의 30%를 차지하는 것이 림프구이다.

림프구에는 가슴샘(흉선 thymus)을 거쳐 분화하는 T세포(세포성 면역에 관계됨)와 가슴샘을 거치지 않는 B세포(체액성면역에 관계됨)가 있다. T세포는 가슴샘에서 교육을 받고 면역시스템에 크게 관계하는 보조T세포와 억제T세포, 킬러T세포로 나뉜다. 또한 B세포는 보조T세포의 지령으로 항체를 만든다. 그리고 그 힘에 이끌리듯이 호중성백혈구와 단핵구(대형 단핵세포)가 변한 마이크로파지가 모여 이물질을 죽이거나 분해해서 처리한다.

여러 가지 면역세포

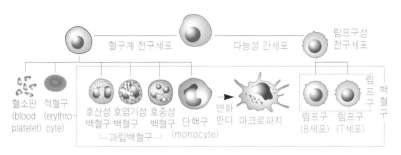

혈구계 전구세포　다능성 간세포　림프구성 전구세포

혈소판 (blood platelet)　적혈구 (erythro-cyte)　호산성 백혈구　호염기성 백혈구　호중성 백혈구　└과립백혈구┘　단핵구 (monocyte)　변화 한다　마크로파지　림프구 (B세포)　림프구 (T세포)　백혈구

백혈구류의 생성 과정

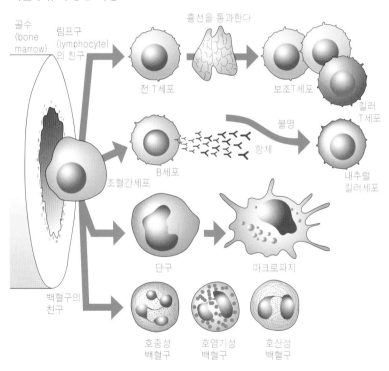

골수 (bone marrow)　림프구 (lymphocyte)의 친구　흉선을 통과한다　전 T세포　보조T세포　킬러 T세포

조혈간세포　B세포　항체　불명　내추럴 킬러세포

단구　마크로파지

백혈구의 친구　호중성 백혈구　호염기성 백혈구　호산성 백혈구

가슴샘 역할

가슴샘은 면역시스템의 중심 기관이다. 미숙한 T세포는 가슴샘에서 학습하여 면역시스템을 활발하게 하는 보조T세포와 면역시스템을 일시 억제하는 억제T세포, 이물질을 공격하여 죽이는 킬러T세포로 나눈다. 가슴샘은 소아기일 때 가장 크고 신체성장이 멈추는 사춘기부터 작아진다.

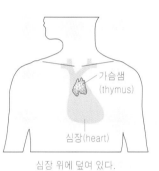

가슴샘 (thymus)　심장(heart)

심장 위에 덮여 있다.

POINT

마크로파지는 단핵구가 변화한 것으로 무엇이든지 먹어치우는 세포이다. 또한 림프구가 항체를 만드는 것을 도와주는 역할도 한다.

면역의 역할

항체가 병원체를 분해하는 체액성 면역

B세포가 중심이 되는 체액성 면역은 림프구에 의한 면역작용 중의 하나이다. 항원을 가진 이물질이 체내로 침입하면 그곳에 B세포가 모여든다. B세포는 항원과 만나서 면역아세포로 변한다. 면역아세포는 보조 T세포의 도움으로 항체를 산출하는 형질세포(plasma cell)로 분화한다. 형질세포는 항체를 만든다. 이 항체가 B세포 표면에 있는 글로불린이 변화한 면역글로불린이라는 단백질이다. 이것은 항체에 대해 특이성을 가지며 항체를 중화시킨다. 인간은 종류가 1억이 넘는 면역글로불린을 가지고 있다. 그리고 혈장 안에 대량으로 방출된 항체는 병원체를 감싸서 분해해버린다.

직접 병원균을 공격하는 세포성 면역

세포성 면역은 항체를 만들지 않고 T세포와 마크로파지가 직접 병원체를 공격한다.

항원을 가진 이물질이 체내로 침입하면 보조T세포는 다른 T세포에 작용하여 공격력을 가진다. 항원 펩티드라는 단백질을 무기로 병원체를 직접 공격한다. 이런 점에서 공격력을 가진 T세포를 킬러T세포라고 한다. 또한 이물질 침입에 대해 T세포의 하나인 지연형과민성 T세포가 마크로파지를 활성화시킨다. 활성화된 마크로파지는 병원체를 죽인다. 세포성 면역은 장기이식에서 거부반응의 원인이 되기도 한다.

면역세포 역할

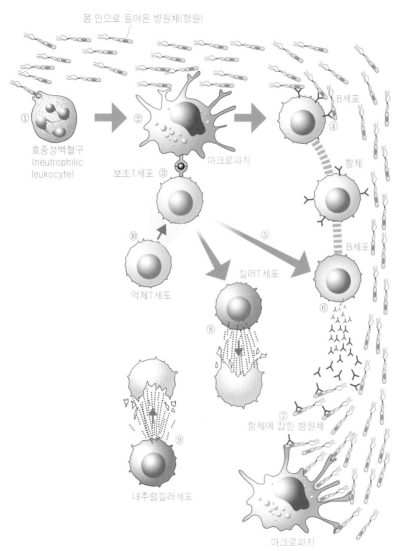

몸 안으로 들어온 병원체(항원)

호중성백혈구
(neutrophilic
leukocyte)

①

보조T세포 ③

마크로파지

B세포 ④

항체

B세포

억제T세포 ⑩

⑤

킬러T세포 ⑧

B세포 ⑥

항체에 잡힌 병원체 ⑦

내추럴킬러세포 ⑨

마크로파지

① 호중성백혈구가 병원체를 감싸 분해한다.
② 마크로파지가 잡아먹는다.
③ 마크로파지는 병원체의 정보를 보조T세포에게 전달하며 보조T세포가 늘어난다.
④ B세포가 세포 표면에 있는 항체에서 병원균을 잡아서 침입한 병원체를 기억한다.
⑤ 보조T세포가 화학물질을 내보내어 B세포에게 병원체를 공격할 것을 명령한다.
⑥ B세포가 늘어나고 항체를 내보내 병원체를 죽인다.
⑦ 마크로파지가 항체에 달라붙어 약해진 병원체를 잡아먹는다.
⑧ 킬러T세포도 공격명령을 받아서 병원체에게 공격받은 체세포를 파괴한다.
⑨ 내추럴킬러세포도 병원체의 침입을 받은 체세포를 파괴한다.
⑩ 병원체가 거의 전멸되면 억제T세포가 보조T세포의 활동을 억제하여 면역세포의
　공격을 멈추게 한다.

장기이식과 거부반응

장기이식을 할 때는 장기제공자(도너)와 장기제공을 받는 환자(레시피엔트)의 여러 가지 조건이 맞아야 한다. 세포성 면역은 세포 안에서 증식하는 병원체에 대한 저항력의 주역이지만 때로는 생체에 나쁜 반응을 일으킨다. 장기이식할 때의 거부반응도 그 중 하나이다.

장기이식의 적합조건(일부)

심장	혈액형 : ABO식 혈액형의 일치 또는 적합 사이즈 : 체중 차이가 -20%~+30% 항체반응 : 음성
간	혈액형 : ABO식 혈액형의 일치 또는 적합 적출에서 이식까지 시간 : 12시간
허파	혈액형 : ABO식 혈액형의 일치 또는 적합 사이즈 : 한쪽 허파일 경우 도너의 70~130% 양쪽 허파일 경우는 70~130% 항체반응 : 음성
콩팥	혈액형 : ABO식 혈액형의 일치 항체반응 : 음성
이자	혈액형 : ABO식 혈액형의 일치 또는 적합 항체반응 : 음성
작은 창자	혈액형 : ABO식 혈액형의 일치 또는 적합 적출에서 이식까지 시간 : 12시간 기초질환 : 양성 항체반응 : 음성

질병지식

에이즈

1) 증 상

　에이즈(AIDS)는 후천성면역결핍증을 말하며 생체를 방어하는 면역기구의 파괴로 면역력이 저하되어 기회감염증과 악성종양이 발병한 상태이다. 기회 감염증은 건강할 때에는 아무런 해도 끼치지 않던 바이러스가 신체 면역력이 약해진 것을 기회로 발병하는 것을 말한다. 그리고 이 면역기구를 파괴하는 범인이 HIV(인간면역결핍바이러스)인 것이 판명되었다. 잠복기간은 사람에 따라 다르며 감염 후, 며칠 후에 발증(發症)하는 것부터 10년 이상 지나서 발증하는 것까지 여러 가지가 있다. 발증한 환자를 에이즈환자, 잠복기간에 있는 HIV감염자를 무증상감염자라고 한다.

2) 원 인

　HIV에 감염된 사람의 혈액, 정액, 림프액 등을 매개로 감염된다. 성인의

감염되는 경우	감염되지 않는 경우

키스　　　　　　　악수

목욕탕

모자감염　　주사에 의한 감염

성행위

기침, 재채기　　모기나 곤충에 물림

경우는 주로 성행위와 주사바늘을 공동사용한 데서 비롯된다. 태아와 유유아(乳幼兒)의 경우는 주로 산도나 모유를 매개로 한 모자감염이다.

3) 진행 과정

① **급성기** : 감염에서 3주일 정도 경과했을 때 일과성 감기와 같은 증상이 나타나는 경우가 있는데 알아차리지 못하고 지나가는 경우도 많다.

② **무증상기** : 일반적으로 증상이 없으며 잠복기라고 부르는 기간이다. 잠복기간은 8~11년 정도이지만 10년 안에 무증상감염자의 약 절반이 발증하는 것으로 알려져 있다.

③ **발증** : 발증 전에 권태기, 체중감소 등 에이즈 관련 증후군이 나타나지만 개중에는 증상 없이 갑자기 발증하는 경우도 있다. 기회감염증은 식도와 기도의 칸디다증, 원생동물(단세포)인 카리니에 의한 카리니폐렴, 카포시육종이나 악성림프종 등이 있다.

4. 진 단

감염 후 2~8주 정도 지나면 혈청반응이 양성이 되므로 감염이 염려되는 사람은 2~3개월이 지나서 항체검사를 받는 것이 좋다. 단 HIV에 감염되었는데 항체검사로 확인되지 않는 경우도 있다. 또한 혈청반응이 양성인 어머니에게서 태어난 신생아는 어머니의 항체를 가지고 있기 때문에 생후 얼마간은 양성을 나타낸다. 이러한 신생아가 감염되었는지 여부를 식별하기 위해서 HIV성분을 검출하는 항원검사를 한다.

에이즈는 RNA가 유전정보를 갖는 레트로바이러스

에이즈바이러스는 레트로바이러스의 한 종류이다. 세포핵 안에는 DNA와 RNA의 핵산이 있으며, DNA가 유전자정보를 기록하고 RNA가 그 정보를 새로운 세포에 전달하는 역할을 한다. 그러나 바이러스 중에는 RNA가 유전정보를 가진 RNA바이러스가 있으며 그 중에는 역전사효소라는 특별한 효소를 가진 바이러스도 있다. 이것이 레트로바이러스이다. 즉 HIV는 감염자의 DNA에 조합되어 어떠한 이유에선가 증식을 시작하여 세포파괴를 시작한다.

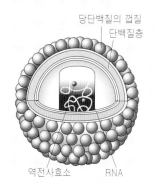

당단백질의 껍질
단백질층

역전사효소   RNA

HIV는 전체가 당단백질의 껍질로 싸여 있으며 그 안에 두 개의 RNA와 역전사효소가 있다.

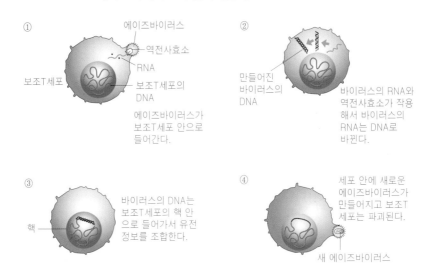

에이즈바이러스가 늘어나는 구조

① 보조T세포 / 에이즈바이러스 / 역전사효소 / RNA / 보조T세포의 DNA
에이즈바이러스가 보조T세포 안으로 들어간다.

② 만들어진 바이러스의 DNA
바이러스의 RNA와 역전사효소가 작용해서 바이러스의 RNA는 DNA로 바뀐다.

③ 핵
바이러스의 DNA는 보조T세포의 핵 안으로 들어가서 유전정보를 조합한다.

④ 세포 안에 새로운 에이즈바이러스가 만들어지고 보조T세포는 파괴된다.
새 에이즈바이러스

5) 치료 · 예방

　병의 진행을 늦추는 약은 개발되었지만, 현재 시점에서 에이즈를 완치시킬 약은 없다. 또한 기회감염증이나 악성종양과 같은 병의 발증에 대한 치료법은 많이 진보했다. 감염경로를 차단하고 감염되지 않도록 조심하는 것이 제일이므로 개개인이 예방에 힘써야 한다.

알레르기의 구조

면역글로불린 E가 알레르기 반응을 일으킨다

과다한 항원항체반응이 알레르기이다   알레르기가 일어나는 구조

알레르기는 항원항체반응 증상 중의 하나이다. 항원항체반응은 외부에서 침입한 이물질(항원)과 이것에 대항하여 만들어진 항체가 특이한 반응을 하는 것이다. 본래는 인체에 유리한 것인데 이 구조가 과다하게 작용하면 같은 편까지 반응을 일으켜 건강을 해치게 하는 경우가 있다. 이것이 알레르기이다.

알레르기를 일으키는 항체의 본체는 면역글로불린 단백질이다. 면역글로불린은 분자구조와 기능에 따라 G · M · A · D · E와 같이 다섯 개로 나누며, 항원에 대응하는 항체를 방출한다.

가려움과 재채기를 일으키는 히스타민   알레르기가 발생하는 구조

알레르기를 일으키는 물질을 알레르겐이라고 한다. 알레르겐을 가진 이물질은 체내로 침입하면 가까이 있는 비만세포에 부착된다. 그러면 B세포에서 그 알레르겐에 대응하는 항체(면역글로불린 E)가 방출되어 알레르겐과 면역글로불린 E가 비만세포의 표면에서 반응하면, 비만세포 안에 저장되어 있던 히스타민이 혈액 속으로 방출된다. 비만세포는 다핵성백혈구의 일종으로 히스타민과 같은 화학물질을 많이 가지고 있으며 부풀어 보이기 때문에 이 이름이 붙게 되었다. 히스타민은 점막을 과민하게 하여 가려움, 콧물, 재채기 등을 일으킨다.

알레르기의 발생과정

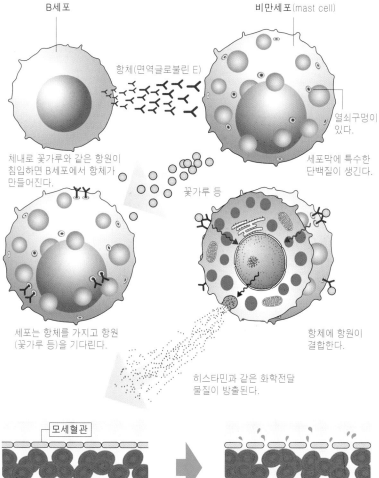

B세포

항체(면역글로불린 E)

비만세포(mast cell)

열쇠구멍이 있다.

체내로 꽃가루와 같은 항원이 침입하면 B세포에서 항체가 만들어진다.

세포막에 특수한 단백질이 생긴다.

꽃가루 등

세포는 항체를 가지고 항원 (꽃가루 등)을 기다린다.

항체에 항원이 결합한다.

히스타민과 같은 화학전달 물질이 방출된다.

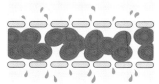

모세혈관

화학물질로 인해 혈관이 자극받는다.

모세혈관벽을 수축시켜 혈액 속에 있는 액체 성분이 누출된다. 이로 인해 점막 분비가 촉진되고 점막이 과민하게 되어 가려움, 콧물과 같은 알레르기 반응이 나타난다.

에볼라 출혈열

에볼라 출혈열은 신종 바이러스 질병이다. 1976년 아프리카 수단에서 발견되었으며 그 후, 같은 해와 1977년에 구 자이르(콩고민주공화국), 1979년 수단, 1994년 코트디부아르, 1994년 가봉, 1995년 콩고민주공화국, 1996년 가봉, 2000년 10월 우간다에서 유행했다. 고열, 두통, 설사와 같은 증상이 나타나기 시작하여 뼈와 뼈대 근육을 제외한 내장과 피부 등 인체 대부분의 세포가 감염되어 출혈이 생기고 내장이 녹아내리는 무서운 질병이다. 바이러스가 체내로 들어오면 3~10일 안에 발병하며 대부분은 발병 후 7일 만에 죽음에 이른다. 주요 감염원은 혈액과 체액, 배설물이다.

수단

코트디부아르

가봉

우간다

콩고민주공화국

POINT

알레르기 반응을 일으키는 물질인 알레르겐은 꽃가루, 동물의 털, 먼지 등 여러 가지가 있다.

질병지식

기타 알레르기

1. 천 식

1) 원인 · 증상

기관지가 경련을 일으키거나 가래가 증가하기 때문에 허파에 공기 출입이 나빠져 갑자기 호흡곤란이 발생하는 질병이다. 숨을 쉴 때마다 씩씩거리는 소리가 난다. 이 발작은 특히 밤중에나 새벽에 많이 나타난다. 천식은 어떤 종류의 물질에 대해 알레르기 반응을 일으키기 쉬운 선천적인 아토피체질인 사람에게 많이 나타난다. 그러나 생활환경이 도시화됨에 따라 대기오염의 증가, 건축재료, 담배연기, 동물의 털이나 비듬 등에 의해 천식에 걸리는 사람이 늘고 있는 추세이다.

2) 치료 · 예방

원인물질을 멀리하는 등 증상을 온전하게 억제하는 것이 기본이다. 흡입 기관지확장제와 스테로이드계 약물을 도입함으로써 증상이 개선된다.

2. 음식물알레르기

1) 원인 · 증상

쌀과 밀가루와 같은 곡물, 계란, 우유, 콩 등의 음식이 원인으로 일어나는 알레르기이다. 증상에는 설사 · 구토와 같은 위장증상과 습진 · 두드러기 · 아토피성피부염과 같은 피부질환, 천식 · 기관지수축과 같은 호흡기질환이 있다. 사람에 따라 알레르기 증상도 다양하기 때문에 증상으로 원인물질을 추정하는 것은 어렵다. 검사로 알레르겐을 검색해야 한다.

2) 예방 · 치료

어린이는 작은창자가 소화되지 않은 음식성분을 흡수해버리기 때문에 어른보다 발생하기 쉽다. 유유아기는 음식물알레르기가 주가 되지만 성장 발육함에 따라 기관지천식, 알레르기성 비염, 알레르기성 결막염과 같이 다른 알레르기 질환으로 변화한다. 다른 알레르기의 요소를 만들지 않기 위해서도 음식물 알레르기의 예방과 치료가 중요하다. RAST(Radio allergo sorbent test)라고 불리는 특정 알레르겐에 대한 혈청 IgE를 측정하는 방법으로 특정식품을 확정하여 제거하는 것이 기본적인 치료이다.

3. 곤충 · 약물알레르기 등

곤충알레르기는 모기와 나방 또는 벌에 물려서 체내로 독이 들어감으로써 일어난다. 음식과 약제는 입에서 항문으로 연결되는 소화관을 통해 소화, 흡수되어 체내에 흡수된다. 따라서 같은 물질이라도 입으로 들어가면 괜찮아도 주사하면 반응을 일으키는 경우가 있다. 또한 식물과 금속, 옻에 접촉했을 때 알레르기 반응이 나타나는 경우도 있으며 현대는 알레르기 시대라고 할 만큼 많은 항원이 확인되고 있다.

9장

세포와 유전

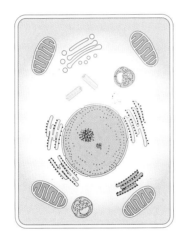

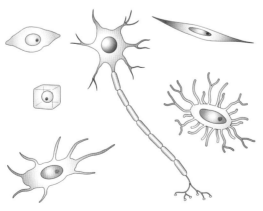

세포의 구조

생명체의 최소 단위로 인체를 구성, 영양분을 섭취해 에너지로 전환

세포막, 세포질, 세포핵 　세포의 구조와 역할

인체는 약 60조 개의 방대한 세포로 이루어져 있다. 세포 한 개의 크기는 평균 약 300분의 1mm로 세포막(cell membrane), 세포질(cytoplasm), 세포핵(nucleus)으로 구성되어 있다.

세포막 　주로 단백질과 지질로 이루어져 있으며 세포를 감싸고 보호함과 동시에 영양분과 산소를 세포 내에 흡수하거나 소화된 대사산물이나 이산화탄소를 배출한다.

세포질 　단백질이 함유된 수분이 대부분이지만 다른 많은 구조체가 포함되어 있다. 미토콘드리아는 세포가 운동하거나 분열할 때 필요한 에너지를 생성하고 리보소체(ribosome)는 단백질을 제조하는 장소이다.

세포핵 　세포의 역할을 제어해서 증식(분열)에 관한 지령을 내리기도 한다.

세포 종류 　조직의 구조

인체에 있는 다양한 기관은 종류에 따라 고유의 조직으로 형성되어 있다. 기관에 따라 역할이 다른 것은 그 조직이 다르기 때문이다.

세포는 역할에 따라 신경세포(nerve cell), 상피세포, 섬유아세포, 뼈세포(골세포 osseous tissue), 근육세포(muscle cell)로 분류할 수 있다. 뼈세포는 섬유아세포의 한 종류이기도 하다.

세포 구조

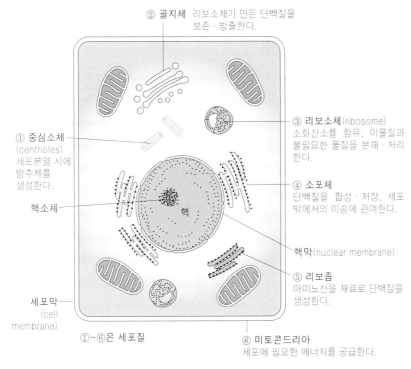

② 골지체 리보소체가 만든 단백질을 보존·방출한다.

① 중심소체
(centrioles)
세포분열 시에
방추체를
생성한다.

핵소체

핵

세포막
(cell
membrane)

①~⑥은 세포질

③ 리보소체(ribosome)
소화산소를 함유, 이물질과
불필요한 물질을 분해·처리
한다.

④ 소포체
단백질을 합성·저장, 세포
밖에서의 이송에 관여한다.

핵막(nuclear membrane)

⑤ 리보좀
아미노산을 재료로 단백질을
생성한다.

⑥ 미토콘드리아
세포에 필요한 에너지를 공급한다.

세포 종류

사람의 세포는 여러 종류가 있으며 각각의 모양과 크기가 다르고 역할도 다르다.

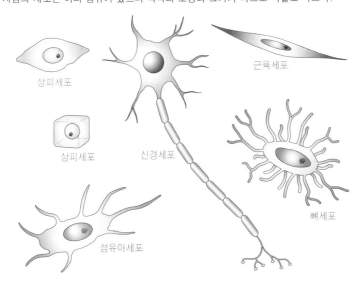

상피세포

상피세포

신경세포

근육세포

뼈세포

섬유아세포

암세포분열

어떤 원인으로 인해 세포분열이 불규칙적으로 되어 그 결과 생긴 무질서한 세포를 암세포라고 한다. 암세포가 생기는 원인은 여러 가지 주장이 있어서 진상은 확실하지 않지만 발암물질, 바이러스, 방사선, 자외선 등의 물질이 원인이 되기도 한다. 체내에서 발암물질의 작용을 촉진하는 물질을 프로모터라고 한다. 암세포는 영양분이 있는 한 무한정으로 증식해서 정상적인 세포를 파괴한다.

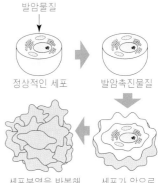

발암물질

정상적인 세포

발암촉진물질

세포분열을 반복해
증식한다.

세포가 암으로
변한다.

POINT

인체를 구성하는 약 60조 개의 세포도 원래는 한 개의 세포이다. 난세포와 정자세포가 수정 후에 분열을 반복한 결과 증식한 것이다.

조직의 기능

같은 역할을 하는 세포의 집단 조직이 연결되어 기관이나 장기를 만든다

네 종류로 분류되는 세포집단

조직이란, 같은 종류의 세포가 모여 일정한 역할을 하는 세포집단을 말하며, 역할에 따라 네 종류로 분류된다.

상피조직(상피세포) 소화관이나 기관지의 점막, 위와 작은창자 등의 내장과 혈관, 몸 안팎의 표면을 덮고 있는 세포의 집단으로 상피세포와 기조막이라는 얇은 막으로 되어 있다. 내부를 보호하는 역할 이외에도 영양분을 흡수하거나 소화액 등을 분비한다.

근육조직(근육세포) 수축하는 근육세포의 집단이다. 형태에 따라 횡문근과 민무늬근육으로 나눈다. 횡문근은 주로 골격에 붙어 운동의 원동력이 되는 뼈대근육과 심장의 근육층을 구성하는 심장근육이 있고 민무늬근육은 소화기와 호흡기, 비뇨기, 혈관벽 등에 분포해 반사적인 수축활동을 하고 있다.

신경조직(신경세포) 외부의 정보를 뇌에 전하고 뇌의 지령을 각부로 전달하는 신경세포의 집단이다. 그물망처럼 몸 구석구석까지 퍼져 있다. 일반적으로 신경이라고 불리는 것은 이 조직을 말한다.

결합, 지지조직(섬유아세포, 뼈세포) 조직과 기관 사이를 연결하거나 메우는 것을 결합조직이라고 하며 뼈나 연골 등 몸을 지탱하는 것을 지지조직이라고 한다. 결합조직은 섬유의 성분을 만드는 섬유아세포나 지방을 쌓아두는 지방세포 등으로 되어 있고 지지조직은 뼈세포로 되어 있다.

세포의 분포장소

근육세포(muscle cell)

상피세포

신경세포(nerve cell)

인대

섬유아세포

힘줄

뼈세포(osteocyte)

단세포생물과 다세포생물의 차이

단세포생물은 세포가 한 개밖에 없는 생물로 아메바, 짚신벌레 등이 있다. 단세포생물은 한 마리가 두 마리로 나누어지는 단순한 증식을 하기 때문에 그 두 마리의 유전자는 동일하다. 한편 인간을 비롯한 포유류는 같은 역할을 하는 여러 개의 세포가 모여 조직을 만들고, 그 조직이 기관이나 장기를 구성해서 개체를 형성한다. 이러한 동물을 다세포생물이라고 한다. 그러므로 당연히 개체마다 유전자는 다르며 동일한 유전자를 지닌 개체는 일란성다생아(쌍둥이 이상, 복수인의 의미)밖에 없다.

단세포생물

아메바　　짚신벌레

그 외 혈액(적혈구, 백혈구), 지방(지방세포), 정자, 난자(생식세포) 등이 있다.

세포분열의 구조

체세포는 배수분열, 생식세포는 감수분열로 부모의 유전자를 반씩 이어 받는다

새로운 세포의 탄생이 신진대사 체세포와 생식세포

인간의 세포는 체세포와 생식세포 두 종류가 있다. 체세포는 인체에 약 60조 개나 존재하며 피부나 내장을 형성하는 세포이다. 세포는 매일 일정한 비율로 사라지고 새로 태어나는데 이것을 신진대사라고 한다. 생식세포는 다음 세대를 만들기 위한 세포로 유성생식을 하는 생물의 난세포 등이 생식세포에 해당한다. 유성생식이란 암수 생식세포가 증식하는 것으로 인간을 비롯한 포유류는 모두 유성생식으로 증가한다.

배수분열과 감수분열의 구조

체세포는 세포의 핵 속에 있는 염색체가 복사되어 같은 염색체를 지닌 두 개의 핵이 두 개의 세포로 분열하는 배수분열을 한다. 반대로 생식세포는 염색체수가 반감하는 감수분열을 한다. 인간의 염색체는 세포 속에 23쌍, 46개가 존재하지만 우선 이 염색체가 복사되어 배로 늘어난 뒤에 세포분열을 한다. 46개의 염색체를 지닌 세포가 두 개 생성된 후, 그 두 개가 다시 분열해서 23개의 염색체를 지닌 네 개의 세포가 된다. 이 염색체를 지닌 세포는 아버지의 정자와 어머니의 난자이다. 즉 이 두 개가 수정하면 23쌍, 46개의 염색체를 지닌 수정란이 생겨 아이는 아버지와 어머니로부터 절반씩 유전자를 물려받은 존재가 되는 것이다.

세포분열 구조

〈체세포분열〉 두 개의 핵이 생성

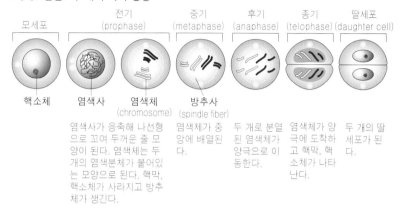

모세포	전기 (prophase)		중기 (metaphase)	후기 (anaphase)	종기 (telophase)	딸세포 (daughter cell)
핵소체	염색사	염색체 (chromosome)	방추사 (spindle fiber)			

염색사가 응축해 나선형으로 꼬여 두꺼운 줄 모양이 된다. 염색체는 두 개의 염색분체가 붙어있는 모양으로 된다. 핵막, 핵소체가 사라지고 방추체가 생긴다. / 염색체가 중앙에 배열된다. / 두 개로 분열된 염색체가 양극으로 이동한다. / 염색체가 양극에 도착하고 핵막, 핵소체가 나타난다. / 두 개의 딸세포가 된다.

〈감수분열〉 모세포에서 네 개의 딸세포가 생성된다.

제1분열

생식모세포	전기		중기	후기	후기/종기
핵소체	염색사	염색체	방추사		

염색사가 응축해 나선형으로 꼬여 두꺼운 줄모양이 된다. 핵막, 핵소체가 사라지고 방추체가 생긴다. / 네 개의 염색체가 중앙에 배열된다. / 상동염색체가 분리되어 양극으로 이동한다. / 세포질 분열이 일어난다.

제2분열

중기	후기		종기		생식세포

염색체가 중앙에 배열된다. / 둘로 나누어진 염색체가 양극으로 이동한다. / 염색체는 분산된 상태로 돌아오고 세포질 분열이 일어난다.

감수분열의 구조

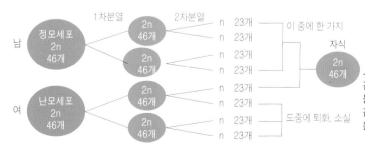

		1차분열	2차분열			
남	정모세포 2n 46개	2n 46개	n 23개	이 중에 한 가지		
			n 23개		자식	
		2n 46개	n 23개		2n 46개	
			n 23개			
여	난모세포 2n 46개	2n 46개	n 23개			
			n 23개	도중에 퇴화, 소실		
		2n 46개	n 23개			
			n 23개			

POINT

감수분열의 분열은, 염색체수가 줄어들 뿐 아니라 상동염색체(형태, 크기가 같고 두 개씩 쌍을 이룬 염색체) 분리라는 의미도 내포하고 있다.

유전의 구조 ①

생명을 유지하는 데 중요한 모든 정보가 내장되어 있는 유전자

DNA는 유전자의 본체인 화학물질 DNA이란

인체는 약 60조 개의 세포가 있고 생식세포를 제외한 세포핵 속에는 46개의 염색체가 있다. 이 염색체를 분석하면 DNA(디옥시리보핵산)이라는 화학물질로 되어 있고, 각각의 염색체에는 세포가 활동하기 위해 필요한 유전정보를 지닌 유전자가 배열되어 있다. 한 개의 염색체에 배열된 유전자수는 수천 개 이상에 달하며 정상적인 세포활동과 인간이 생명을 유지하기 위해 필요한 모든 정보가 들어 있다. 예를 들어, 얼굴생김새와 몸매, 체질, 병에 대한 면역성 등은 모두 DNA에 의해 결정된다.

이중나선형의 DNA가 유전자의 본체 이중나선의 구조

염색체를 구성하는 DNA는 이중나선형 구조로 되어 있어 자기복제나 단백질 합성에 매우 적합하다.

DNA는 인산과 디옥시리보스라는 당으로 구성된 꼬인 사슬에, 염기가 가득 붙어 있는 것이 두 개 결합하여 서로 얽힌 나선형의 구조이다. 또 염기는 아데닌(A), 구아닌(G), 시토신(C), 티민(T)의 네 종류로 아데닌은 티민, 구아닌은 시토신과 결합한다.

염색체 · 유전자 구조

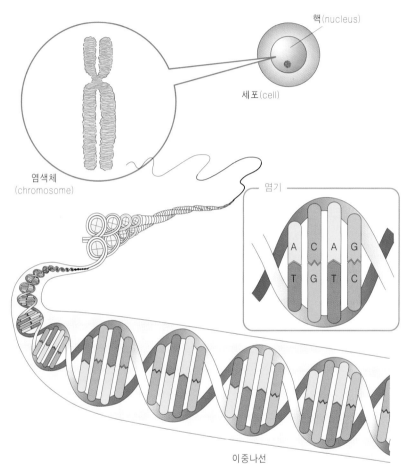

핵(nucleus)

세포(cell)

염색체
(chromosome)

염기

이중나선

DNA감정

범죄조사에 이용되는 DNA

DNA의 염기배열은 개인마다 다르므로 지문과 같이 개인을 식별하는 데 이용할 수 있다. 이전의 DNA지문 방법은 상당한 고분자의 DNA가 필요했기 때문에 완전한 식별을 할 수 없는 경우가 있었다. 그러나 현재는 혈액과 정액, 뼈와 머리카락 등에서 채취한 DNA를 증폭할 수 있게 되어 이를 이용한 고정밀도의 분석이 가능해졌다. 이것을 DNA 감정법이라고 하며 범죄수사나 친자감정 등에 활용되고 있다.

모발

뼈

혈액

인간(남성)의 염색체(1~22는 상염색체, XY는 성염색체)

| 1 | 2 | 3 | 4 | 5 | 6 | 7 | 8 | 9 | 10 | 11 | 12 |
| 13 | 14 | 15 | 16 | 17 | 18 | 19 | 20 | 21 | 22 | X | Y |

POINT

XY의 성염색체로 성별이 나누어진다.
XX가 여성, XY가 남성이다.

유전의 구조 ②

아미노산 구조를 지정해 단백질을 만드는 DNA 속의 염기배열

염기배열이 단백질의 설계도 단백질이 몸을 형성한다

생물세포의 대부분은 단백질로 구성되어 있고 단백질은 아미노산이라는 고분자화합물질로 이루어져 있다. 아미노산은 약 100종류가 있고 그 중 20종류가 단백질을 만드는 데 이용된다.

아미노산의 배열방법을 지정하고 어떤 종류의 단백질을 만들 것인가를 결정하는 것이 세포핵 속에 있는 DNA의 네 개의 염기 배열방법이다. 그리고 유전은 어떤 단백질을 만드는가와 관계가 있다.

DNA가 풀린 장소에서 만들어지는 RNA DNA와 RNA의 관계

DNA에 기록되어 있는 유전정보를 복사, 단백질 합성을 위해 활동하는 핵산을 RNA(리보핵산)이라고 하며 AGCU라는 염기를 지니고 있다. DNA가 어떤 지령을 내리면 이중나선이 풀려 결합하고 있던 염기가 떨어진다. 그 사이로 RNA의 줄 한 개가 끼어들어서 RNA염기와 DNA염기가 달라붙어 DNA염기의 배열방법과 순서를 그대로 RNA에 전사한다. RNA는 DNA의 단백질합성의 설계도 중 일부를 전사하여 리보소체로 옮겨 단백질을 합성하는 것이다.

전사 구조

단백질이 합성되는 모양

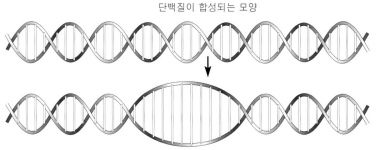

DNA(디옥시리보핵산)가 점점 풀린다.

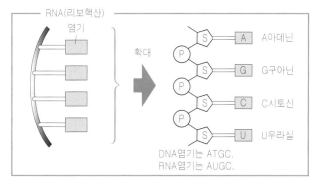

RNA(리보핵산)
염기
확대

S A A아데닌
P
S G G구아닌
P
S C C시토신
P
S U U우라실

DNA염기는 ATGC.
RNA염기는 AUGC.

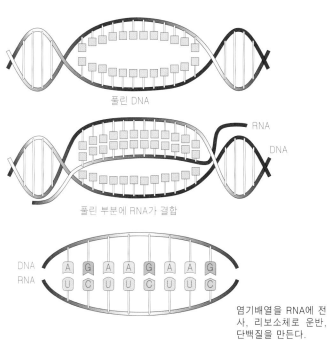

풀린 DNA

RNA
DNA

풀린 부분에 RNA가 결합

DNA
RNA

A G A A G A A G
U C U U C U U C

염기배열을 RNA에 전사, 리보소체로 운반, 단백질을 만든다.

인간게놈이란?

게놈은 생명활동을 하기 위해 필요한 모든 유전자를 지닌 한 쌍의 염색체를 말한다. 인간의 게놈을 인간게놈이라고 한다. 인간은 두 쌍의 염색체가 있어 2게놈을 갖고 있으며 1게놈은 약 30억의 염기쌍으로 구성되어 있다. 2000년 6월에 미국의 연구팀이 '인간게놈의 99%를 해독 완료했다'고 발표했다. 이로 인해 각각의 몸의 정보를 유전자를 통해 해석할 수 있게 되었고 질병을 예방하거나 의약품 개발 등에도 활용이 가능해졌다. 그러나 한편으론 체질이나 장래에 치명적인 병에 걸릴 것을 미리 알게 되는 등 사생활에 관한 문제점도 우려되고 있다.

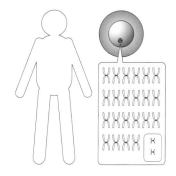

POINT

1게놈 30억 개, ATCG수는 60억 개. 염색체는 두 개로 한 쌍을 이루기 때문에 전부 120억 개가 유전자정보가 된다.

유전과 질병

우성유전자와 열성유전자   유전되는 것

눈과 코의 모양, 얼굴윤곽 등 얼굴생김새와 몸매는 부모를 닮게 되므로 남이 보아도 친자관계임을 알 수 있다. 그 외에 머리카락의 색깔이나 손톱발톱의 모양, 눈동자 색깔, 치아의 모양과 체질 등도 유전된다. 또 혈액형은 부모의 혈액형의 유전자형을 물려받아 태어날 때부터 이미 결정되어 진다.

부모로부터 하나의 성질을 물려받을 때 부모의 유전정보가 쌍을 이루는데, 이 정보가 두 개의 대립유전자를 지닐 때는 어느 한쪽이 우위의 성질을 갖는다. 이 경우 나타나기 쉬운 성질을 우성유전자, 반대로 나타나기 어려운 성질을 열성유전자라고 부른다. 여기서 우성과 열성은 뛰어난 성질, 뒤떨어진 성질을 뜻하는 말이 아니다.

혈액형 유전

혈액형의 분류법은 몇 가지가 있지만 일반적으로 사용되는 것이 ABO식이다. 이것

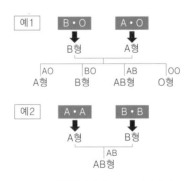

부모의 혈액형이 같아도 유전자형태가
다르면 아이의 혈액형이 달라진다.

은 적혈구 표면에 있는 당단백질의 말단구조가 유전자에 따라 다
른 점에 착안한 분류법으로, 부모의 혈액형이 결합하여 태어날 아
이의 혈액형을 결정한다.

병도 유전된다

부모로부터 아이에게 전달되는 유전정보에 결함이 있으면 병이
발생하는데 이것을 유전병이라고 하며 염색체 이상은 이 중 하나
이다. 한편 병에 걸리기 쉬운 체질이 유전되는 경우도 있다.

예를 들어, 암이나 심장질환, 뇌혈관장애, 고혈압 등의 생활 습관
병을 앓고 있는 부모일 경우에는 그 병이 아이에게 유전될 위험성
이 크다. 이러한 위험요인을 갖고 있는 사람은 올바른 식생활습관
을 유지하고 규칙적인 생활을 하도록 주의하는 것이 중요하다. 병
을 철저하게 예방할 수 있는 지름길이기 때문이다.

유전자적 요소의 회피

유전적 요소

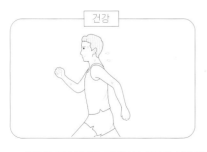

체질은 유전되지만 자각하고 올바른 식생활과 생활환경을 유지함으로써 예방할 수 있다.

유전되는것

혈액형

얼굴

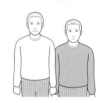

신장

눈

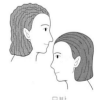

모발

손톱 모양

읽을거리

유전자조작이란?

• 농작물에 많이 이용되는 유전자조작

유전자조작이란 원래 생물에는 없었던 유전자를 외부에서 삽입하여 유전자를 조작하는 기술이다. 인간은 인간을 낳고, 개는 개를 낳는 것처럼 그 종을 넘어서는 이동하지 않는다. 그러나 인위적으로 유전자를 이동시키는 기술이 유전자조작이다. 이로 인해 자연계에는 존재하지 않았던 신종 생물이 생기게 된다. 유전자조작이 비교적 활발히 이루어지고 있는 분야가 농작

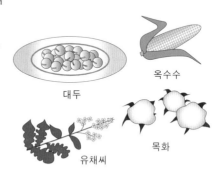

대두

옥수수

유채씨

목화

물로 1980년대부터 개발이 활발하게 진행되어 왔다. 이 기술은 제초제에 저항력이 있는 농작물이나 살충효과가 있는 농작물을 만들어내고 더 나아가서는 썩지 않는 농작물, 병에 강한 농작물도 만들 수 있다. 현재 유전자조작기술이 사용되고 있는 농작물은 대두, 옥수수 등이 있다.

• 품질개량과 유전자조작의 차이

유전자조작기술은 유전자의 일부를 떼어 그 구성요소의 배열방법을 바꾸거나 종류가 다른 생물의 유전자에 새로 삽입하는 기술이다. 그러므로 교배에 의한 품종개량도 유전자조작이라고 할 수 있다. 그리고 이제는 더욱 발전한 유전자조작기술을 응용함으로써 생물의 종류에 상관없이 품종개량의 재료로 이용할 수 있게 되었다. 또 인공적으로 만들어낸 유전자의 돌연변이를 이용하는 경우도 있다. 유전자조작기술이 이제까지의 품종개량과 다른 큰 차이는 인공적으로 유전자를 바꾸기 때문에 종을 초월하여 다른 생물에 유전자를 도입할 수 있다는 점이다.

• 유전자조작의 문제점

종의 벽을 넘어 신종의 생물을 만드는 것이므로 그 생물이 자연계로 나왔을 때 생태계에 뜻하지 않은 악영향을 미칠 가능성이 없다고는 할 수 없다.

예를 들어, 다른 생물을 구축하거나 독성이 있는 식품을 만들어 인간의 건강에 악영향을 미칠 우려도 있다. 그러므로 향후 커다란 문제를 일으키지 않기 위해서라도 이러한 점들을 고려하여 연구와 개발에 꾸준한 노력을 기울여야만 한다.

찾아보기

pyramidal tract 45

R

radius 80
rectum 178, 180
renal artery 218
renal corpuscle 218, 222
renal pelvis 218, 222
retina 90
ribs 56, 62, 76
right atrioventricular valve 268
right atrium 266
right lobe 186
right lung 142
right ventricle 266
risorius muscle 74
Ruffini's corpuscle 124, 44

S

saccule 96, 100
sacral vertebral 56
scalp hairs 130
scapula 76
sclera 86
scrotum 236
sebaceous gland 122
semen 238, 240
seminal vesicle 236, 240
sensory nerve 40, 44
sigmoid colon 180
skeletal muscle 68, 70, 72
skin 122
skull 56, 66
small intestine 154, 174
smooth muscle 68, 70, 162, 280
smooth muscle cell 280

soft palate 112, 158
somatic nerveous system 44
sperm 238, 240
spermatocyte 238
spermatogonia 238
sphenoid bone 74
sphincte 180
sphincter 162
spinal cord 38
spleen 186
stapes 98
sternum 56, 62
stomach 48, 162, 172
straight tubule 236
subcutaneous tissue 122
superior lobe 142
superior nasal conch 106
superior nasal meatus 106, 108
suprarenal gland 276
sweat pore 126
sympathetic nerve 48
sympathetic nervous 268

T

tarsal bones 82
taste buds 114, 116
taste cell 114
taste pore 114
teeth 112, 118
temporal bone 74
temporal lobe 26
tendon 70
testis 236, 238
thalamus 30, 116
thoracic cage 142
thoracic vertebral 56
thymus 302
thyroid cartilage 136, 138

tongue 112, 114, 116, 140, 158
trapezius muscle 76
triceps brachii muscle 80
tunica adventitia 280
tunica intima 280
tunica midia 280
tympanic cavity 102
tympanic membrane 96, 98, 102

U

ureter 218, 222
urethra 240
urethral sphincter muscle 240
urinary bladder 232
urine 218
uriniferous tubule 218, 220
uterine tube 242
uterus 242, 244, 256
utricle 96, 100
uvula 136

V

vagina 240, 242
vertebral column 56, 60, 62
vestibular nerve 96
vestibulocochlear nerve 44
vibrissae 106
villus 174
visceral muscle 70, 72
vocal 138
vocal fold 138
voluntary muscle 68

X

xiphoid process 76